오사마 빈 라덴의 지리

테러리즘과 지리학

오사마 빈 라덴의 지리

그가 산으로 간 까닭은?

남영우 지음

푸른길

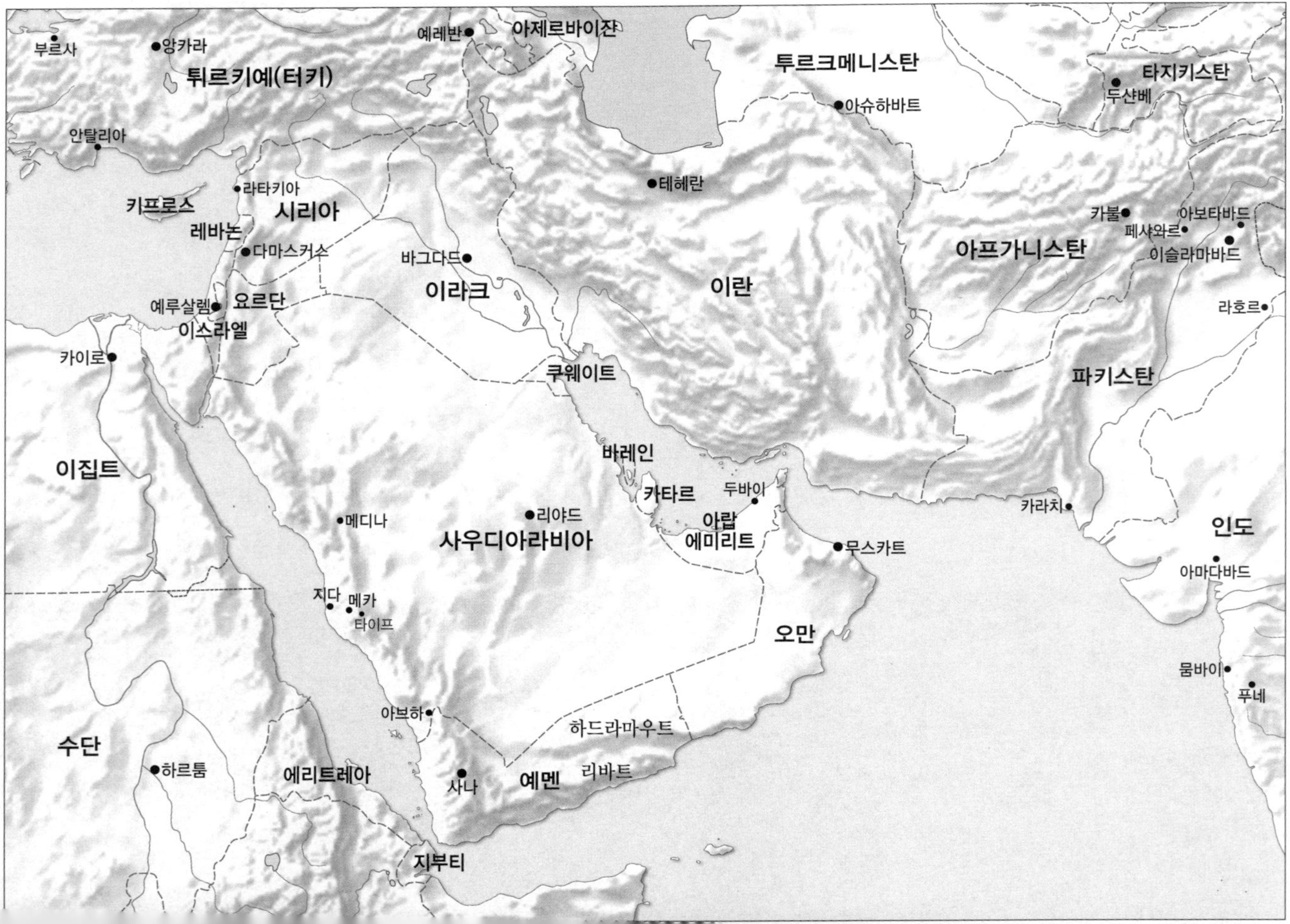
부르사
앙카라
튀르키예(터키)
예레반
아제르바이잔
투르크메니스탄
타지키스탄
두샨베
아슈하바트
안탈리아
라타키아
키프로스
시리아
레바논
다마스커스
테헤란
카불
아보타바드
페샤와르
이슬라마바드
아프가니스탄
바그다드
이라크
이란
예루살렘
요르단
이스라엘
라호르
카이로
쿠웨이트
파키스탄
바레인
이집트
카타르
두바이
아랍
에미리트
메디나
리야드
사우디아라비아
카라치
무스카트
인도
아마다바드
지다
메카
타이프
오만
뭄바이
푸네
아브하
하드라마우트
수단
하르툼
에리트레아
사나
예멘
리바트
지부티

이 책을 평화를 염원하는 시민과 테러리스트와 맞서 싸우는
각국의 정보요원, 테러에 희생된 영령들께 바친다.

서문

테러리즘의 지리적 시각: 새로운 지평을 열며

일반적으로 민간인을 대상으로 살인, 납치, 유괴, 저격, 약탈 등과 같은 다양한 방법의 폭력을 행사해 사회적 공포 상태를 일으키는 행위를 '테러'로 규정한다. 지구상에 있는 많은 테러리스트들 중에 금세기 최악의 테러리스트는 두말할 것 없이 오사마 빈 라덴이다.

이슬람주의자들의 입장에서 볼 때 오사마 빈 라덴의 가장 큰 업적은 그가 없더라도 이슬람주의 조직이 계속 활동할 수 있도록 세계적인 인프라를 구축한 것이다. 그는 수단을 비롯해 아프가니스탄과 파키스탄 등의 여러 나라에 이슬람 전사 훈련캠프를 세웠고 전 세계적인 금융망을 조직했다. 자신의 재산이든 이슬람주의 운동자금이든 오사마의 자금관리 시스템은 몇 개의 핵심지역을 중심으로 운영되었다.

2019년 2월 14일 일간신문에 알카에다Al-Qaeda 무장 조직원들이 한국에 들어오려고 시도 중이라는 기사가 나와 우리나라도 한때 긴장한 적이 있다. 유엔 보고서에 따르면 우즈베키스탄 무슬림 노동자 중 극단주의 출신 인물들이 한국에 입국해 일부는 이슬람 극단주의자들에게 자금을 지원하고 있었다. 그리고 2022년에는 사라진 줄 알았던 일부 알카에다 요원들이 러시아의 우크라이나 침공 때 우크라이나 측에 합류하기도 했다.

미국의 미시건 주립대학교 지리학과 하름 데 블레이Harm De Blij 교수가 집필한 『분노의 지리학』에서 그가 언급한 '테러의 지리학'은 내게 이 책을 집필할 영감을 주었다. 이 책은 국내에서 『왜 지금 지리학인가』라는 제목으로도 출판되었다. 그리고 14세기의 지리학자 이븐 바투타Ibn Battuta를 비롯해 UCLA 지리학과의 토마스 길레스피Thomas Gillespie와 존 애그뉴John Agnew 교수, 로열 홀러웨이 런던대학교 지리학과의 리처드 클라크-윌슨 교수로부터도 영감을 얻었다.

사족이지만, 고인이 된 데 블레이 교수는 그의 저서에서 한국의 지리학자 이기석 교수 덕분에 한반도와 일본열도 사이의 바다를 일본해라고 부르는 것이 한국인들에게는 용납하기 어려운 일임을 알게 되었다면서 동해를 먼저 쓰고 일본해를 괄호 안에 넣어 표기하자는 타협안을 제시한 바 있다.

이 책은 세계를 공포에 떨게 만든 테러리스트 오사마 빈 라덴의 행적을 오신트osint 자료에 근거한 정보를 이용해 집요하게 추적하였다. 따라서 그의 사생활과 사상은 물론 알카에다를 비롯한 테러 조직의 범죄행각을 낱낱이 파헤친 다큐멘터리 저작물로 자리매김할 수 있기를 희망한다. 독자들은 오사마와 지리가 무슨 상관이 있는지 궁금할 것이다. 그렇지만 아마 이 책의 절반만 읽어도 이해할 수 있을 것이다.

지리학은 학문 분야 가운데 가장 넓은 학문이다. 지리학 중에는 전투의 지리학, 반란의 지리학, 혁명의 지리학 등과 같이 매우 다양한 분야가 있다. 프랑스의 지리학자 프레보Prévot는 중국의 공산혁명이 성공한 이유를 대장정 과정에서 마오쩌둥이 산악지대의 전투와 평야지대의 농업환경을 이해한 덕분으로 보았고, 쿠바의 공산혁명에서 체 게바라의 실패를 지리적 준비의 부족으로, 카스트로의 게릴라전의 성공을 산악지대에 대한 이해로 설명한 바 있다.

9·11테러가 발생하던 날, 지금은 모두 은퇴했거나 작고한 오클랜드 대학교 윤홍기 교수, 고려대학교의 최영준 교수와 김부성 교수가 나와 함께 점심 식사를 하며 사건의 참혹성과 향후 벌어질 사태에 대해 의견을 나누었다. 네 명의 지리학자들은 그때만 해도 테러의 주범이 오사마인지 모르고 있었지만, 나름대로 상당히 사실에 가까운 분석을 내놓고 있었다.

지리학은 땅을 기반으로 하여 나타나는 현상 간의 인과관계를 종합적으로 분석하는 학문이다. 지리학은 각종 정보를 체계적으로 분석할 수 있다는 것에서 다른 분야와 차별화된다. 그런 까닭에 요즘 지리정보체계를 뜻하는 GIS(Geographic Information System)가 하나의 방법론으로 주목받고 있다. 정보의 종합적 분석 능력을 필요로 하는 정보기관에서 지리학 전공자를 뽑는 이유가 바로 그것이다. 미국의 CIA와 영국의 M16을 비롯해 이스라엘의 모사드, 프랑스의 DSGE, 러시아의 GRU 등이 그러하다. 한국의 국가정보원에도 지리학 전공자들이 다소 근무하고 있다.

이 책을 집필하면서 고유명사 표기에 애를 먹었다. 이슬람세계의 고유명사는 한글로 표기하기 매우 어렵기 때문이다. 인명도 그렇고 지명 또한 마찬가지다. 특히 아랍어를 한글로 표기하는 데는 한계가 있으며 띄어쓰기도 제각각이다. 인명의 경우 '빈 라덴'은 띄어 쓰지만, 회사명 '빈라덴'은 붙여 쓴다. 고유명사에 정관사 'al-'이 붙는 경우 역시 알자르카위 혹은 알-자와히리처럼 상이하게 표기한다.

어느 나라나 마찬가지지만 무슬림의 이름 역시 동명이인이 많다. 마호메트Mahomet 또는 모하메드Mohammed와 무함마드Muhammad 등은 아랍어 중 여러 방언 및 아랍어를 차용한 여러 언어의 발음 차이로 생긴 변이형이다. 이 책에서는 편의상 이슬람교의 예언자이며 선지자는 영어식 발음인 '마호메트'로, 기타 무슬림들은 '무함마드'로 표기했다. 그리고 지명은 지리학에서 공식적으로 사용하는 표기법에 따랐다. 무슬림들 가운데 무함마드라는 이름도 많지만, 압둘라 등의 이름도 많으니 독자들의 혼동이 있을까 염려된다. 예를 들어 압둘라Abdullah는 '신의 종'을 의미하는데, abd는 '종'을 의미하며 -ullah는 알라의 변형이다.

무슬림과 아랍인들의 이름은 무척 복잡하고 길다. 이슬람 무슬림들은 종종 종교적 의미로 성을 취한다. 그들의 성씨는 대부분 신이나 예언자와 관련이 있다. 그러나 무슬림의 명명법은 이슬람 신도들 이외에도 많이 쓰이고 있다. 아랍인의 이름은 기본적으로 오사마 빈 무함마드 빈 아와드 빈 라덴Osama bin Mohammad bin Awad bin Laden의 사례처럼 ① 본인 이름 ② 아버지 이름 ③ 할아버지 이름 ④ 가문이나 지역으로 이뤄져 있다. 아랍인의 본명을 알면 성과 함께 그 사람의 아버지와 할아버지의 이름까지 알 수 있는 것이다. 따라서 사우디 왕세자 '무함마드 빈 살만 빈 압둘 아지즈 알 사우드'에서 '빈 살만'은 이름이 아니라 살만의 아들이라는 뜻이고, 진짜 이름은 '무함마드'다.

이슬람 경전을 아랍어로 القرآن이라 쓰고 al-qur'ān이라 발음한다. 그런 까닭에 정관사 al을 빼고 '쿠란' 혹은 '꾸란'이라 읽는 경우가 있다. 그러나 이 책에서는 일반적으로 널리 쓰이는 영어식 표기인 Koran에 의거해 '『코란』'이라 표기했다. 다른 고유명사 역시 영어식 표기에 따랐다. 지명과 인명의 경우 정관사를 표기하거나 띄어쓰기 등은 관용적 사례에 따랐다.

이 책은 전문서가 아니라 인문교양서의 성격을 띠므로 엄격한 학술적 체제를 갖추지 않고 집필되었고, 각종 자료는 첩보기관의 도감청에 의한 시긴트SIGNT가아닌 오신트에 근거한 정보를 이용했다. 말미에 게재한 참고문헌은 본문 중 빈번하게 인용된 단행본만 열거했다.

이 책을 집필함에 있어 많은 분들의 조언과 격려가 있었다. 바로 서울대학교의 이기석, 김인 명예교수와 충북대학교의 성준용 명예교수, 호남형 할리우드 배우 리처드 기어를 닮아 안정감을 주며 내게 집필 욕구를 북돋아 주는 경인교육대학교의 박인기 명예교수를 비롯하여 저자의 지근거리에서 도와주는 이경택 박사, 손승호 박사, 손재선 박사, 김걸 교수, 이호상 교수 등이다. 특히 교정 작업이 한창이던 중 작고하신 고려대학교 명예교수인 오탁번 시인은 나의 글쓰기 멘토가 되었고, 고 최영준 명예교수는 나의 귀감이 되었다. 아이작 뉴턴이 "내가 다른 사람보다 더 멀리 앞을 내다볼 수 있다면, 그것은 거인의 어깨를 딛고 서 있기 때문이다."라고 말한 것처럼 이지호 은사님을 비롯한 선학들께도 감사드린다.

코로나19의 후유증으로 9·11테러 22주년이 되는 해가 되어서야 이 책을 탈고하게 되었다. 칠순을 지나 팔순을 바라보는 나이에 책을 집필하는 일은 녹록지 않은 작업인데, 이슬람권의 자료를 참고하기 위해 뒤늦게 아랍어 공부를 해야만 했다. 아랍어는 내가 배운 외국어 중 가장 힘든 언어였다. 아직 초보 단계지만 침침해지는 눈으로 하는 제도작업과 문헌연구에는 고통이 수반되었다. 그러나 나의 학문적 멘토로서 작고하던 80세의 나이까지도 집필 활동을 한 데 블레이 교수와 85세의 노구에도 왕성한 집필과 제자 양성에 혼신을 다하는 다이아몬드 교수를 떠올리며 더 분발해야 하겠다는 다짐을 해 본다. 책을 집필할 때마다 격려를 아끼지 않은 나의 가족과 형제에게도 심심한 사의를 표한다. 마지막으로 교정 작업에 힘써 준 푸른길 편집팀에게도 고마움을 표하련다.

차례

1장

프롤로그

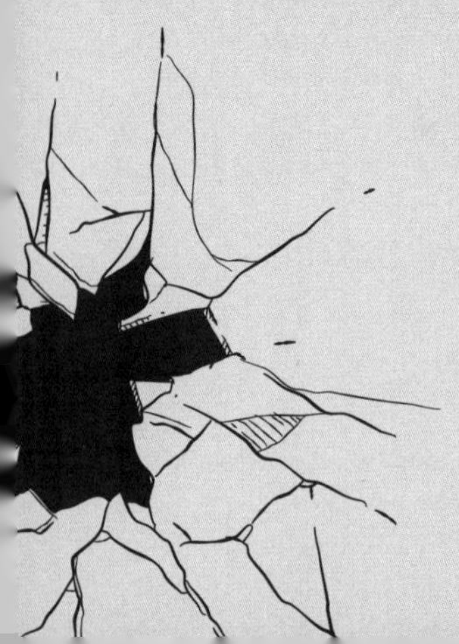

1

9·11테러

2001년 9월 11일. 미국에서 항공기 납치사건이 발생했다. 다음은 납치된 항공기의 승객과 상황실 간의 숨 가쁜 교신 내용이다.

"동쪽으로 틀었나?"

"숨을 못 쉬겠어요. 우린 하이재킹Hijacking 당했어요."

"조종실에 가 봐요. 어떤 상황이죠?"

"……"

세계무역센터 빌딩에 비행기가 충돌했다.

"통신이 끊겼어요. 엄마, 북쪽 빌딩에 비행기가 충돌했어! 우린 남쪽 빌딩에 있어. 우리가 탄 비행기가 납치됐어. 사랑해. 안녕!"

잠시 후 다른 비행기가 접근한다.

"전부 피해!"

남쪽 빌딩이 무너졌다.

"살려줘요! 사람들이 깔렸어요. 구조대는요?"

"가고 있어요."

"불이 났는데 연기 때문에 숨을 못 쉬겠어요. 난 죽겠죠?"

"아뇨! 잘 버티고 계세요."

"구조대가 가고 있어요. 들리세요?"

2001년 9월 11일 화요일 아침, 세계를 경악시킨 대사건이 발생했다. 미국에 대항하는 이슬람 과격 테러단체인 알카에다가 네 차례에 걸쳐 연쇄 테러 공격을 가한 것이다. 이날 아침 미국 북동부에서 캘리포니아주로 향하던 민항여객기 4대가 비행 중 연쇄적으로 납치를 당했다. 5명으로 구성된 납치범 그룹은 3개 그룹과 4명으로 이루어진 1개 그룹을 합쳐 총 4개 그룹, 19명이었다.

납치범의 각 무리 내에는 비행 훈련을 받고 항공기를 장악해 조종한 납치범이 1명씩 섞여 있었다. 납치범들은 비행기를 미국의 상징적인 건물, 세계무역센터에 부딪쳐 대규모 인명 피해를 일으켰다. 그들은 건물을 완전히 붕괴시킬 목적으로 범행을 저질렀다

이날 AA11, UA175, AA77, UA93 4편의 비행기가 납치되었고, UA93편을 제외한 3편의 비행기는 세계무역센터에 충돌했다. UA93편은 목숨을 건 승객들의 저항으로 목표 지점까지 이동하지 못하고 도중에 추락했다.

이 UA93편 속에는 오라클 컴퓨터 소프트웨어 회사의 세일즈 매니저인 토드 비머Todd Beamer가 타고 있었다. 항공기가 테러범에 납치된 직후 그는 기내 전화기로 지상의 교환원과 통화해 이날 뉴욕에서 벌어진 테러 상황을 전해 들었다. 살 가능성은 전혀 없었다. 토드는 주변의 다른 승객들과 힘을 합쳐 테러범들의 총칼에 맞서 대항했다. 뜨거운 물을 가득 채운 커피포트, 음식 나르는 카트, 조그만 빵 칼 등이 무기의 전부였다.

토드가 다른 승객들에게 한 "자, 여러분! 준비됐으면 결행합시다(Let's roll)!"라는 말은 교환원을 통해 세상에 알려졌다. 토드와 행동을 함께한 탑승객들은 납치범들이 장악한 항공기 조종석의 통제권을 되찾으려는 시도를 했고, 결국에는 테러범들이 의도한 목표물 타격을 실패하게 만들었다.

그의 아내 리사가 토드를 비롯한 UA93편 승객들의 용감한 저항을 자세히 그려낸 책 제목인 『렛츠 롤Let's roll』은 거기서 나온 것이다. 토드는 비행기에서 아내에게 연락을 하려다가 그만두었다. 후에 리사는 임신 5개월이던 자신이 충격받지 않도록 토드가 배려했다는 것을 알게 되었다. 그들의 용기와 희생은 많은 사람들에게 큰 울림을 주었다.

워싱턴의 어딘가를 향해 가던 UA93편은 10시 3분경 펜실베이니아주 섕크스빌 인근의 벌판에 떨어졌고 생존자는 없었다. 범인들이 노린 목표물은 아마 백악관이거나 국회의사당이었을 것이다. 그들은 자신들의 죽음을 예상했지만 나라를 위해, 정의를 위해 끝까지 불의에 대항했다.

그림 1-1. 비어 부부와 40인의 영웅들

처음 납치당한 항공기는 AA11편이었다. 이 비행기는 현지 시각 8시 46분 미국 뉴욕 맨해튼에 있는 세계무역센터 북쪽 타워에 충돌했고, 17분 뒤인 9시 3분에는 UA175편이 남쪽 타워에 충돌했다. 110층짜리 쌍둥이 빌딩은 모두 화재 발생 1시간 42분 만에 무려 1,000도가 넘는 뜨거운 열기로 녹아내려 붕괴되었고, 이 여파로 세계무역센터 건물이 모두 무너져버렸으며 주변 건물들도 심각한 피해를 입었다.

한편 세계무역센터 남쪽 타워에서는 기적이 일어났다. 남쪽 타워 84층에서 근무하던 브라이언 클라크와 론 디프란시스코는 아침 8시 46분, 굉음 소리에 놀라 창밖을 보았고 먼지와 종이가 흩날리는 광경을 목격했다. 그들은 남쪽 타워는 안전하니 대피하지 않아도 된다는 안내 방송을 믿고 대피하지 않았다. 잠시 후 9시 3분, UA175편이 남쪽 타워에 충돌했다. 브라이언과 론이 있던 사무실은 충돌지점 반대편에 있었으므로 그들은 죽음을 면했다. 두 사람은 서둘러 직원들을 데리고 계단을 따라 내려가다가 도중에 거꾸로 올라오는 사람들과 만나게 되는데, 그 사람들은 옥상으로 올라가 헬기를 기다리자는 제안을 했다. 상사인 브라이언을 제외하고 이에 동의한 직원들은 전부 그들을 따라 위쪽으로 올라갔다.

홀로 남은 브라이언은 아래로 내려가던 도중 도와달라는 스탠리 프레임네스의 절규를 듣고 그를 도와 함께 탈출에 성공했다. 뒤이어 옥상 쪽으로 올라가던 론이 연기에 질식할 것 같자 방향을 틀어 아래로 내려와 마지막 생존자가 되었다. 그들이 운 좋게 살아남을 수 있었던 이유는 사무실에서 내려가는 비상계단 A, B, C 중 급히 선택한 A계단이 우연히도 충돌에 무너지지 않았던 유일한 계단이었기 때문이다. 생존자들은 아직까지도 외상 후 스트레스 증후군에 고통을 받고 있다.

세 번째로 납치된 항공기는 워싱턴 덜레스 국제공항에서 이륙한 AA77편으로, 오하이오주 상공에서 납치되었다. 9시 37분 미국 버지니아주 알링턴에 위치한 국방부 본부 펜타곤의 서쪽 면에 이 항공기가 충돌해 건물 일부가 붕괴되었다. 네 번째로 납치당한 항공기 UA93편은 워싱턴 DC를 향해 비행했다.

미국연방수사국 FBI는 납치범 19명의 이름과 사진을 공개했다. 모두 아랍인이며 그중 15명은 사우디아라비아 출신으로 밝혀졌다. 그들 전원은 비행기와 함께 사망했다. 미국뿐만 아니라 세계 각지에서 범행에 가담한 것으로 추정되는 용의자가 속속 체포되기 시작했다. 가장 먼저 떠오르는 인물은 물론 '오사마 빈 라덴'이었지만 처음에는 오사마가 범인이라는 확실한 증거를 찾지 못했다. 이 사건 후 오사마 역시 이들 테러를 칭송하긴 했어도 자신이 저질렀다는 말은 일절 하지 않았다.

미국은 아프가니스탄에 있던 오사마와 그를 비호하는 탈레반Taliban을 공격했다. 우리는 9·11테러를 둘러싸고 몇 가지 점에 대해 분석해 볼 필요가 있

그림 1-2. 붕괴되는 세계무역센터

다. 하나는 '왜 범인들이 무모하게 납치한 항공기와 함께 목표물로 돌진했는가?'다. 이는 마치 제2차 세계대전 중 일본의 절망적인 가미카제 특공대*를 연상하게 하는 대목이다. 그렇지 않아도 아랍어 신문에서도 이 자폭테러를 일본의 가미카제에 비유했다.

두 번째는 이미 예고했던 바지만 '왜 다수의 민간인이 희생되어야만 했는가?'라는 점이다. 테러리스트 측의 도의적 문제, 즉 무고한 민간인을 살해한 행위에 대한 윤리의 문제다. 오사마가 지금까지 자행한 범죄는 흔히 볼 수 있는 보통의 테러였다. 여기서 말하는 '보통 테러'란 범인이 표적 어딘가에 폭탄을 설치해 원격조정으로 터뜨리고 범인은 도주한다는 의미다.

이번 사건과 같은 자폭테러는 오사마가 기획한 사건 중에는 전례가 없다. 예외적인 사건으로는 케냐와 탄자니아의 테러 후 2000년 10월에 예멘에서 발생한 사건이 있다. 아덴항에서 급유 중이던 미 해군 구축함 콜에 폭탄을 실은 소형 보트가 충돌한 것이다. 처음 보도로는 6명의 미군 병사가 사망하고 11명이 행방불명되었다. 범인은 현장에서 즉사했다. 오사마는 기자회견에서 자신과 무관함을 주장했지만 신빙성이 없었다.

만약 이 사건이 오사마 조직의 범행이라면 바로 이 시점에서 전술상 커다란 전환이 있었던 셈이다. 그 무렵 행동을 과격화하며 발언 수위를 높여가던 오사마로서는 전술적 변화가 전혀 이상하지 않았다. 종래에는 미군만 표적으로 삼았지만, 케냐와 탄자니아에서 무고한 민간인을 살상하거나 콜 구축함 사건처럼 새로운 수법을 도입한 것으로 여겨진다.

9·11테러는 민간인과 민항기에 대한 자폭테러라는 점에서 아덴만과 케냐 및 탄자니아의 두 사건을 합친 성격을 지녔다고 할 수 있다. 또한 케냐와 탄자

* 가미카제는 '신풍神風'의 일본어 발음이며, 가미카제 특공대는 제2차 세계대전 당시 사람이 탄 비행기 동체로 미군 함정을 들이받았던 일본의 자살 공격대를 가리킨다.

니아의 2개국에서 동시다발적으로 테러를 벌였다는 점을 가미하면 대규모 작전을 전개할 수 있는 조직은 필연적으로 글로벌한 조직으로 한정될 수밖에 없고, 따라서 주범은 오사마란 결론이 도출될 수밖에 없었다.

당시 백악관 비서실장은 부시 대통령에게 "미국이 공격받고 있습니다!"라고 보고했다. 9·11테러 이후 미국에서는 매년 9월 11일이 되면 모든 학교에서 이를 잊지 말자는 뜻으로 사건 당시 영상을 보여 주면서 교육한다. 이때 항상 등장하는 구호가 바로 "Never Forget!(절대 잊지 마라)"이다. 그것을 기억하는 일은 산 자의 의무다. 미국은 이 사태를 제2의 진주만 공습*으로 간주하고 일제히 복수를 외쳤고, 이날 발생한 테러는 미국인은 물론 세계를 두려움에 떨게 만들었다.

영국 일간지 「타임스」는 2009년 12월 오사마의 부인과 자녀 등이 9·11테러 이후 지금까지 이란의 비밀장소에 머물고 있다고 보도했다. 오사마의 넷째 아들 오마르는 이 신문과의 인터뷰에서 부친의 아내 가운데 한 명과 자녀 6명이 9·11테러 당시 아프간캠프를 떠나 이란의 테헤란 외곽에 있는 경계가 삼엄한 비밀장소에 머물렀다고 밝혔다. 오사마 가족의 행방과 관련해 자녀의 일부가 폭격으로 숨졌고 다른 자녀들은 아버지와 합류했다는 소식이 나돌았으나 가족들의 위치가 확인된 것은 이 보도가 처음이었다.

---

* 1941년 12월 7일 미국 하와이의 진주만에 정박해 있던 미 태평양 함대를 일본이 기습 공격한 사건이다.

2

9·11테러의 배후

9·11테러가 일어난 후 2001년 10월 7일 미군은 영국군과 반反탈레반 북부 동맹의 군벌과 함께 아프가니스탄에 대한 공격을 개시했다. 이 작전은 '불후의 자유작전'이라 불렸다. 탈레반 정권은 순식간에 와해되었지만, 무함마드 오마르Mohammed Omar 등의 간부들은 어디론가 도주했다. 미국은 탈레반이 숨겨 온 오사마와 아이만 알-자와히리Ayman al-Zawahiri도 놓치고 말았다. 그러나 그 후에도 아프가니스탄뿐만 아니라 파키스탄 등지에서 전개된 용의자 수색은 계속되었다.

미국은 생포한 여러 용의자들을 쿠바에 있는 관타나모의 미군기지에 수감시켰다. 그러나 관타나모의 수감자와 포로에 대한 비인도적 대응 등이 국제사회로부터 비난의 대상이 되자 당시 오바마 대통령은 그의 선거공약대로 그 시설을 일단 폐쇄했다.

인권적 배려는 차치하고 그곳에 수감된 알카에다의 멤버들로부터 얻은 정보에는 알카에다의 조직과 테러작전에 관한 귀중한 정보가 포함되어 있었다.

9·11테러에 대한 최대 성과는 2003년 3월 파키스탄의 라발핀디에서 체포된 칼리드 셰이크 무함마드Khalid Sheikh Mohammed의 증언일 것이다. 그의 증언 등을 토대로 작성된 것이 '9·11 위원회보고'인데, 이 보고서는 지금도 9·11테러를 파악하기 위한 최고의 기본 자료로 꼽힌다. 보고서를 통해 오사마가 아닌 칼리드야말로 9·11테러를 행동으로 옮기는 데 있어서 가장 중요한 인물이었음이 밝혀졌다.

칼리드는 쿠웨이트에서 태어났지만 쿠웨이트 국적이 아니라 파키스탄 국민이었다. 양친은 파키스탄 남서쪽 발루치스탄 출신으로 알려져 있다. 발루치스탄은 '발루치족이 사는 땅'이란 뜻으로, 오늘날에는 파키스탄령 발루치스탄 및 아프가니스탄령 발루치스탄과 이란령 시스탄-발루치스탄주로 나뉜다. 이란은 대부분 시아Shia파 무슬림이지만, 발루치족은 수니Sunni파가 주를 이룬다. 이러한 엉터리 국경은 오스만 제국이 몰락한 제1차 세계대전에서 영국의 사이크스Sykes와 프랑스의 피코Picot가 비밀리에 맺은 '사이크스-피코 협정'에서 비롯된 결과물이다. 이 협정은 훗날에도 두고두고 문제가 되었다.

고대에 이 지역은 인더스 문명의 영향권에 속했으며 고대도시 모헨조다로보다는 하라파 문명의 영향을 받았다. 이후 인더스강의 지류가 바뀌면서 사막화가 더 심해졌다. 발루치스탄주의 면적은 파키스탄 영토의 43%에 달하지만, 인구는 파키스탄 전체 인구 중 1/5 정도에 불과하다. 하지만 발루치인들이 중앙 정부의 무시와 소외에 대한 반감을 숨기지 않고 드러내기 때문에 '갈등의 땅'이라 불린다. 발루치스탄에는 상당량의 천연가스와 광물이 매장돼 있으므로 파키스탄에서의 입지는 상당히 크다.

1993년 뉴욕에서 발생한 세계무역센터 폭파사건의 범인인 람지 유세프Ramzi Yousef는 칼리드의 조카였다. 아버지는 이맘Imām이라고 불리는 이슬람 교단의 지도자로 쿠웨이트 국적을 가진 자였으나, 후에 과격한 발언으로 쿠웨이트 국적을 박탈당했다고 알려져 있다. 따라서 아들인 칼리드 역시 쿠웨이트와 파키스탄의 이중국적이라는 소문이 있으며, 쿠웨이트 당국은 그 사실을 부정했다. 어찌됐든 칼리드는 쿠웨이트에 사는 파키스탄인으로서는 상당히 혜택을 받은 지위에 있었음이 분명하다.

칼리드는 미국 대학에서 기계공학을 전공했다. 일설에 의하면 그는 미국 유학 중에 쌓은 경험으로 반미적 경향이 강해졌고, 조카인 람지 유세프와 함께 미국을 표적으로 한 여러 테러를 모의하고 실행에 옮겼다. 비록 미수에 그쳤지만 유명한 사건 중 하나는 '보진카Bojinka 계획'이라 불린 것으로, 여러 대의 미국행 민항기를 동시다발적으로 폭파하려는 테러음모였다.

'보진카'란 아랍어로 '폭발'을 의미한다. 1994년에는 테러 예행 연습으로 필리핀의 마닐라발 일본의 나리타행 필리핀 항공기에 시한폭탄을 설치했다. 이 폭탄은 오키나와 부근에서 폭발해 시한폭탄이 설치된 좌석에 앉았던 일본인이 사망하고 10명의 승객이 부상당했다.

보진카 계획에는 플랜 1과 플랜 2의 두 번에 걸친 테러음모가 포함되어 있었다. 플랜 1은 1995년 1월 15일 필리핀을 방문하는 바오로 교황을 신부로 위장한 테러리스트가 자폭테러로 암살할 계획이었다. 이를 위해 20명의 테러리스트가 훈련을 받았다. 사실 이 플랜 1은 구미 수사당국을 피해 다음의 항공기 납치 계획을 실현하기 위한 눈속임에 불과했다. 진짜 계획은 미국행 항공기를 동시다발적으로 폭파시키는 것이었다. 만약 이 계획이 성공했다면 4,000여 명의 승객이 희생됐을 것이다. 여기에는 한국 김포국제공항 여객기도 포함돼 있었다.

플랜 2는 소형 항공기를 구입해 연료를 가득 채워 미국 버지니아주에 위치한 CIA본부에 충돌하려는 계획이었다. 이를 위해 자폭테러를 실행할 조종사를 노스캐롤라이나주의 비행클럽에서 양성했다. 그러나 이 플랜 2는 최종적

그림 1-3. 2011년 현상수배를 알리는 FBI 홈페이지

출처: FBI 홈페이지

으로 민항기 납치로 변경되었고 폭파 대상으로 국회의사당과 백악관 등이 추가되었다.

결국 이들의 음모는 계획대로 진행되지 못했지만, 이것이 9·11테러로 진화해 나아가리라는 것을 당시에는 아무도 예상하지 못했다. 실제로 람지 유세프는 9·11테러는 처음부터 마지막까지 자신들이 책임자라고 증언했다. 미국 FBI는 오사마를 포함한 테러리스트들에게 현상금을 걸었다. 오사마의 목에는 2,500만 달러의 현상금이 걸렸고, 그 후에는 5,000만 달러까지 올라갔다.

2010년 4월 16일 영국 일간지 「텔레그래프」 인터넷판은 오사마의 전 경호원의 말을 인용해 "오사마는 9·11테러 당일 아프가니스탄의 은신처에서 위성TV를 통해 테러 순간을 시청하려고 했다."라고 보도했다. 오사마의 경호원으로 3년간 일했던 나세르 알-바리al-Bāri는 오사마가 세계무역센터의 폭발 장면을 보기 위해 칸다하르의 은신처에 위성 안테나를 설치하려고 했지만, 지형이 울퉁불퉁하고 산이 많아 전파가 잡히지 않는 바람에 비행기들이 뉴욕 세계무역센터 빌딩과 충돌하는 장면을 보지 못했다고 증언했다. 오사마는 당시 미디어 담당자에게 "우리가 오늘 뉴스를 시청할 수 있는지의 여부는 매우 중요하다."라고 강조했다.

2장

테러리즘과 지리학

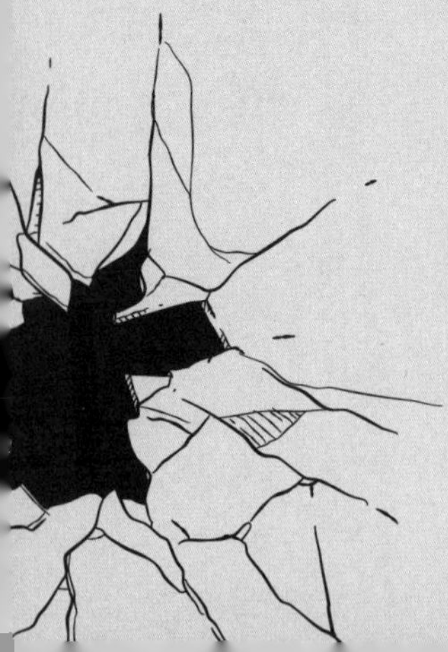

3

글로벌한 테러 조직들

테러는 오래전부터 있었지만, 세계가 테러의 공포에 떨기 시작한 것은 2001년 미국의 뉴욕과 워싱턴 DC에서 테러 조직 알카에다가 민간 항공기를 납치해 벌인 9·11테러 이후부터이다. 그로부터 인류는 테러 위협의 시대를 맞이했다. 여기서는 먼저 테러가 빈번하게 발생하는 땅이 어느 곳인지에 대해 살펴보기로 하겠다.

오늘날 세계적 또는 국지적 차원에서 몇몇 테러 조직이 활동 중이며, 그들의 활동 범위가 확대되면서 그 조직 간의 협력이 긴밀해지고 있다. 테러 조직을 이끄는 리더들의 발표에 따르면 현재 이라크는 개별 공격을 협력작전으로 전환하려는 구실을 만들고 있다.

테러 조직은 가장 막강한 IS 혹은 ISIS를 비롯해 이스라엘 공격을 목표로 하는 하마스, 콜롬비아 무장혁명군, 레바논에 거점을 둔 헤즈볼라, 아프가니스탄에 거점을 둔 탈레반, 다국적 조직인 알카에다, 파키스탄과 인도에 거점을 둔 라슈카르 에 타이바 등이 있다.

이들 중 알카에다보다 후에 탄생한 IS와 같은 조직은 한때나마 무슬림들의 지지를 얻었다. 왜냐하면 아랍의 지도자들은 국민들에게 자유와 번영을 가져다주지 못했고 식민주의에 대한 굴욕감, 범汎아랍 민족주의의 실패, 높은 실업률, 폭압정치 등은 이들의 귀를 솔깃하게 했기 때문이다. 미국 국무부에서 발표한 아래의 표에 나타난 테러 조직의 순위는 2004년 기준이므로 현재와는 상황이 달라 차이가 있다.

순위※	명칭	주요 수입원	국가
1	ISISIslamic State of Iraq and Syria	석유밀매, 납치, 인질 몸값, 세금	이라크, 시리아
2	하마스HAMAS	카타르 및 이란의 재정 지원, 세금	웨스트뱅크, 가자지구
3	콜롬비아 무장혁명군	마약 생산·밀매, 금 밀매, 납치	콜롬비아
4	헤즈볼라Hezbollah	이란 등의 재정 지원, 마약 밀매	레바논
5	탈레반Taliban	마약 밀매, 통관료, 세금, 재정 지원	아프가니스탄
6	알카에다Al-Qaeda	재정 지원, 납치, 인질 몸값, 마약 밀매	다국적
7	라슈카르 에 타이바 Lashkar-e-Taiba	재정 지원	파키스탄, 인도
8	알 샤바브Al Shabab	인질 몸값, 해적 활동	소말리아, 케냐, 우간다
9	보코하람Boko Haram	인질 몸값, 은행 약탈	나이지리아, 카메룬
10	리얼IRAReal Irish Republican Army	재정 지원, 밀매, 밀수	북아일랜드, 아일랜드, 영국

※ 1년 예산규모에 따른 순위

위에서 거명한 테러 조직들은 이슬람 테러리스트가 대부분이기 때문에 사람들은 이슬람 국가나 무슬림을 모두 테러리스트로 오해하는 경향이 있다. 미국 국무성의 발표에 따르면 37개 테러 조직 중 23개가 이슬람계 조직이다. 이들은 조직 간 협조적 관계와 적대적 관계를 맺고 있는 경우도 있다.

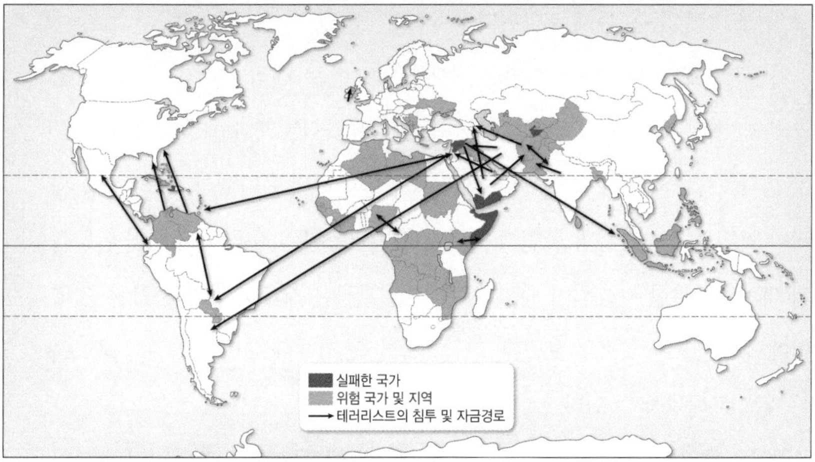

그림 2-1. 테러 위험 국가와 테러리스트의 침투 및 자금경로

그들이 선호하는 땅은 미국의 지리학자 하름 데 블레이의 『분노의 지리학』에 따르면 ① 실패한 국가나 기능을 상실한 국가, ② 혼란한 대도시, ③ 외딴 벽지의 환경이 그러하다. 테러 조직의 리더들이 선호하고 공작원들이 이용하는 ②와 ③의 지리적 이점을 가정했을 때, 데 블레이는 시리아 및 레바논과 이라크 일대를 꼽았으며, 또한 인도네시아의 발리뿐만 아니라 태국의 푸껫, 필리핀 남동부, 졸로 군도 등의 동남아시아를 꼽았다. 그리고 아프리카와 중남미의 여러 나라를 지목했다. 특히 1998년 아르헨티나의 정보기관은 이란 관료들이 테러 시점을 전후해 가명으로 아르헨티나에 드나들었다는 사실을 밝혀냈다.

테러 공격을 수행하는 데는 자금이 필요하다. 테러를 모의하는 조직으로부터 행동 대원에게 흘러드는 자금경로는 공작의 의도와 규모를 알려주는 중요한 지표가 된다. 돈을 움직이려면 전화와 인터넷을 통한 접촉, 은행 거래, 협상 등이 뒤따르며 이 모두가 흔적을 남긴다. 글로벌 테러망에서 유통되는 막대한 자금은 아편이나 코카인 등의 마약, 금과 다이아몬드의 채굴 및 매매, 밀

수, 절도, 약탈 등을 통해 조달된다.

일반적으로 오사마는 상속받은 막대한 재산으로 테러 조직을 유지한다고 알려졌지만, 그의 개인 재산은 다른 곳에서 유입되는 액수에 비하면 비교가 안 된다. 9·11테러 계획을 위한 비용은 25만 달러에 육박했다. 그의 동맹 세력이 거둬들이는 자금과 합법적 사업으로 벌어들이는 자금 등이 테러 활동을 지원하는 풍부한 자금원이 되었다. 또 다른 자금은 사우디 왕가의 일원 중 몇몇에게서 나오는 것으로 보였다. 그들이 만일의 사태에 대비해 일종의 보험을 든 것으로 해석할 수 있다.

산유국으로 국가 경제가 순조로웠던 베네수엘라는 석유산업 이외의 분야를 소홀히 하고 무상복지정책으로 경제가 파탄에 이르자 국가 기능을 상실하게 되었다. 인접국인 콜롬비아 역시 좌파 정권이 들어서 포퓰리즘으로 제 기능을 상실해 테러리스트의 온상이 되었다. 이들 국가는 쿠바와도 연대를 선언한 바 있다. 또한 만성적으로 불안정한 아이티는 서반구에 기지를 세우려는 테러리스트들에게는 최적의 땅이다. 이들은 아이티가 미국과 가깝다는 지리적 이점을 노리고 있을 것이다. 무장 세력이 카리브해의 허술함을 간과할 리 없다.

아르헨티나 정보기관의 조사를 통해 아르헨티나–브라질–파라과이 접경지대인 이른바 트리플 프런티어Triple Frontier를 중심으로 하는 지리적 연관 관계가 드러났다. 레바논의 헤즈볼라 요원에게 건 전화통화 내용을 통해 이 테러 조직과 이란과의 관계가 밝혀진 것이다. 이곳에는 약 25,000명의 이슬람 극단주의자와 동조자들이 우글거리고 있었다. 정보기관이 무장 세력들의 전화통화량과 자금 거래 및 왕래 패턴을 조사한 결과, 이곳이 상파울루와 레바논뿐만 아니라 에콰도르의 과야킬과 베네수엘라의 마라카이보와도 연결고리가 있다는 사실이 드러났다.

전술한 것처럼 혼란한 환경에서 테러리스트들은 은폐된 채 익명으로 활동할 수 있기 때문에 대도시를 선호한다. 구체적으로 은행, 모스크, 돈 세탁 등의 편리함이 있기 때문이다. 동남아시아의 마닐라와 자카르타, 남아시아의 페샤와르, 카블, 카라치, 콜롬보 등이 그러하다.

전자 상거래가 증가하면서 금융 거래가 노출되는 것을 우려한 오사마는 새로운 금융시스템을 구축했다. 유럽의 금융시스템에 기반한 이 새로운 시스템 역시 아프리카와 남미에 걸쳐 있는 네트워크를 이용해 돈을 세탁하는 방식이었다. 오사마의 자금은 세계에 퍼져 있는 기업 네트워크를 거치는 사이에 꼬리를 감춰 버린다. '글로벌 네트워크'라고 불리는 이 새로운 시스템에서 자금이 전 세계를 거쳐 이동하지만 정작 오사마 본인의 이름이 나타나는 경우는 전혀 없다.

1990년대 중반 이슬람주의 네트워크의 총자산은 서방세계에 있는 것만 해도 약 6억 달러에 달했다. 수단, 예멘, 소말리아 등지의 은행에도 10억 달러가 넘는 자금이 있는 것으로 알려졌다. 해마다 쿠웨이트의 이슬람주의자들이 기부하는 금액이 2억 달러, 걸프 국가로부터 들어오는 돈이 4억 달러고, 탈레반이 마약 유통을 통해 벌어들이는 돈도 8,000만 달러에 이르렀다.

이러한 복잡한 네트워크를 통해 움직이는 자금이 얼마나 되는지는 정확히 알 수 없다. 우선 오사마의 개인 재산과 이슬람주의 운동자금을 구분하는 것 자체가 불가능하다. 사실 오사마가 그의 모든 것을 이슬람 성전에 바치고 있기 때문에 구분 자체가 무의미하다고 할 수 있다.

아프리카의 경우 테러가 빈번하게 발생하는 도시는 북아프리카의 카이로, 카사블랑카, 트리폴리를 비롯해 소말리아의 모가디슈를 중심으로 하는 탄자니아의 다르에스살람과 도도마 등을 들 수 있다. 특히 소말리아는 해적의 근거지로 아덴만과 인도양을 지나는 선박을 납치해 약탈을 자행하는 것으로 유

그림 2-2. 테러 발생이 빈번한 도시의 분포도

명하다.

소말리아의 영토는 세 부분으로 분열되어 있다. 그중에서도 혼돈에 빠진 수도 모가디슈를 중심으로 취약한 케냐와 인접한 최남단 지역이 테러리즘terrorism의 온상이다. 커터 등이 집필한 『테러리즘의 지리적 차원』에서는 테러리즘을 '폭력을 통한 협박'이라고만 정의했지만, 학자들의 일반적 정의에 따르면 '폭력을 통한 협박이거나, 전쟁과 무관한 민간인이나 비전투원을 정당한 이유 없이 공격하는 행위'라고 정의된다. 따라서 우크라이나를 침공한 러시아군이 2022년 교회, 학교, 슈퍼마켓 등을 폭격한 행위는 국가에 의한 테러라고 규정할 수 있다.

4
알카에다의 결성과 테러

1998년 8월에 발생한 케냐와 탄자니아에서의 폭탄테러사건에는 생각지도 못한 부산물이 있었다. 사건 후 수많은 용의자들이 세계 여러 곳에서 체포되었으며, 그들의 자백과 진술을 포함해 수사 중에 발견되거나 재판 중에 제출된 증거물 등으로 오사마의 조직으로 추정되는 것들의 실태가 어렴풋이 드러나기 시작했다.

오사마의 조직 알카에다는 1988년경 본래 오사마가 아프가니스탄에 건설한 군사캠프 등의 시설을 개조해 만들어졌다. 아랍어에서 '기지'를 의미하는 '카에다'는 별도로 '이슬람 구국기금'이라고 부르는 경우도 있다. 1994년에 수단에서 만들어진 '충고 및 개혁위원회' 역시 동일한 조직을 가리키는 것이리라. 물론 설립 당초에는 아프가니스탄에서의 지하드Jihad를 지원하기 위한 조직이었지만, 아프가니스탄 해방전쟁 이후에는 오사마의 개인적인 조직으로 바뀌고 있었다. 지하드란 아랍어로 '성전'을 뜻하며, 이슬람교도에게 부과된 종교적 의무를 말한다. 즉 '이슬람에 의한 통합'을 서두른 것이었다. 그것을 위해 아랍 여러 나라에 흩어져 있던 아랍 아프간들이 모여 조직화한 것이 바로 알카에다다. 조직적으로는 오사마를 필두로 하는 피라미드 형식이었다. 오사마는 아랍어로 '아미르 안무'라 불리는 총지휘관이 되었고, 그 휘하에 직속 지휘관을 두었다. 자료에는 여러 인물들이 거명되었지만, 대부분은 가명이었으므로 여기서는 일일이 나열할 필요를 느끼지 못해 생략하겠다.

그들 대부분은 '자문평의회'라는 최고의사결정기구의 멤버이기도 했다. 이 자문평의회 밑에는 군사, 재정과 이슬람 연구, 정보 등의 몇몇 위원회가 있다. 그중에서 군사위원회의 책임자는 아부 오베이다가 임명되었지만, 그는 1996년 탄자니아의 빅토리아호에서 시체로 발견되었다. 그의 뒤를 습격한 사람은 아부 하프스 알-마스리, 즉 무함마드 아테프였다. 2001년 1월, 아테프의 딸과 오사마의 아들이 결혼하면서 세계인들의 주목을 받았다. 이들의 결혼식 비디오는 미군의 특수부대가 파키스탄 아보타바드의 오사마 은신처에서 발견했다.

아테프는 오사마의 기자회견 혹은 비디오 성명서 등에서도 언제나 오사마와 함께 행동했던 측근 중 최측근이었다. 시사주간지 「뉴스위크」는 미국의 수사 당국이 오사마와 알-자와히리, 아테프 등의 알카에다 고위 인사들이 1996~1998년 말에 사용한 위성전화 요금청구서를 입수함으로써 세계에 흩어져 있는 알카에다 조직들의 위치를 파악했다고 보도했다.

재정위원회는 알카에다의 자금을 관리하는 부서로, 이 위원회는 사증과 항공권을 수배하는 등 알카에다 멤버의 도항을 다루는 임무를 맡았다. 파트와 fatāwā 연구위원회에는 아이만 알-자와히리도 멤버에 가입한 바 있다. 파트와란 아랍어로 이슬람에서 이슬람법학에 기초해 발령되는 종교적 견해 혹은 포고를 뜻한다. 그리고 정보위원회는 로이터라는 필명을 가진 인물이 담당해 신문을 발행했는데, '로이터'는 통신사의 이름을 딴 것이다. 본부는 아프가니스탄과 파키스탄 국경 근처에 두었다고 한다. 이것을 중앙 조직으로 하고 그 밑에 다양한 세포 조직을 두었다. 세포 조직은 아랍 국가와 이슬람세계를 중심으로 적어도 35개국에 흩어져 있다고 한다.

알카에다 멤버는 3,000~5,000명 정도로 알려져 있지만 직접적인 멤버가 아닐지라도 아프가니스탄, 보스니아, 체첸, 캬슈미르에서 싸우고 있는 아랍인 무자헤딘mujahideen 역시 잠재적 동조자일 것이다. 그러므로 대략 수만 명에 이를 것으로 추정된다.

또한 알카에다에 우호적인 단체인 '유대인과 십자군과의 성전을 위한 세계 이슬람전선'이 결성될 때 알카에다와 함께 참가한 알-자와히리의 지하드를 비롯한 이집트, 파키스탄, 방글라데시 등의 단체가 있으며, 그 밖에도 알제리의 무장 이슬람단체, 필리핀 조직 등도 어떤 형태로든 알카에다와 관계가 있을 것으로 알려져 있다.

세계에 흩어져 분포하는 이들 무장단체들 간의 견고한 제휴가 있는 것은 아니며 핵심 부분을 포함해 이합집산하는 경향이 있다. 예를 들면 이슬람집단은 케냐와 탄자니아 테러사건 이래 이슬람전선에서의 이탈을 발표한 바 있다. 오사마 자신도 알자지라 방송과의 회견에서 이슬람집단과는 확고한 결속력이 있다고 하면서도 그들이 파트와에 서명은 했지만 세계 이슬람전선의 일부가 아님을 인정했다. 더욱이 2000년 7월경에는 알카에다의 대변자 중 하나가 조직과 결별했다. 원인은 오사마와의 이데올로기상의 대립으로 알려졌다. 또한 2001년 6월에는 알카에다와 지하드단체가 합병해 새로운 조직인 '알카에다 지하드'가 결성됐다는 보도가 있었다.

세포 조직의 멤버 대부분은 작전이 개시되기까지 작전 현장에 가까운 곳에서 장기간에 걸쳐 잠복해 있는다. 이것을 아랍어로 '잠자는 사람'이란 뜻의 '나임naim'이라 부른다. 그들은 잠복한 곳에서 눈에 띄지 않도록 세심한 주의를 기울이며 대기한다. 잠복 장소가 이슬람 국가나 아랍 국가인 경우에는 고생할 필요가 없겠지만, 9·11테러처럼 장소가 서방측 국가인 경우에는 주변에서 수상하게 여기거나 불신감을 갖지 않도록 철저한 위장공작을 해야만 한다. 만약 그들이 서방에서 수염을 길게 기르거나 매일 예배를 하며 모스크에서 설교를 열심히 들으면 치안당국으로부터 주목받을 가능성이 높다.

전술한 바와 같이 수염을 기르는 것은 예언자 마호메트의 언행인 순나sunnah이며, 현재 서남아시아에서는 남자라면 누구나 그런 모습을 한다. 이슬람주의자임을 과시하는 아이콘이기 때문이다. 따라서 그들은 작전 수행을 위해 자신들의 본래 신앙을 감추기 위해 수염을 깎거나 다른 사람들이 보는 앞에서 예배를 드리는 것을 피해야 한다. 경우에 따라서는 술을 마시거나 여성을 사귀는 일도 해야만 한다.

미국 FBI가 공표한 하이재킹 범인 19명 중 수염을 기른 것처럼 보이는 사람은 겨우 3명에 불과하다. 게다가 그들 3명 모두 단정해 보이도록 수염을 짧게 잘랐다. 이것은 결코 순나로서의 수염은 아니지만, 일부러 무슬림이 아닌 것처럼 보이기 위한 위장술이다.

이 범인들은 역사의 교훈으로 남겨둘 필요가 있어 그 명단을 아래와 같이 밝혀두기로 하겠다. 사실 이들 19명 중 15명은 메카와 메디나, 두 성지의 '수호자'를 자처하는 사우디아라비아 출신으로, 법대 재학생이거나 재벌 집안의 자녀 등과 같은 부유한 가정의 혈기왕성한 청년들이 대부분이었다.

여기서 주목할 만한 것은 사우디아라비아 출신 15명 중 리야드Riyadh 출신의 1명을 제외한 모두가 사우디아라비아 서쪽의 홍해에 면한 아시르 지방과 헤자즈 지방의 산악지대 출신이라는 사실이다(리야드 역시 고원지대이며 시가지 서쪽은 산악지대임). 산악지대와 테러리스트에 대해서는 뒤에서 상술할 기회가 있을 것이다.

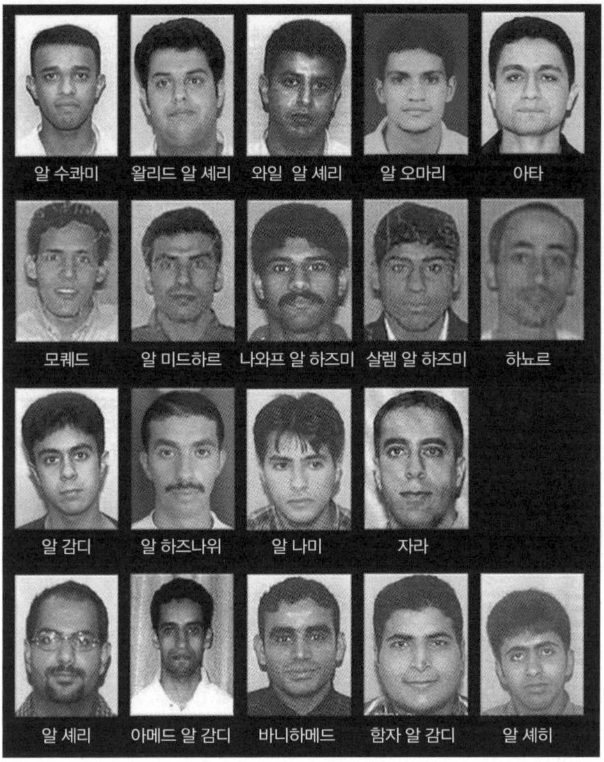

그림 2-3. 하이재킹 범인 19명

AA11편: 제1 세계무역센터에 충돌 (※ 행동대장)

이름	당시 나이	국적
무함마드 아타※	33세	이집트
압둘아지즈 알 오마리	22세	사우디아라비아
와일 알 셰리	28세	사우디아라비아
왈리드 알 셰리	22세	사우디아라비아
사탐 알 수콰미	25세	사우디아라비아

AA77편: 펜타곤에 충돌

이름	당시 나이	국적
하니 하뇨르※	29세	사우디아라비아
칼리드 알 미드하르	26세	사우디아라비아
마제드 모퀘드	24세	사우디아라비아
나와프 알 하즈미	25세	사우디아라비아
살렘 알 하즈미	20세	사우디아라비아

UA93편: 펜실베이니아주 인근에 추락

이름	당시 나이	국적
지아드 자라※	26세	레바논
아메드 알 나미	24세	사우디아라비아
사이드 알 감디	21세	사우디아라비아
아메드 알 하즈나위	20세	사우디아라비아

UA175편: 제2 세계무역센터에 충돌

이름	당시 나이	국적
마르완 알 셰히※	23세	아랍에미리트
파예즈 바니하메드	24세	이중국적(아랍에미리트, 사우디아라비아)
모한드 알 셰리	22세	사우디아라비아
함자 알 감디	20세	사우디아라비아
아메드 알 감디	22세	사우디아라비아

1999년 말에 요르단에서 이른바 '밀레니엄 테러'*라는 소동이 벌어졌다. 다행스럽게도 범인은 사전에 체포되고, 테러는 미수에 그쳤다. 그러나 15명에 달하는 범인들은 하이재킹 범인과 달리 전원이 오사마와 비슷한 수염을 기른

* CIA를 비롯한 미 수사기관은 당시 요르단의 한 호텔과 로스앤젤레스 국제공항 등을 공격하려던 음모를 적발하고 이에 관련된 용의자로 상당수의 오사마 지지자를 체포했다. 체포된 용의자들은 대부분 알카에다에서 훈련을 받았거나 자금 지원을 받았던 것으로 밝혀졌다.

상태였다. 동일한 목적을 가진 동일한 조직에 속해 있으면서도 용모가 다른 것은 흥미로운 현상이다. 이는 물론 요르단이 아랍 이슬람의 나라였으므로 수염을 길러도 무방했기 때문에 일어난 현상이다.

서남아시아의 역사와 이슬람의 역사에 조예가 있는 사람이라면 암살교단 아사신Assassin을 기억하고 있을 것이다. 암살교단은 이슬람의 소수파인 시아파 중에 더 소수파에 속하는 이스마일파의 분파인 니자리파 신도들이 만든 것이다. 그들은 천혜의 험지인 다이람산에 알라무트 요새를 건설해 암살자 집단인 알 아사스Al assas를 조직했다. 이 조직은 아사신이라 불렸고, 니자리파의 우두머리를 '산의 노인'이라고 불렀다. 아사신은 페르시아어로 '대마초를 피우는 사람'이란 뜻의 '하사신(아랍어로는 하시신)'에서 유래했다. 이 교단의 암살자들이 대마초와 성분 미상의 환각제를 복용하고 암살에 나섰다고 하여 그 이름이 유래된 것이다. 아사신은 14세기부터 영어로 암살을 뜻하는 'assassination'의 어원이 되었다.

5

아프가니스탄: 탈레반과 알카에다의 본거지

국제적인 테러 조직 알카에다의 본거지는 아프가니스탄에 있다. 아프가니스탄은 한반도의 약 3배의 넓이에, 동쪽으로 길게 돌출되어 중국까지 맞닿는 와칸 회랑Wakan corridor을 제외하고는 타원형의 형태인 국가다(그림 2-4를 참조할 것). 북쪽으로는 투르크메니스탄·우즈베키스탄·타지키스탄과 남과 서쪽으로는 파키스탄, 서쪽으로는 이란과 국경을 마주하고 있다. 우즈베키스탄과 인접한 마자르이샤리프와 이란과 가까운 헤라트는 아프가니스탄 국내 도시보다 오히려 언급된 국가와의 교류가 활발한 편이다.

수많은 계곡과 험준한 산악지대로 구성된 중앙부에는 깎아지른 듯한 절벽이 솟아 있어 전략적 통로들이 많다. 그중에서 가장 중요한 통로가 바로 파키스탄과 통하는 카이바르 고개다. 아프가니스탄은 서쪽의 시아파 이란과 동쪽의 수니파 파키스탄 사이에 끼어 있다. 동쪽으로는 울창한 삼림지역이 파키스탄과 국경지대를 이루고 있는데, 동굴이 벌집처럼 뚫려 있는 지형을 이용해 오사마는 2001년 12월 추적자들을 피해 잘랄라바드 남서쪽의 토라보라Tora

Bora에서 국경을 넘어 파키스탄의 와지리스탄에 은신할 수 있었다. 이 지역에는 오사마가 선호하는 산악지대와 그를 숨겨주는 동맹 세력과 전사들이 있었기 때문이다.

페샤와르 일대의 와지리스탄에는 파키스탄 정부를 무시하고 살아가면서 침입자를 습관적으로 살해하는 부족들이 많았다. 미국의 개입이 시작되기 전부터 이 땅은 오사마와 오마르의 최적의 은신처였다. 아프가니스탄은 외부와 단절되었을 뿐만 아니라 내부적으로도 분절되어 있다는 지리적 특징이 있다. 또한 인구 4,000만 명 중 수니파의 파슈툰족이 전체의 40%를 차지해 영토의 절반 이상을 점유하고 있다.

아프가니스탄은 무자헤딘 군벌들이 통치하는 수십 개의 구역으로 분열되어 있었다. 이 군벌들은 중무장한 군대를 거느리고 교역과 운송을 통제하며, 통행세와 공물을 징수하고 나라 전체를 봉건시대로 되돌려 놓았다. 일례로 탈레반은 2001년 수도 카불 서쪽 125킬로미터에 위치한 바미안 지방의 암벽에 새겨진 세계 최대 규모의 마애석불을 완전히 파괴하는 만행을 저질렀다.

유네스코 세계유산으로 등재되었던 간다라 양식의 바미안 석불은 불교가 융성한 아프가니스탄의 쿠샨 왕조 때 바위 속에서 울리는 신비스러운 설교를 듣기 위해 중국과 인도의 신도들이 모인 곳으로 유명하다. 하지만 1979년 시작된 소련의 아프간 침공 이후 소련 병사들이 이들 석불에 이름을 새기면서 훼손이 진행되기 시작했고, 1998년 내전 당시 폭격으로 인해 머리와 다리 부분이 파괴되기도 했다.

2001년 3월 아프가니스탄을 집권하던 탈레반은 우상숭배 철폐와 이슬람을 모독하는 유산이라는 이유를 들어 국제사회의 거센 반대에도 불구하고 로켓탄을 이용해 바미안 석불을 완전히 파괴해 버렸다. 이는 문명에 대한 야만의 도전이었다. 그들은 미켈란젤로의 피에타나 밀로의 비너스상 같은 작품에서 아무런 가치를 느끼지 못하는 모양이다.

파슈툰족의 근거지는 최소한 어느 정도 안정된 외관을 갖추고 있었다. 오랫동안 계속된 분쟁에 지친 주민들은 파슈툰족 출신의 탈레반 세력이 남부 지방의 칸다하르 통제권을 장악했을 때 그들에게 상당한 지지를 보냈었다. 그러나 그들은 곧 본색을 드러내 이슬람의 종교법인 샤리아Sharïa의 규율을 부과하며 여성들에게 취업을 금지하고 강제로 부르카를 착용하게 했다. 전쟁에서 남편과 아버지를 잃은 여성들의 상당수는 굶주린 아이들을 데리고 거리로 내몰려 구걸을 해야만 했다.

그림 2-4에서 보는 것처럼 힌두쿠시산맥 넘어 북쪽에는 타지크족과 우즈베크족이 살고 있으며, 그곳에는 마약 재배지역이 분포한다. 마약 밀매는 당시 탈레반의 중요한 자금원이었다. 그리고 산맥이 낮아지면서 평지로 바뀌는 서쪽에는 탈레반이 인종 청소의 대상으로 삼았던 시아파의 하자라족이 분포하고 있다. 그들은 13세기 몽골군의 침입 때 아프가니스탄 땅에 정착한 몽골인의 후손이다. 한국 정부는 미군이 철수할 때 그들 중 377명을 '특별기여자'라는 자격으로 입국시킨 바 있다.

남쪽의 사막지대에는 발루치족이 살고 있는데, 그들은 국가로서의 아프가니스탄이란 개념이 별로 없는 종족이다. 아프가니스탄의 인접국 파키스탄 역시 서로 이질적인 지역들이 합쳐져 하나의 국가를 형성했으므로 엄밀하게는 민족 국가가 아니다. 우즈베크족이 발루치족과 결혼하거나 파슈툰족이 와지리스탄 출신과 결혼하는 일은 여전히 드물다. 다수인 수니파와 소수인 시아파 무슬림 사이에도 마찬가지일 것이다.

문명과는 동떨어진 나라로 전락하고 탈레반이 억압과 보복을 자행하며 아프가니스탄의 문화를 황폐화하고 있음에도 불구하고, 인접국 파키스탄은 탈레반 정권을 합법적으로 인정했다. 미국과 사우디아라비아 정부는 오사마를

그림 2-4. 아프가니스탄과 주변 지역의 지리

그림 2-5. 와지리스탄 산악지대의 경관

추방하라고 요구했지만, 사우디아라비아에서 출처 불명의 테러 자금이 계속 해서 유입되었다. 물론 탈레반은 마약 판매로 자체적인 수입원을 가지고 있었다. 탈레반 통치하에 아프가니스탄은 전 세계 헤로인의 70% 이상을 생산하고 있었던 것이다. 2007년 아프가니스탄에서 활동하던 파키스탄계 탈레반과 그들을 지지하는 파키스탄의 이슬람 극단주의 무장단체 13개가 연합해 설립한 반정부단체가 TTPTehrik-e-Taliban Pakistan라는 파키스탄 탈레반을 설립했다.

탈레반의 만행은 여러 작품 속에 등장한다. 아프가니스탄의 굴곡진 역사를 배경으로 한 2003년 호세이니Hosseini의 성장소설『연을 쫓는 아이』에서 그 단면을 엿볼 수 있다. 아프가니스탄의 수도 카불 출신의 미국 작가인 그는 이 소설로「뉴욕타임스」가 선정한 베스트셀러 반열에 5년 연속 올랐다. 그리고 니콜라이 퓰시 감독의 할리우드 영화 〈12솔져스〉는 9·11테러 직후 5만 명의 탈레반과 11일간의 비공식 작전을 전개한 12명의 미군 최정예 요원의 목숨을 건 사투를 실화를 바탕으로 그린 전쟁영화다.

미국과 다국적군의 아프가니스탄에 대한 군사적 공격 이후 아프가니스탄에서는 복구 작업이 시작되고 2004년에는 최초로 민주선거가 실시되었다. 2001년 한국의 다산부대와 2002년 동의부대가 다국적군의 일원으로 건설공병부대로 투입되어 바그람 공군기지에 주둔하면서 인도적 지원 및 구호 활동을 펼쳤다. 그렇게 아프가니스탄에서 탈레반이 비호하던 알카에다 조직망은 확실히 분쇄되었다. 그러면 알카에다는 어떻게 생겨난 테러 조직인가?

이에 대해서는 추후에 상세한 설명이 있겠지만 우선 간략히 소개하겠다. 알카에다 혹은 알카이다는 사우디아라비아 출신인 오사마 빈 라덴이 창시한 극단적 무슬림에 의한 국제 무장 세력이며, 소위 이슬람 원리주의 계통에 속해 반反미, 반이스라엘을 표방하는 조직이다.

알카에다는 소련의 아프가니스탄 침공에 대항한 이슬람 무장 게릴라였던

그림 2-6. 이슬람교도의 신앙고백이 새겨진 알카에다 기

무자헤딘이 연대한 조직이 그 기원이다. 1990년대 이래 주로 미국을 표적으로 테러를 자행했고, 이 과격파 국제 테러 조직은 2001년 미국을 대상으로 엄청난 9·11테러를 단행하기에 이르렀다.

알카에다 조직의 일련의 흐름을 표면적으로 보면 1990년대 초엽부터 지속적으로 반미를 목적으로 대규모 테러를 계획해 실행에 옮겼으며, 실제로는 좀 더 복잡한 배경을 가지고 있다. 첫째, 계획을 입안한 칼리드 셰이크 무함마드는 원래 알카에다 멤버가 아니었다. 그는 본래 독립파 '외로운 늑대'와 같은 테러리스트로 세계 각지를 떠돌아다니며 테러를 수행해 왔다. 외로운 늑대란 전문 테러단체 조직원이 아닌 은둔형 외톨이라 할 수 있는 자생적 테러리스트를 뜻한다. 그들은 특정 조직이나 이념이 아닌 개인적 반감을 이유로 행동에 나선다는 특징을 가지고 있다. 칼리드가 알카에다에 정식으로 가담한 이유도 알카에다의 사상과 철학에 전면적으로 공감해서도, 오사마의 인품에 반해서도 아니었다.

1998년 8월, 케냐와 탄자니아에서 벌인 미국 대사관 동시폭파사건을 보고 항공기를 이용한 대규모 동시다발적 테러 계획을 실행할 수 있는 조직은 누구나 알카에다밖에 없다고 확신할 수 있었다. 칼리드는 이 계획에서 알카에다에 가담했다고 한다. 따라서 9·11테러는 비유하자면 칼리드가 스스로 각본을

그림 2-7. 무함마드 아타와 칼리드 셰이크 무함마드

짜고 연출을 맡은 기획이며, 오사마는 종합 프로듀서였고, 19명의 테러리스트들은 스펙터클한 장면에 출연한 배우 역할을 맡은 셈이다. 물론 주연은 리더 격인 무함마드 아타Mohamed Atta였다.

오사마의 경호원이던 알-바리는 처음으로 CIA에 오사마와 9·11테러범들의 관계에 대한 정보를 제공해 준 인물이다. 그는 주동자인 아타를 파키스탄 아보타바드의 은신처에서 처음 만났는데, 아타가 그곳에서 "우리는 플레이스테이션으로 비행기를 날리는 비디오 게임을 하고 있었다."라고 말했다고 밝혔다.

둘째, 칼리드가 아프가니스탄에서 알카에다에 가담하기 전 체첸에서 지하드 활동을 하던 오마르 이븐 알 하타브Omar ibn al-Khattab의 조직에 참여하려고 했으나 결국 뜻을 이루지 못한 점이 흥미롭다. 사우디아라비아 태생의 하타브는 당시 체첸에서 러시아군과 싸우던 아랍인 의용병의 리더이며, 수많은 아랍인 젊은이들을 체첸 전투로 보내는 역할을 맡았다. 당시 그의 인기는 아마 오사마에 필적할 만큼 대단했으며, 오사마가 하타브의 인기에 질투를 느꼈다는 분석도 있을 정도였다.

아랍 국가에는 민족적으로 체첸인과 가까운 체르케스Cherkess의 피를 이어

받은 종족이 적지 않다. 그들 가운데에는 모계가 체르케스였던 하타브처럼 기본적으로 아프가니스탄이 아닌 체첸을 전쟁터로 선택하는 일이 많았다. 그러나 그와 같은 혈연의 문제만이 아니라 체첸에서의 지하드를 꿈꿔 그 땅으로 건너가려는 자들 또한 끝을 모를 정도로 많았다. 칼리드 역시 그러했으며, 9·11테러범 중에도 실제로는 체첸에서의 지하드를 기도한 자들도 있었다. 그들은 체첸에 가지 못한 대신 아프가니스탄을 택해 9·11테러의 범인으로 고용되었다.

위와 같은 면면에서도 알카에다라는 조직의 특징이 노출된다. 테러 조직이라고 하면, 일반적으로 어떤 조직구조가 연상될까? 먼저 세계정복을 꿈꾸는 무서운 지도자가 존재하고, 그 지도자의 명령을 따르는 간부들 밑에 말단의 테러리스트들로 이루어진 피라미드 형태의 조직이 떠오를 것이다.

중동에서도 종래부터 다양한 반정부 조직과 이스라엘에 대항하는 조직이 있었고, 이들 테러 조직은 위에서 말한 피라미드 형태의 구조를 가진 단체였다. 테러 조직은 기존 정권을 타도하고 나아가 정권을 전복시키는 것을 꾀하므로, 종종 중앙집권적이며 겉으로는 국가적 형태를 취하기 십상이기 때문이다. 그렇다면 알카에다 조직은 어떠한가.

알카에다 조직은 그림 2-8에서 보는 것처럼 법·정치위원회를 비롯한 6개의 위원회로 구성되어 있으며, 그 휘하에 아라비아반도 알카에다를 비롯한 여러 곳에 거점을 두고 있다. 알카에다는 40여 국에 지부를 두고 있으며, 66개국에 탈레반과 IS 등의 동맹 관계에 있는 연계 조직을 갖고 있는 것으로 파악되고 있다.

알카에다 조직을 프랜차이즈라던가 어필리에이트(제휴사이트)로 비유할 수 있겠다. 본사 혹은 본점이 있고, 그것의 방침에 따라 여러 도시와 지역에 점포망이 만들어진다. 지방의 점포는 본사의 계획에 의거해 출점하는 경우도

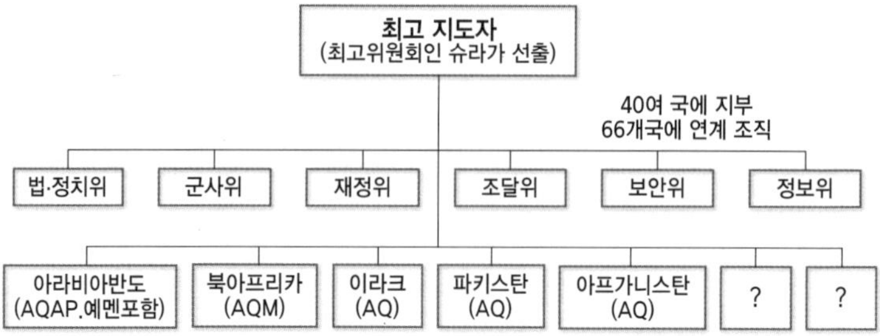

그림 2-8. 알카에다 조직망

있고, 전부터 있던 기존의 점포에 간판만 바꾸는 경우도 있다.

알카에다의 경우 본사의 감독은 느슨하고 단지 '반미'를 표방하는 것만으로 알카에다의 간판을 사용할 수 있게 되어 있다. 나머지는 각 점포의 재량에 맡기는 경우가 대부분이다. 알카에다 간판을 내걸면 그것만으로 사람들이 그 간판만 보고 모여들고, 자금이 들어오고, 언론매체의 주목을 받을 수 있다. 이와 같은 형태가 전형적으로 잘 나타나는 것이 이라크의 알카에다 AQI조직이다.

2003년 2월 당시 미국 국무장관인 콜린 파월은 유엔 안전보장이사회에서 사담 후세인Saddam Hussein이 통치하는 이라크의 여러 의혹 중 대량살상무기의 개발에 대해 설명했다. 이라크가 알카에다에 은신처를 제공하고 있다는 것이었다. 그는 요르단의 산악지대 자르카 태생의 아부 무사브 알-자르카위Abu Musab al-Zarqawi라는 테러리스트가 바그다드에 알카에다 지부를 만들어 자유롭게 활동하고 있다는 주장을 폈다. 지질학과 지리학을 좋아하던 그는 보스니아 내전 개입 문제를 놓고 "미군은 세계의 장기판에서 이리저리 옮겨 놓는 졸과 같은 장난감 병사가 아니다."라며 반대한 인물이다.

다음 달, 미국은 영국과 오스트레일리아 연합군과 함께 이른바 이라크 전쟁을 개시했다. 후세인 정권은 제대로 힘도 쓰지 못하고 붕괴되었고, 5월에는 당시 부시 대통령의 결단으로 대규모 전투 종결선언을 했다. 미국은 압도적 승리를 거뒀지만 세계 여론으로부터 많은 비판을 받았다.

이라크에서는 후세인 시대에 다수파이면서도 핍박을 받아 온 시아파가 새로운 정권을 장악했다. 그러자 이번에는 소수파로 전락한 수니파 아랍인들이 위기감을 느껴 일부는 과격해져 미군뿐만 아니라 같은 이라크 국민이며 이슬람교도인 시아파 주민을 표적으로 테러를 벌였다. 또한 시아파 중에는 새로운 정권을 만드는 데 미국과 협력 관계에 있음에도 이란의 영향을 받아 반미의 깃발을 든 세력도 등장했다. 게다가 민족적으로 상이한 쿠르드족까지 가세해 이라크 국내는 대혼란에 빠져 내전 상태에 돌입하고 말았다. 이 혼돈 속에서 수니파 과격 세력으로 일약 두각을 나타낸 사람이 위에서 소개한 알-자르카위였다.

결과적으로 파월 국무장관의 이라크 비판은 거의 틀렸다. 이라크에는 미국이 주장한 것처럼 대량살상무기가 없었다. 알카에다를 숨기고 있다는 의혹 역시 빗나갔다. 알-자르카위는 팔레스타인 출신이 아니라 어엿한 요르단 사람으로 알카에다와는 별개의 독립된 그룹의 리더였다. 그러나 이 그룹이 테러 조직이었음은 틀림없는 사실이다.

미군의 이라크 침공 후 그는 이미 이라크 국내에서 테러 활동을 개시하고 있었다. 그 대상은 이라크를 점령한 미국이며, 미국의 지원을 받고 이라크를 지배하는 시아파였다. 이 시기에 이라크에서의 반미 군사 활동은 테러가 아니라 저항운동이라고 긍정적으로 평가하는 시각도 있었다. 그럼에도 불구하고 알-자르카위의 그룹에 관해서는 백번 양보해도 정당화될 수 없음은 물론이다. 그는 무슬림임에도 두주불사하는 술꾼이며 한국군의 파병 철회를 요구하며 한국인(김선일)을 납치해 살해하기도 한 인물이다. 당시 우리 정부는 샘물교회 선교팀을 석방하는 과정에서 인질 몸값으로 400억 원을 지불해야 했다.

알-자르카위 그룹은 '신의 유일성과 지하드단체'란 명칭을 사용했다. 대규모 작전으로 우선 2003년 8월에 바그다드의 유엔사무국을 폭파해 이름을 날렸다. 그 그룹은 이라크의 시아파 성지인 나자프와 칼바라에서 시아파를 표적으로 한 테러를 벌였다. 그들의 전술은 대단히 잔악무도했고, 이라크에 주둔한 미군 외에도 같은 무슬림 아랍인들을 시아파라는 이유로 공격했다.

2004년부터는 외국인 유괴와 살해전술을 전면에 내세워 인질로 삼은 외국인을 참수하는 등 잔학한 방법으로 살해하며 그 장면을 비디오로 촬영해 인터넷에 유포시켰다. 특히 알-자르카위 그룹에 납치됐다가 참수된 미국인 니컬러스 버그 피살사건은 너무 끔찍했다. 그의 시신은 목이 잘린 채로 바그다드 시내에서 발견되었다.

알-자르카위는 바그다드에 알카에다 지부 인터넷 아랍어 게시판에 오사마에 충성을 서약하고 조직 명칭을 '신의 유일성과 지하드단체'에서 '두 강의 나라(이라크)의 알카에다 조직'으로 변경한다고 발표했다. 그는 바로 이 시점에서 처음으로 알카에다가 되었다. 이미 이 무렵 알-자르카위 그룹은 세계에 악명을 떨치고 있었는데 돌연히 간판을 바꿔 단 것이다. 파월 국무장관이 말한 "알-자르카위가 바로 알카에다임에 틀림없다."란 주장은 적어도 2003년 2월 유엔에서 설명한 시점으로 거슬러 올라가면 분명 오류를 범한 것이다. 세계적인 첩보 능력을 자랑하는 미국에게는 수치였다.

그 후에도 알-자르카위는 헤아릴 수 없을 정도로 잔학한 테러를 저질렀고, 결국 2006년 6월 2,500만 달러의 현상금이 걸렸던 그는 미군의 공격을 받아 살해되었다. 이라크의 알카에다는 새로운 지도부 휘하에 다른 유사한 그룹을 모아 '이라크 이슬람 국가'라는 간판을 내걸었다. 그러나 2007년 여름을 경계로 이라크 알카에다의 힘은 급격히 약해졌다. 거꾸로 이라크에서의 미군 사망자 수는 이 무렵부터 점점 감소했다. 알카에다가 매일 수십 차례에 걸쳐 인터넷에서 자랑하던 테러 관련 성명서가 격감했으며, 전혀 없는 날이 많아졌다.

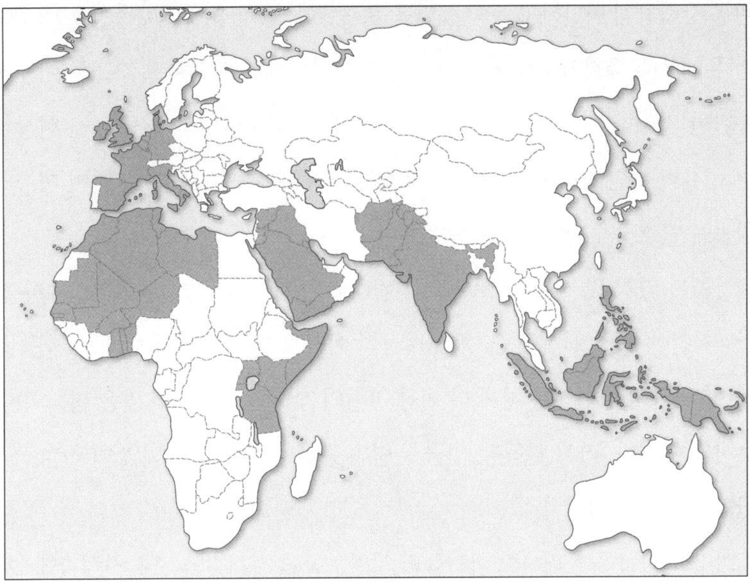

그림 2-9. 알카에다 세력의 분포(2000년대 초반)

미군은 2010년 8월 이라크에서 철수했다.

미군의 압도적인 전력에 패망한 수니파의 사담 후세인 정권이 축출되고 미국은 시아파를 전면에 내세웠다. 그러나 이라크 정세는 미국의 뜻대로 흘러가지 않았다. 미국이 지원한 시아파는 집권 능력이 없었고, 패망한 수니파 잔당 세력은 알카에다가 되어 끝까지 저항하기에 이르렀다.

미국의 이라크 침공은 비단 이슬람권만 비판한 것은 아니었다. 미국 문명의 종언을 공식 선언한 것과 같다는 시각도 있었다. 미국은 걸프전 이후 경제적 봉쇄만으로도 150만 명의 기아 및 질병으로 인한 사망자가 발생한 이라크를 유엔의 반대도 무시한 채 침공했다. 이에 대해 당시 코피 아난 유엔 사무총장은 "오늘은 유엔과 국제사회에 슬픈 날이다."라고 비난했으며, 유엔 안전보장이사회 이사국을 비롯한 세계 각국은 침공의 불법성을 지적하며 미국의 행위를 강력하게 비난하고 공격 중단을 요구했다. 코피 유엔 사무총장은 미국이 전 유엔 사무총장을 해임시키고 지명한 사람임에도 불구하고 그조차 이렇게 통탄한 것이다. 또한 독일의 외무장관은 유엔 안보리회의에서 "유엔 헌장에는 군사적 수단을 동원해 한 나라의 정권을 교체할 근거가 없다."라며 미국의 침공을 단호하게 반대한다고 역설했다.

침공이 있기 몇 시간 전 로버트 상원의원은 거의 텅 빈 상원회의실에서 장장 4시간에 걸친 긴 연설을 통해 미국의 이라크 침공에 대한 반대를 거듭 밝히며 "미국의 이미지는 이제 더 이상 과거의 강하면서도 인정 많은 평화의 수호자가 아니다."라고 말했다. 미국 문명의 종언 현상은 오직 몇몇 미국인에 국한되는 문제가 아니다.

이라크 침공을 둘러싸고 학자들의 서명운동이 전개되었는데, 찬성파에 『문명의 충돌』의 저자인 헌팅턴이 포함되어 있는가 하면 미국 진보의 중요한 인물이자 공동체주의의 4대 이론가 중 하나인 『마르스의 두 얼굴: 정당한 전쟁 부당한 전쟁』의 마이클 월저도 포함되어 있었다. 심지어 후에 대통령 후보로 출마한 상원의원 힐러리 클린턴조차도 찬성표를 던졌다. 이런 현상은 이스라엘의 수도가 텔아비브가 아니라 예루살렘이라고 주장한 트럼프 행정부에서도 계속되었다. 이라크 침공을 찬성하고 트럼프를 대통령으로 뽑은 미국 국민들의 수준에 세계가 의아해했다. 과연 미국은 정의를 표방하는 국가인가?

오사마가 사살된 후, 2019년 그의 아들도 사망하면서 아이만 알-자와히리 Ayman al-Zawahiri가 지도자 역할을 계승했다. 그가 지휘하는 알카에다는 전 세계에 퍼져 있는데, 그림 2-9에서 보는 바와 같이 남아시아와 서남아시아를 비롯해 북부아프리카 및 동부아프리카, 유럽, 동남아시아 등지에 분포해 있는 것으로 파악되고 있다.

6

오사마 빈 라덴 사살작전

오사마는 2001년 9월 11일 뉴욕과 워싱턴 DC에 최소 2,996명이 사망하고 25,000명 이상의 부상자가 발생한 9·11테러의 배후로 지목되고 있던 인물이다. 그는 사우디아라비아에서 태어난 석유재벌의 일족이었으며, 이슬람근본주의적 성향의 글로벌 테러리스트 조직인 알카에다의 지도자였다. 미국의 첩보망은 그를 체포 또는 사살하려고 1998년 8월 클린턴 행정부부터 부시 행정부를 거쳐 오바마 행정부에 이르기까지 온갖 정보망을 동원했다.

오사마는 "이슬람의 종교율법인 샤리아를 회복하는 것만이 무슬림 세계에서 모든 것이 제자리를 찾는 유일한 방법이다."라고 말한 바 있다. 그는 샤리아만이 이슬람세계에서 범아랍주의, 사회주의, 공산주의, 민주주의 등을 대체할 수 있는 체제라고 주장했다. 이른바 지하드라고 선언된 폭력을 바탕으로 하는 이러한 믿음을 흔히 쿠트비즘Qutbism이라고 부른다. 오사마의 이데올로기 가운데 하나는 여성이나 어린이와 같은 무고한 시민들이라 할지라도 지하드의 공격 목표가 될 수 있다는 사상이다.

오사마로 추정되는 인물이 2003년 10월 18일 미국에 대한 자살공격을 계속하고, 이라크에 군대를 보내는 나라들도 공격하겠다고 밝혔다. 그는 알자지라 방송이 송출한 음성 녹음테이프에서 "우리는 미국 안팎에서 순교작전(자살공격)을 계속할 것이며 적절한 장소와 시간에 정의롭지 못한 전쟁에 참가한 모든 나라들, 특히 영국, 스페인, 오스트레일리아, 폴란드, 일본, 이탈리아에 맞서 대응할 권리가 있다. 미국은 티그리스강과 유프라테스강의 수렁에 빠져 있다. 미국은 진짜 곤경에 처해 있고, 비명을 지르고 있다."라고 말했다.

그는 이어서 "부시 대통령은 이라크와 이라크의 석유를 얻기 쉬운 보물로 생각했지만, 이제는 동방과 서방으로부터 용병을 사는 것에 의지하고 있다. 이라크 주변 나라와 이슬람권 젊은이들에게 지하드에 동참할 것을 촉구한다."라고 외쳤다.

그는 페르시아만 일대의 이슬람 국가들도 예외가 될 수 없다며 특히 미국의 이라크 침공 기지가 된 쿠웨이트를 지목했다. 이 녹음테이프는 한 달 전에 사임한 팔레스타인의 마흐무드 압바스 총리를 언급하고 있으므로 음성 녹음은 그 전에 녹음된 것으로 보인다. 알자지라 방송국은 테이프를 믿을 만한 취재원으로부터 얻었다고만 밝혔다.

오사마는 사우디아라비아-시리아-파키스탄-아프가니스탄-이란-사우디아라비아-수단-아프가니스탄·파키스탄·아랍에미리트-파키스탄을 오가며 암약했다. 그는 미국에서의 9·11테러 행위가 자신들의 소행임을 인정하지 않다가 거듭된 부인 끝에 2004년이 되어서야 알자지라 방송을 통해 그 테러가 자신의 소행임을 인정했다.

CIA 요원이던 마야(암호명)는 알카에다 테러범인 아마르 알 발루치를 체포해 고문 끝에 오사마의 측근인 아브 아흐메다라는 인물을 찾아냈다. 마야 요원은 그것을 단서로 오랫동안 오사마를 추적했다. 끈질긴 집념의 추적 끝에 그의 본명이 이브라힘 사이드란 사실을 알아냈고, 그의 어머니와의 전화통화를 단서로 오사마의 위치를 찾아낼 수 있었다. 그의 상급자는 마야 요원이 지목한 저택이 오사마의 거처일 가능성을 60% 정도로 생각했지만, 마야는 100%라 확신했다.

2009년 2월 17일 「MIT 인터내셔널 리뷰」와 2011년 3월 4일 「사이언스 매거진」 온라인판에 따르면(Korva, 2020; Sara, 2011), 미국 UCLA대학교 지리학과에서는 2001년 11월 아프가니스탄의 산악지대 토라보라에서 오사마의 무선통신이 마지막으로 포착된 2년 전 시점을 기점으로 오사마의 거처를 이미 예상하고 있었다. 그는 휴대전화 사용을 삼가하고 단파 라디오를 이용해 작전을 지휘했지만 미국 정보기관에 감청당하고 말았다. 이 대학은 『총, 균, 쇠』의 저자 다이아몬드 교수가 근무하고 있는 미국의 명문대학이다.

UCLA의 지리학과에서 생물지리학 및 지리정보체계를 전공하는 토마스 길레스피와 정치지리학을 전공하는 존 애그뉴 교수 그리고 그들의 대학원생들은 생물지리학적 기법인 이른바 '원거리 멸종 이론'과 '섬 생물지리 이론'*을 적용해 오사마가 작은 마을에 은둔하고 있을 경우, 다른 사람들이 외지인으로 보고 신고할 것을 염려해 대도시 근처에 은거하고 있을 것이라고 판단했다. 그리하여 토라보라 인근의 아프가니스탄과 접한 파키스탄의 국경도시 파라치나와 이슬라마바드 인근의 아보타바드, 두 도시를 지목했다.

그들은 파라치나일 확률은 98%, 아보타바드일 확률은 89%라는 결론을 내렸다. 그러나 CIA와 미국 정보당국은 지리학자들의 분석 결과를 외면했고 오사마 색출에 더 많은 시간과 경비를 감당해야만 했다. 미국 행정부는 베트남 전쟁을 전후로 정치학자의 조언을 경청하는 자세를 보이고 있었다.

---

* 이들 이론은 생물학 이론을 지리학에 응용한 기법으로, 섬의 생물 종수는 섬의 크기와 거리에 비례하고, 육지일 경우에는 거리에 반비례한다는 이론이다.

미국에서는 헤로도토스*의 정신을 망각해 지리학 분야가 홀대받는 경향이 있다. 이런 경향은 최고의 명문대학이라는 하버드대학교 지리학과가 내부사정과 새로운 학문적 흐름의 외면으로 1949년 폐과되면서 나비효과가 되어 미국 전역으로 퍼져 나갔다. 이에 따라 초중등 교육에서도 지리 과목을 소홀히 하기 시작했고, 20세기에 들어와 행정부조차 정치지리학의 하위 분야인 지정학을 정치학 분야로 잘못 인식해 스파이크맨의 '주변지대 이론'**을 맹신할 뿐이었다. 지리적 무지로 대통령을 비롯한 정책결정자들이 훗날 베트남, 아프가니스탄, 이라크, 이스라엘 등 도처에서 국제적인 정책 실수를 범하게 되었다. 다만 국무장관을 지낸 하버드 대학 교수 출신인 헨리 키신저와 같은 예외적 인물도 있긴 하다.

1905년 미일 간에 맺어진 가쓰라-태프트 밀약***은 스파이크맨이 계승한 1904년 매킨더의 '대륙 세력 이론'****에 근거한 것이었다. 미국의 지리학 이론이 한민족의 운명을 좌우했던 것이다. 알렉산더 머피의 저서 『지리학이 중요하다』에서는 미국이 지리학에 대한 무지와 편견이 생긴 데는 헌팅턴의 『문명의 충돌』이 끼친 영향이 컸음을 지적하며 지리적 감각이 둔한 정치학자들을 비판했다. 아무튼 뒤늦게 지리학의 중요성을 깨달은 하버드대학교는 2006년 '지리학 연구센터'를 설치했다.

독자들의 궁금증을 해소하기 위해 UCLA 지리학과 연구팀의 분석 내용을 간략히 설명하자면 이러하다. 2001년 11월 토라보라에서 오사마의 무선통신이 마지막으로 포착됐다. 따라서 여기서 20킬로미터 이상 벗어나면 생존확률

* 페르시아 전쟁사를 집필한 고대 그리스의 지리학자이자 역사가.

** 유라시아 대륙의 핵심부보다 전략적 주변지대를 더욱 중시해야 한다는 이론.

*** 이 밀약으로 미국과 일본이 필리핀과 대한제국에 대한 서로의 지배를 인정하게 되고 일본이 제국주의 열강들의 승인 아래 한반도의 식민화를 노골적으로 추진하는 직접적인 계기가 되었다.

**** 규모나 자원 면에서 세계적으로 중요한 심장부인 대륙을 지배하는 세력이 유리하다는 지정학 이론.

이 2% 이하로 급감한다. 즉 20킬로미터 반경 내에 있을 확률이 98%였다. 신장투석이 필요하고 당뇨가 심한 오사마가 더 멀리 이동하기는 어렵기 때문이다. 연구팀은 또 오사마가 토라보라 반경 20킬로미터 내에서 가장 큰 도시인 파키스탄의 파라치나를, 다음의 차선책으로 아보타바드를 선택했을 것이라고 추정했다.

그러나 파라치나의 경우에는 오사마를 생물체로 간주하기 때문에 멸종위기종인 오사마가 서식할 수 있는 환경은 많지 않다. 신부전증을 앓고 있던 키다리 오사마에겐 ① 신장투석용 전기 공급, ② 오사마의 장신에 맞는 천장이 높은 주택, ③ 은폐를 위한 3미터 이상의 높은 담장, ④ 자신만의 독립된 공간 확보가 가능한 구조, ⑤ 최소 3개의 경호원용 방, ⑥ 외출 시 노출되지 않도록 높고 무성한 나무 등의 환경이 필요하다는 조건을 염두에 두고 탐색했다. 이 조건을 만족시키는 장소가 바로 89% 확률의 아보타바드였다. 이런 기법은 지리학방법론 중에 앞서 소개한 방법 외에도 많다.

9·11테러 이후 숨어 지내던 오사마는 자신의 세 부인 및 자녀와 손자들과 함께 살기 위해 경호를 맡던 이브라힘 사에드 아흐메드 압드 알 하미드에게 파키스탄 아보타바드에 부지를 구매하고 건축가를 고용해 집을 지을 것을 지시했다. 당시 어리석은 CIA와 대테러 전문가들은 오사마가 노출되기 쉬운 마을이나 문명사회가 아닌 산속의 동굴과 같은 외진 지역에 은둔해 있을 것이라 예상했다. UCLA 지리학과 연구팀의 분석 결과를 믿지 않던 CIA는 2년이 넘는 시간을 허송세월을 하고 나서야 오사마가 거주하고 있던 파키스탄의 아보타바드에서 정밀 정탐의 결과로 이른바 '안가'를 찾아내는 데 힘겹게 성공했다.

「워싱턴포스트」는 CIA가 오사마의 은신처 동태를 살피기 위해 수개월 동안 인공위성과 정탐원 등의 가능한 모든 방법을 총동원해 정찰해 왔다고 보도했다. 이를 위해 CIA는 연방의회를 설득해 수천만 달러의 추가 예산을 확보했으며, 이 건물에 거주하는 사람들의 신원과 움직임 등 모든 것을 염탐했다고 덧붙였다. 심지어는 건물 내부자들의 목소리와 대화 내용을 녹음하려는 시도도 있었던 것으로 드러났다.

오사마의 행방을 쫓던 CIA는 2010년 파키스탄 정보원으로부터 오사마를 경호한 이브라힘으로 보이는 남성을 페샤와르에서 봤다는 첩보를 입수했고, 그해 8월 그가 운전하는 자동차가 철조망으로 뒤덮인 높은 담장의 건물 안으로 들어가는 모습까지 포착했다. 건물은 외관상 전화선과 인터넷 연결이 되어 있지 않았는데, 주변이 3.3~5.5미터의 높은 담장에 둘러싸여 있었다.

안가 내부의 동태를 감시하기 위해 CIA와 별도의 조직인 국가지리정보국 NGA이 동원되었다. NGA는 일반인에게 잘 알려지지 않은 정보기관이지만, 오사마 사살작전의 숨은 주인공은 바로 NGA였다. CIA 요원 마야 등이 수집한 정보를 바탕으로 NGA는 안가의 모든 것을 감시했다. 그들은 특히 오사마로 추정되는 인물의 그림자 영상으로 그가 오사마와 동일한 신장인 193센티미터라는 사실까지도 확인했다. CIA와 NGA 요원들 역시 건물 안에 누가 사는지

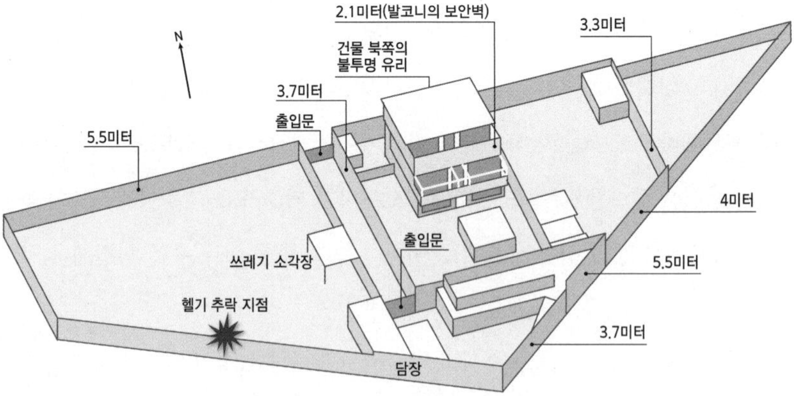

그림 2-10. 오사마의 은신처 내부구조

를 장기간 유심히 지켜봤고, 이웃들에게서 건물 안에 사는 사람들은 절대 쓰레기를 버리지 않고 안에서 태워버린다는 증언을 확보했다. 내부에는 작은 목축장이 있어 채소와 사과, 포도 등을 재배하고 닭과 소까지 기른다는 사실까지 확인했다.

오사마의 안가임을 확인하는 또 하나의 이유가 있었다. CIA 페네트 국장은 소아마비 백신 접종을 파키스탄 전역에 홍보하기 위해 소아과 의사인 샤킬 아프리디를 매수했다. 그는 파키스탄 북부 지방을 돌며 소아마비 백신 캠페인을 벌였는데, 아이들에게 소아마비 백신을 접종하면서 몰래 혈액을 채취해 혈액 샘플을 CIA요원에게 건넸다. 그는 아프가니스탄 북부 지방 곳곳을 누비면서 1년 동안 수천 명의 아이들 혈액 샘플을 CIA에 보냈고, CIA는 그 샘플을 오사마 여동생의 DNA와 대조했다.

2011년 4월 오사마 여동생과 일치하는 DNA의 혈액 샘플이 발견되었다. CIA의 추적 결과, 주시하던 아보타바드시 비랄Bilal 마을의 안가가 오사마 은신처임을 확인하는 데 성공했다. 그 후부터 모든 정보기관을 동원해 오사마의 안가를 감시하기 시작했다.

특히 그 건물이 오사마의 은신처라고 확신하는 데 결정적인 요인이 된 것은 NGA의 위성감시 외에도 집 밖에 널린 빨래였다. 매일 여성의 옷과 파키스탄 남성의 전통 의상, 아이들의 옷가지와 기저귀가 널려 있었는데, 이를 바탕으로 가족원 수를 추측한 결과 1명의 성인 남성과 여러 명의 성인 여성, 최소 9명의 아이들이 살고 있다는 계산이 나왔다. 오사마의 가족 구성과 상당히 일치했다. 드디어 CIA와 오사마 간의 숨바꼭질이 끝났다.

이제는 오사마 사살작전을 실행하는 일만 남았다. 백악관 참모들이 제시한 최초의 방안은 2,000파운드짜리 합동직격탄을 32발 투하할 수 있는 B-2 스텔스 폭격기를 침투시켜 정밀폭격을 수행하는 것이었다. 그러나 오바마 대통령은 그 폭격은 폭탄의 위력이 너무 커 오사마의 사살 여부를 정확히 확인할 수 없다는 점과 민간인 사상자를 최소화해야 한다는 점을 들어 그 제안을 거절했다. 무인기를 투입해 정밀폭격을 하는 방안도 검토되었지만, 무인기인 드론 자체가 화력이 제한되는 데다가 오사마 은신처의 위치가 파키스탄의 수도 이슬라마바드 방공망의 범위에 해당하므로 무인기 작전도 배제되었다.

결국 남아 있는 최적의 선택은 특수부대 투입이었다. 특수부대 투입에 대해서도 반대가 만만치 않았는데, 부대를 장기간 대기시키는 사이에 정보가 새어 나가 오사마가 더욱 깊숙이 숨어버릴 것에 대한 염려가 제일 큰 이유였다. 그럼에도 불구하고 가장 확실한 방법인 특수부대의 투입이 최종 결정되었다.

오사마는 신부전증의 고통을 견디며 도요타 픽업트럭을 타고 힘겹게 카이바르 고개를 넘어 페샤와르를 거쳐 이슬라마바드에서 60여 킬로미터 떨어진 아보타바드로 은밀하게 이동했을 것이다. 이곳은 파키스탄의 북서 변경지대로 사방이 산으로 둘러싸인 지형이다.

드디어 2011년 5월 2일 미국정보부는 '넵튠 스피어 작전'으로 알려진 오사마의 사살작전을 실행에 옮겼다. 암호명 '잭팟'으로 명명된 넵튠 스피어 작전Operation Neptune Spear이 전개된 아보타바드의 5월 평균 기온은 섭씨 22.8도이며 평균 강수량은 69밀리미터로 요원들이 작전을 수행하기에는 적당한 날씨였다. '넵튠 스피어'란 고대 로마 신화에 등장하는 '바다의 신이 가진 창'을 뜻한다. CIA가 이 작전을 주도했으며, 이를 위해 3주간 반복훈련을 마친 미 해군의 최정예 대테러 특수부대인 데브그루DEVGRU가 급히 파견되었다. '태스크 포스 블루' 혹은 '스페셜 미션 유닛'으로도 불리는 데브그루는 'DEVelopment GRoUp'의 약칭으로 5개조 25명의 대원으로 구성된 미 해군 특수전개발단이다.

파키스탄 현지 시간 2011년 5월 2일 1시 00분에 넵튠 스피어 작전이 시작되던 날, 오바마 대통령은 다른 주말과 똑같이 이날도 워싱턴 DC 인근의 앤드루스 공군기지에서 골프를 쳤는데, 9홀까지 4시간가량 골프를 치고 중도에 복귀했다. 동부 시각 16시에 작전이 시작되었고, 백악관 지하 벙커에서 데브그루 대원의 헬멧 카메라를 통해 위성 동영상을 지켜보았다. 그곳에는 당시 부통령이던 바이든과 힐러리 장관도 동석했다.

이들은 이 작전을 위해 헬리콥터 4대에 탑승해 작전에 참여했다. 여기에 동원된 헬리콥터는 야간에 강한 시코르스키 UH-60 블랙호크 2대와 예비용으로 수송 능력을 보유한 보잉 CH-47 치누크 기종 2대다. 예비용 헬리콥터를

그림 2-11. 넵튠 스피어 작전에 동원된 헬리콥터(좌: UH-60 블랙호크, 우: CH-47 치누크)

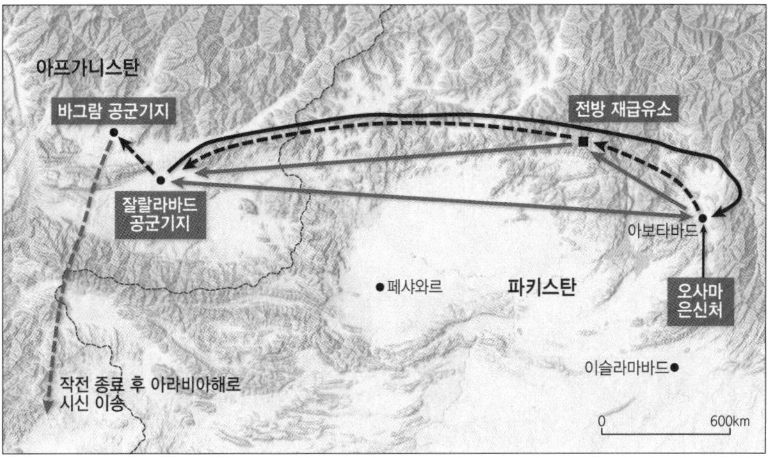

그림 2-12. 넵튠 스피어 작전의 개요

동원한 것은 소말리아 모가디슈 전투 때 작전에 투입된 UH-60 블랙호크가 추락해서 아이디드 민병대에게 붙잡혔다가 간신히 석방된 마이클 듀런트의 경험을 오바마 대통령이 받아들였기 때문이었다.

이 헬리콥터들은 넵튠 스피어 작전을 위해 특별히 파키스탄 방공망에 걸리지 않게 스텔스 기능을 보완한 특수 장비로 개발되었다. 그래도 만약의 사태에 대비해 속도가 빠른 치누크는 최단거리를 비행했지만, 블랙호크는 항로를 가능한 산악지대로 골라 저공비행을 했다. 당시 아프가니스탄에 배치된 제25 보병사단 브롱코 제3단은 한국계 장군 리처드 김이 지휘하고 있었다.

잘랄라바드를 출발한 4대의 헬리콥터는 오사마가 은신한 아보타바드로 가서 임무를 수행한 후 블랙호크 1대와 치누크 1대는 전방 재급유소FARP를 거쳐 잘랄라바드로 귀환했고, 또 다른 치누크는 곧장 잘랄라바드로 귀환했다. 한 대의 블랙호크는 오사마의 안가에 착륙하던 중 고장이 나서 파키스탄의 수중에 넘어가는 것을 막기 위해 데브그루가 폭파시켰다.

백악관 상황실의 좁은 방에 모여 작전을 지휘하는 드라마틱한 그림 2-13은

그림 2-13. 넵튠 스피어 작전을 지켜보는 미국 수뇌부

「타임스」가 선정한 '인류역사상 가장 영향력 있는 100장의 사진'으로 선정되었다. 이 사진이 유명해진 이유는 당시 오바마 대통령이 부통령, 국방장관 등보다 서열이 낮은 준장 계급의 작전 책임자를 중앙에 앉게 했기 때문이다. 서열이 아니라 작전 책임자를 우대하는 미국 군대 문화를 존중한 것이다.

아보타바드의 비랄 마을 카쿨로路에 위치한 안가에 은신 중이던 오사마와 그의 일행을 데브그루가 현장에서 사살하는 데 성공했다. 조직원들은 소총을 난사하며 저항했지만 소용이 없었다. CNN은 이번 작전에 정통한 미 의회 소식통과 정부 고위 당국자의 말을 인용해 오사마가 침실에서 머리와 가슴에 총격을 받았다고 보도했다. 지휘부는 절대 오사마의 머리에 쏘지 말 것을 강력히 지시했지만 현장에서는 머리에도 총격을 가했다.

미국 정부 관계자는 작전 과정에서 오사마의 아들을 포함해 남성 3명과 여성 1명이 숨졌다고 밝혔다. 사망자 중 2명은 오사마를 위해 일하던 급사고 1명은 오사마의 아들로 추정된다. 당초에는 사살된 여성이 오사마의 부인이라는 보도가 있었으나 후에 정정되었다. 생존자 3명 중 오사마의 부인과 아들은 파키스탄 당국에 구속되었다.

다음 소개하는 내용은 데브그루의 알파팀 조장으로 넵튠 스피어 작전에 참가했던 마크 오언이 그의 저서 『노 이지 데이NO EASY DAY』에서 오사마 사살작전을 회고한 것이다. 오사마와 부인이 기거하던 3층 침실을 담당한 조는 알파팀과 브라보팀이었다.

… 침실로 들어오니 젊은 여자가 침대에 누워 자기 허벅지를 부여잡고 히스테릭하게 비명을 지르고 있었다. 월트 대원은 시체 옆에 서 있었다. 아직 어두워서 그 남자의 얼굴을 알아보기 어려웠다. 그 집은 여전히 전기가 들어오지 않았다. 나는 정신을 차리고 헬멧에 부착된 전등을 켰다. 이

제 목표물은 확보되었고 창문이 모두 가려져 있어서 밖에서 우리를 볼 수 있는 사람이 아무도 없었기에 불빛을 사용해도 안전했다. 그 남자의 얼굴은 총상을 입어 피투성이인 채로 엉망이었다. 이마에 구멍이 나서 두개골 오른쪽이 무너져 있었다. 그의 가슴은 총알이 몸에 박혀 찢어져 있었다.

"이 아이(오사마를 지칭)가 우리 아이인 것 같아!"라고 톰이 말했다. 그는 백악관에서 듣고 있을 수뇌부를 의식해 오디오를 통해 직접적으로 오사마라고 말하지 않았다. 우리는 오바마 대통령이 듣고 있다는 것을 알고 있었기 때문에 정확해야만 했다. 나는 머릿속으로 체크리스트를 훑어보았다. 그는 키가 매우 컸다. 대략 6피트 4인치(약 193센티미터) 정도였다. 그는 건물 3층에 있던 성인 남자였다.

체크(확인)! 그들은 CIA가 말한 바로 그곳에 있었다. 체크! 그의 찌그러진 얼굴을 보면 볼수록 익숙해 보이는 얼굴이었고, 나는 다시 그의 코로 눈길을 돌렸다. 책자를 꺼내 사진과 대조해 보니 길고 가느다란 코가 틀림없는 오사마였다. 온몸에 전율이 느껴졌다. 나는 월트와 "이것(오사마의 시신)을 가지고 밖으로 뛸게!"라고 톰 대원에게 소리를 질렀다.

월트가 카메라와 고무장갑을 꺼내 여러 세트의 DNA 샘플 채취를 준비하는 동안 나는 사진을 찍기 시작했다. 아랍어를 구사하는 윌 대원은 침대 위에서 울고 있는 여자의 다리를 치료하고 있었다. 나중에 그녀가 오사마의 다섯 번째 부인인 아말 알사다란 사실을 알게 되었다. 그녀가 언제 총에 맞았는지는 확실치 않지만, 대원에게 덤벼들다가 입은 아주 작은 상처였다.

톰이 방을 나갈 때 나는 그의 목소리를 들었다. "3층에 헬기 착륙이 가능합니다! 반복하지만 착륙이 가능합니다!" 월트는 그의 도구함에서 호스를 꺼내 그 남자의 얼굴에 물을 뿌렸다. 나는 월트를 도와 침대에서 그의 얼굴에 묻어 있는 피를 닦아내기 시작했다. 닦을수록 시신의 얼굴이 더 뚜렷하게 다가왔다. 그는 내가 예상했던 것보다 젊어 보였다. 그의 수염은 염색한 것처럼 검었다(오사마의 일기에 따르면 수염을 염색한 것이 사실임). 그는 내가 기대했던 것과는 좀 달라 보였다.

그렇게 악명 높은 얼굴을 가까이서 보니 기분이 이상했다. 내 앞에 누워 있는 사람이 우리가 지난 10년 동안 싸워 온 이유였다는 말인가? 내가 지금 그의 사진을 찍기 위해 세계 최고의 현상수배범의 피를 말끔히 씻어 내고 있다는 사실이 도저히 믿기지 않았다. 나는 정신을 가다듬어 임무에 집중해야 했다. 우리는 무엇보다 지금 당장 화질이 좋은 사진 몇 장이 필요했다. 이 사진은 결국 세계 도처에 유포될 수도 있으므로, 나는 그것을 망치고 싶지 않았다.

앞의 내용은 데브그루 대원들이 오사마를 사살하던 숨가쁜 현장의 모습이다. 그들은 만약 파키스탄군에게 생포될 경우 드론 회수를 위한 작전에 투입된 것이라 증언하라고 교육받았지만, 겨우 드론 한 개의 회수를 위해 헬기와 최정예 요원이 투입되었다는 것은 어불성설임을 그들 스스로 잘 알고 있었다. 작전에 성공하더라도 그 공적은 오바마 대통령의 재선과 고위급들에게 돌아갈 것이라는 것도 알고 있었다. 그들은 작전이 승인되자 극도의 긴장감 때문에 수면제를 복용하고도 잠들지 못했다. 오언은 오사마가 전혀 저항 한번 못하는 모습을 보고 크게 실망해 알카에다의 지도자답지 못했다고 회고했다. 당당함이 그의 부인 아말만도 못했다.

아보타바드는 라발핀디에서 북동쪽으로 61킬로미터 떨어져 있는 고원도시다. 해발고도 1,256킬로미터의 산지에 위치한 정부군 및 관리들을 위한 여름 주재지로서 라시 평원 남쪽 모서리의 고원지대에 자리하고 있으며, 아름다운 카간 계곡으로 들어가는 관문 역할을 한다. 도로를 통해 인더스강 유역의 평원, 카슈미르와 이어지며 남쪽으로 16킬로미터 떨어진 하벨리안에서 출발하는 철도편으로는 페샤와르와 연결되어 있어 지역의 시장 중심지 역할을 한다. 이 도시는 1853년에 세워졌으며, 이 지역의 첫 영국인 행정차관이었던 제임스 애벗James Abbott 소령의 이름을 따라 명명되었다.

이 도시에는 페샤와르대학교 부속 단과대학이 2개 있으며 대학 진학을 위한 예비학교와 삼림연구소도 있다. 파키스탄의 관광명소이기도 한 아보타바드는 수도 이슬라마바드와 가까운 인구 12만 명의 도시이며, 파키스탄 육군사관학교와 육군 2사단의 사단본부가 위치해 있고 퇴역군인들이 많이 거주하고 있다.

오사마가 살던 안가는 보통 가옥보다 8배나 큰 3층짜리 대규모 저택이었으며, 경찰서가 지척에 있고 파키스탄 육군사관학교에서 불과 1,300미터 떨어져 있었다. 안가 주변은 개활지였는데, 이는 외지로부터의 침입자를 사주경계하기 위함이었다. 오사마는 3년 전부터 이곳에 거주한 것으로 알려져 있다.

그림 2-14. 오사마의 은신처

저택의 마당은 미군 헬리콥터가 착륙할 수 있을 만큼 넓었다. 그림 2-15는 오늘날의 위성사진이라 당시의 모습과는 차이가 있다.

오사마 일당이 아보타바드의 비랄 마을에 은신처를 정한 이유는 이곳이 파키스탄 도시 외곽의 평범한 부촌 마을로 보이면서도 아프가니스탄의 파슈툰족의 거점인 와지리스탄으로부터 동선을 최소화하는 지점이기 때문이었을 것으로 추정된다. 지리적 이유로 입지를 선정한 것이다.

사살작전이 성공을 거두었지만 파키스탄 정부와 군부는 이것을 치욕스러운 주권 유린 행위로 받아들였다. 알카에다는 파키스탄이 배신을 한 것이라면서 1차 보복 목표는 파키스탄이며 그다음이 미국이라고 선언했다. 그러나 미국은 파키스탄 정부와는 관련이 없는 작전이며, 미군 헬리콥터들이 작전을 수행하는 동안 우연히 파키스탄 전투기가 출격하지 않은 것이지 파키스탄 정부의 협조가 있었던 것은 아니라고 주장했다. 미국과 파키스탄 간에 언쟁이 벌

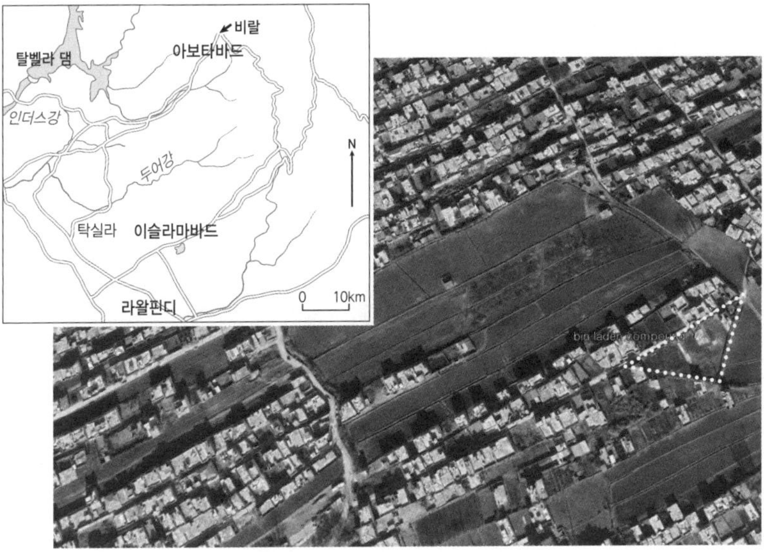

그림 2-15. 오사마의 은신처 위성사진

어졌다. 미국은 "만약 당신들이 오사마가 숨어 있던 것을 몰랐다면 무능한 것이며, 혹시 알고 있었다면 공범이다."라고 주장했다.

파키스탄 정부는 오사마가 사망한 후에도 이중게임을 한 것을 일관되게 부인하고 있지만 그 말을 믿는 사람은 거의 없는 것 같다. 비록 당시 오사마의 효용가치가 크지 않았더라도 혹시 파키스탄 고위층의 누군가가 미국이 최우선적으로 찾던 오사마를 도울 생각을 가지고 있었던 것은 아니었을까. 장차 아프가니스탄의 정국을 장악할 야심을 품었던 것은 아니었을까.

사살작전 다음날 파키스탄 일간지에는 이 뉴스가 대서특필되었음은 물론이다. 데브그루의 작전 과정 전모를 트위터로 생중계한 사람이 있었다. 주인공은 파키스탄 아보타바드에 살던 당시 33세의 IT컨설턴트 소하이브 아타르다. 그는 후에 군사작전이나 테러 같은 것에 휘말리지 않고 조용히 살고 싶어 확실히 안전해 보이는 동네로 이사했었다고 회고했다. 오사마 또한 이런 생각을 하지 않았을까.

미국 정부는 데브그루 대원들이 40여 분간의 교전 끝에 오사마를 사살했으며, 유전자 감식을 행한 후 일단 아프가니스탄의 잘랄라바드에서 록히드 C-130 허큘리스 수송기를 이용해 한국군이 건설한 바그람 공군기지로 이송했다. 오사마의 시신은 다시 아라비아해에 대기 중이던 항공모함 칼빈슨호로 옮겨졌다. 군종관이 이슬람 장례 절차에 따라 간단한 의식을 행한 후 사망 9시간 만에 추에 매달아 바다에 수장했으므로 누구도 시신을 찾을 수 없을 것이라고 밝혔다. 이에 대해 언론사들은 미국의 정보공개법을 근거로 사진 공개를 청구해 논쟁이 일기도 했지만, 행정부는 예외조항을 들어 공개를 거부했다.

그러나 오사마가 사망한 근거가 없다는 음모론자도 있긴 하다. 미국의 탐사보도 전문기자 세이모어 허시Seymour Hersh는 익명의 증언을 토대로 백악관 발표는 모두 거짓이며 오사마는 이미 파키스탄 정보국에 의해 구금되어 있었

그림 2-16. 사살작전을 보도한 파키스탄 일간지와 시위대

다고 주장했지만, 근거가 박약하고 허무맹랑하게 들린다. 은신처에서 발견된 오사마의 일기 내용을 보더라도 파키스탄 정부는 오사마의 존재를 파악하지 못하고 있었음이 분명하다.

작전의 목표 달성을 확인한 데브그루는 백악관으로 통신을 날렸다. 미국이 10년 넘도록 학수고대하던 바로 그 통신이었다. "제로니모, 제로니모, EKIA!" EKIA는 적군 사살을 의미하는 'Enemy Killed In Action'의 약자다. 오사마의 CIA 암호명은 '제로니모Geronimo'였다. 제로니모는 멕시코와 미국을 상대로 투쟁했던 아메리카 원주민의 걸출한 지도자에서 따 온 이름이다.

작전이 종료된 후 오바마 대통령은 백악관에서 연설을 행했다. 그 연설은 간결했지만 자신감과 기쁨이 넘쳐 보였다. 그것은 "정의는 달성됐다!"란 말에 잘 나타나 있다. 이 연설 전 이미 오사마의 사망소식이 전파를 타고 보도되고 있었으므로 백악관 주변과 뉴욕의 9·11테러 현장인 그라운드 제로에는 수많은 인파가 모여들어 환호성을 터뜨렸다. 단 한 명의 죽음이 그 정도로 많은 사람들을 기쁘게 한 적이 또 있었을까.

이와는 반대로 오사마의 사살작전을 둘러싸고 이슬람세계에서는 여전히 오사마를 지지하며 반미를 외치는 사람이 적지 않았다. 그러나 각종 보도를 통한 아랍인들의 목소리는 10년 전의 열광은 간데없고 오히려 냉정함이 엿보였다. 9·11테러 이후 세계에 만연한 이슬람 혐오가 이것으로 종지부를 찍을 것으로 기대하는 사람이 있는가 하면 무기를 휴대하지 않은 오사마를 생포하지 않고 사살한 것이 이해되지 않는다던가, 시신을 이슬람 전통인 토장土葬이 아닌 수장水葬으로 정한 미국의 행동이 이슬람에 대한 모욕이라 주장하는 무슬림들도 있었다. 아마 산을 선호하던 오사마는 산에 묻히고 싶었을 것이다.

이런 비판에 대해 당시 미국은 오사마의 국적지인 사우디아라비아에서 시신 인도를 거부한 데다가 땅에 매장할 경우 매장지가 오사마 추종자들의 성지가 될 것이 우려돼 수장했다는 그럴듯한 답변을 내놓았다. 물론 비판자들이 납득할지의 여부는 별개 문제였다.

한편 테러리스트 우두머리의 은신처가 파키스탄군의 턱밑이었다는 사실만으로 파키스탄 당국은 의심을 받았다. 특히 전술한 것처럼 아프가니스탄의 탈레반 탄생에 깊이 관여한 것으로 지목되던 파키스탄 군부의 통합정보부ISI의 역할은 더욱 그러했다. ISI 내부에는 탈레반 첩자들이 숨어들어 있다는 의심까지 있었다.

미국 정부는 오늘날까지도 오사마의 사살작전에 대해 입증이 될 만한 어떠한 사진이나 동영상도 공개하지 않고 있다. 한때는 사망을 입증할 사진 공개를 고려했지만, 너무 참혹해서 오히려 추종자들의 분노를 자극할 수 있다고 우려했기 때문이다. 만약 이것이 공개되면 오사마의 추종자들에게는 성지가 되거나 순례지가 될지도 모른다는 걱정 때문이었을 것이다. 그럼에도 인터넷에서는 총탄에 맞은 오사마의 모습이 나돌고 있다.

「워싱턴포스트」에 따르면 원래 알카에다는 오사마가 체포되거나 살해되면 보유한 핵 가방으로 핵 테러를 자행할 것이라고 경고한 바 있다. 미국 의회조사국CRS 보고서에 따르면, 미국은 2001년 9·11테러 이후 오사마를 잡기 위해 10년간 430조 원을 썼으며, 간접비용을 포함하면 무려 1,000조 원을 넘게 썼다고 한다.

테러에 대한 우리의 시각은 다양해야 할 것 같다. 일부 외국인들은 한민족의 영웅 중 하나인 안중근 의사와 김구 선생을 테러리스트라 부른다. 물론 한국인의 입장에서는 동의할 수 없다. 또한 역사적으로 일제가 조선인들을 탄압한 만행은 물론, 서구열강이 이슬람과 무슬림에게 저지른 일은 유럽과 노예상인들이 아프리카인에게, 백인 이주민들이 인디언들에게, 벨기에인이 콩고인에게, 독일인이 유대인에게 저지른 만행을 생각해 볼 필요가 있다.

아프리카인들은 브라질에서 자살테러를 수행하지 않았고, 아메리카 원주민들은 미국 도시를 폭파하지 않았으며, 애버리지니들은 호주의 백인들에게 복수하지 않았다. 또한 콩고인들은 브뤼셀을 겨냥하지 않았으며, 이스라엘인들은 독일의 통근열차에 폭탄을 설치하지 않았다. 만약 세상 모두가 해묵은 과거의 역사적 원한을 여과 없이 푼다면, 이 세상은 더 이상 살 만한 곳이 못 될 것이다.

아무튼 덧없는 인생을 보낸 오사마 빈 라덴은 2011년 5월 2일 새벽 2시 조국도 아니고 고향 땅도 아닌 아라비아해의 깊은 바다 속에 수장되고 말았다. 이제 그의 시신은 아무도 찾을 수 없게 됐다. 오탁번 시인은 그의 시 「입관入棺」에서 죽음의 덧없음을 이렇게 표현했다.

발자국 자국마다
길은 아득히 지워지고
바다 물결 가르던
등푸른 물고기도 자취 없다

3장

사우디아라비아와 오사마 빈 라덴 가문

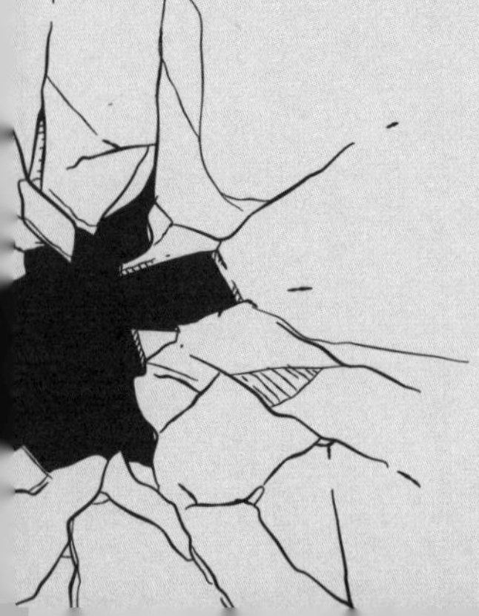

7
아랍세계, 이슬람세계, 중동, 서남아시아

이 책에서 '황야의 땅'을 의미하는 아라비아반도를 중심으로 자주 언급되는 용어는 아랍세계, 이슬람세계, 중동, 서남아시아 등이다. 이들 용어 간에는 약간의 차이가 있으므로 독자들의 이해를 위해 설명할 필요를 느낀다.

마그레브Maghreb라고도 불리는 북아프리카와 서남아시아를 흔히 '아랍세계'라 부른다. 이는 아랍세계가 하나의 공통적 속성인 '아랍'이라는 범주로 묶일 수 있음을 의미하지만, 실제로 그런 속성은 존재하지 않는다. 아랍이란 명칭은 막연히 아랍어나 그 동족어를 사용하고 있는 사람들에게 적용될 수 있지만, 일반적으로 민족학자들은 아랍의 원천인 아라비아반도의 특정 주민들에게만 제한적으로 사용하고 있다. 튀르키예는 아랍이 아니며, 이란이나 아프가니스탄 및 파키스탄 역시 아랍이 아니고, 이스라엘은 더더욱 아니다(2022년 6월 1일부터 터키에서 튀르키예Türkiye로 공식 영문 표기를 변경했다).

이라크인은 아랍인이라고 부르면 수긍하지만, 이란인은 고개를 가로저으며 자신들은 페르시아 민족의 후예임을 자랑한다. 비록 아랍어가 아프리카 서쪽의 모리타니와 말리에서 북아프리카의 리비아와 이집트를 거쳐 아라비아 반도와 이라크에 이르기까지 널리 사용되고 있지만 그렇지 않은 나라도 있다. 예를 들면 튀르키예에서는 아랍의 셈·햄어보다는 우랄·알타이어에서 유래된 튀르키예어를 주로 사용한다. 이란어는 인도·유럽어족에 속한다. 이스라엘의 유대인, 북서아프리카의 베르베르인, 북아프리카와 사하라 이남의 접이지대의 주민들도 아랍어와 민족학적으로 관련이 없는 다른 언어를 사용하고 있다.

아랍세계를 일컫는 또 다른 명칭은 이슬람세계다. 예언자 마호메트는 571년에 아라비아에서 태어났으며, 그가 사망한 632년 이후 이슬람교는 아프리카, 유럽, 아시아로 퍼져 나갔다. 이 시기가 아랍의 정복과 팽창의 시대였다. 이슬람 군대가 남부 유럽에 침입했고, 카라반이라 불리는 대상들이 낙타를 타고 사막을 넘어 남쪽으로 진출했으며, 무역선은 아시아와 아프리카 연안까지 내왕했다. 이 길을 따라 이슬람 신앙이 전파되었다.

그러나 이슬람세계 전체가 모두 무슬림은 아니다. 유대교와 기독교를 비롯해 다른 종교들도 이슬람세계의 중심부에 잔존하고 있다. 그런 이유로 이슬람세계라는 의미도 정확히 부합되지 않는다.

아랍세계와 이슬람세계 모두 불만족스럽다는 이유로 사용되는 명칭이 '중동'이다. 그렇지만 이 명칭에는 어폐가 있다. 인도의 입장에서 볼 때는 중동中東이 아니라 중서中西기 때문이다. 이 명칭에는 처음으로 이름 붙인 사람들의 주관적 선입견이 반영되어 있다. 프랑스어에서 유래된 '레반트Levant' 또한 동지중해 연안을 가리키는 지명이며 이탈리아어로 '태양이 떠오르는 땅'이란 뜻을 지니고 있으므로 중동과 마찬가지로 다분히 유럽 중심적 사고에서 유래된 지명이다.

서남아시아를 근동·중동으로, 동아시아를 극동極東 혹은 원동遠東으로 부르는 것도 마찬가지다. 이는 고대 그리스가 에게해 건너편 동쪽의 튀르키예를 소아시아라 부른 것과 마찬가지로 '오리엔트orient' 역시 서구 중심의 지리관에서 비롯된 것이다. 오늘날에도 이런 명칭이 계속해서 쓰이고 있으며, 학자나 저널리스트, 유엔 회원국도 관행적으로 사용하고 있다. 엄밀히 말하자면 우리가 말하는 중동에는 근동도 포함되어 있으므로 중근동中近東이라고 표현해야 정확하다.

중동이란 지명은 광대한 북아프리카와 서남아시아 전 지역이 아니라 어느 한 지역에서만 한정적으로 쓰여야 한다. 이와 마찬가지로 한반도를 극동 또는 원동이라 불러도 옳지 않다. 그런 까닭에 지리학자들은 가능한 그와 같은 용어를 사용하지 않지만, 이 책에서는 부득이 사용할 것이니 독자들의 양해를 바란다.

세계에서도 특이한 문명권을 형성한 중근동은 미국의 지리학자 크레시Cressey가 하늘에서 비행기를 타고 내려다 볼 때 풍토의 색깔을 갈색(사막), 흰색(높은 산의 만년설), 녹색(농경지와 오아시스)이 교차하는 모자이크이며, 특히 탁월한 색깔은 갈색이라고 묘사했다. 인간생활에서 갈색은 극도의 건조와 더위를 수반한 강렬한 힘을 떨치며 우리에게 다가온다.

극도로 건조한 자연환경에서 살아가는 사람들은 물을 구하고 환경에 적응해 살기 위해 강한 정신력과 초월자를 필요로 한다. 이 정신은 곧 유일한 신 알라에게 절대적으로 복종하는 것을 의미하는 '이슬람'과 상통한다. 기독교 역시 사막의 아들인 유대인의 소산인 까닭에 그 속에 치열한 정신을 내포하고 있다. 인간이 만약 신을 배신하면 어찌 되는지 『구약성경』의 대예언서인 「이자야서」 34장에 잘 나타나 있다.

모든 민족아, 가까이 와서 들어라! 모든 백성아, 귀 기울여라! 땅과 거기에 가득한 모든 것, 세상과 거기서 나오는 모든 것들은 들어라! 여호와께서 모든 민족에게 격분하시고 그들의 모든 군대에게 진노하시어 그들을 완전히 멸망시키셨고 그들을 넘겨주어 살해당하게 하셨다.
살해당한 이들이 내버려지니 그 시체들에서 악취가 올라오며 산들이 그들의 피로 녹아내리리라. 하늘의 모든 군대가 사라지고 하늘들이 두루마리처럼 말리며 포도나무 잎이 시들듯 무화과나무 잎이 시들어 가듯 그 군대가 시들어 없어지리라.
이때가 여호와께서 복수하시는 날이요, 시온의 송사를 대갚음하시는 해다. 그곳의 시내들은 역청으로 바뀌고 그곳의 흙먼지는 유황으로 바뀌며, 그곳의 땅은 불타는 역청이 되리라. 그것은 밤낮 꺼지지 않아 그 연기가 영원토록 올라가며, 그곳은 대대로 황폐한 곳이 되어 그리로 지나가는 사람이 영원히 없으리라.

우리는 위의 내용에서 여호와의 뜻을 저버리면 신이 어떻게 격노하는지 알 수 있으며 사막적이고 전투적인 정신이 사람들을 두려워하게 만드는 장면을 목격할 수 있다. 유대교 및 기독교와 이슬람교가 모두 물에서 연유했기 때문에 그러하다. 유일신 알라 역시 스스로를 물의 화신이며, 천국을 설명할 때도 언제나 깨끗한 물이 흘러 열매나무가 무성한 세상으로 표현했다. 또한 이슬람을 상징하는 색깔이 녹색인 탓에 여러 이슬람 국가의 국기에 반영되어 있다. 그것은 성지 메카의 샘을 상징한다고 전해지지만, 동시에 오아시스와 물에 대한 사람들의 강렬한 동경을 나타내는 것이 틀림없다.

아바스 왕조 때의 중심은 바그다드였고, 중세의 암흑시대에는 세계의 중심을 예루살렘으로 인식했지만, 이와 달리 이슬람세계에서 인식하고 있던 세계의 중심은 예루살렘이 아니라 중앙아시아였다. 무함마드 알-카슈가리

Muḥammad al-Kāšġarī의 『튀르크어 집성(Dīwān Lughāt al-Turk)』에 수록된 그림 3-1의 세계지도에 따르면 세계의 중심을 중앙아시아로 인식했다.

알-카슈가리의 세계지도에 따르면, 상단을 동쪽으로 배치해 중앙아시아의 발라사군Balasaghun을 세계의 중심에 놓았고, 이를 중심으로 튀르키예, 중국, 이라크, 예멘 등의 여러 나라가 작은 원으로 표시되어 분포하고 있다. 오늘날 발라사군의 위치는 키르기스스탄의 비슈케크와 이식쿨호 일대에 해당한다. 이슬람세계에서 만든 지도이므로 사막을 비롯한 하천과 바다가 표시되어 있고 산맥은 굵은 선으로 나타냈다.

『튀르크어 집성』의 원본은 아바스 왕조가 멸망한 후 맘루크 왕조로 이관되어 1266년 사본이 만들어졌으나, 맘루크 왕조의 멸망으로 오스만 제국의 이

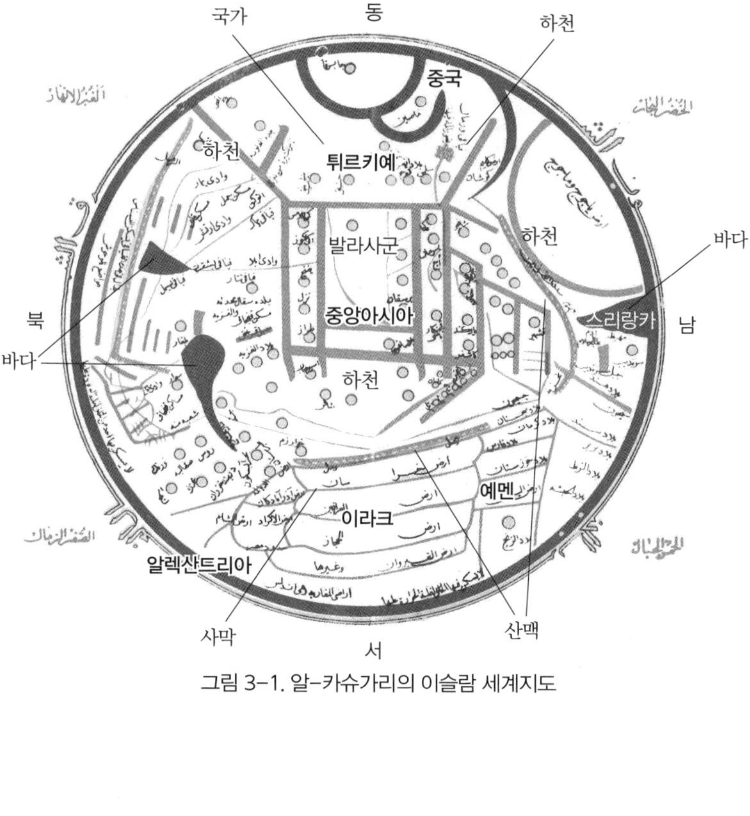

그림 3-1. 알-카슈가리의 이슬람 세계지도

스탄불 국립도서관에 소장되어 있다. 2008년 유네스코가 알-카슈가리 사적을 기념하는 해로 선포한 바 있다. 여기서 이 지도를 소개한 이유는 이슬람세계의 중심이 한때 메카가 위치한 사우디아라비아가 아니라 중앙아시아였음을 보여 주기 위함이다. 후술하는 것처럼 오사마는 이 지역을 호라산이라 불렀다. 과연 오사마는 이러한 사실을 알고나 있었을까.

8

사우디아라비아의 지리

전제군주제 국가인 사우디아라비아의 정식 국명은 사우디아라비아 왕국으로 아라비아반도의 대부분을 차지하며, 북쪽으로는 요르단과 이라크 및 쿠웨이트와 접해 있고 동쪽으로는 카타르, 아랍에미리트, 오만과 마주하고 있다. 남동쪽으로는 오만의 일부, 남쪽과 남서쪽으로는 예멘과 접해 모두 8개국과 경계를 이루고 있다. 서쪽으로는 홍해를 사이에 두고 이집트, 수단, 에티오피아와 마주보고 있으며 동쪽으로는 바레인이, 페르시아만 건너편에는 이란이 위치해 있다. 아랍권에서는 페르시아만을 아라비아만 혹은 아랍만이라 부르기 때문에 중립적으로 이 일대를 '걸프만' 또는 '걸프 지역'이라고도 부른다.

내셔널지오그래픽의 『세계 아틀라스』의 8판부터는 아랍에미리트의 어느 대학 교수의 항의를 받아들여 페르시아만, 아랍만 두 지명을 모두 표기하기 시작했다. 이에 대해 이란의 지도자들과 해외에 망명한 이란인들의 항의가 빗발쳤다. 이란 본국과 망명한 이란인들의 의견이 이처럼 일치한 것은 처음 있는 일이었다. 오스만 제국 시대에는 오늘날 이라크 남쪽의 도시 바스라가 있어 바스라만이라 불렸는데, 튀르키예는 오늘날에도 그렇게 부르고 있다.

사우디아라비아는 광대한 영토에 인구는 3,566만 명(2022년 추정치)으로 면적에 비해 많지 않은 편이다. 아라비아반도는 세계에서 원유가 가장 많이 매장되어 있는데, 이 지역의 4/5를 사우디아라비아가 차지하고 있다. 사우디아라비아의 석유매장량을 세계의 1/4로 추정하는 통계가 있을 정도다. 특히 페르시아만의 해안선을 따라 사우디아라비아 동부지역과 남부의 룹알할리 Rub' al-Khali에 석유가 다량 매장돼 있다. 하지만 최근 이 나라가 유명해진 이유는 석유보다 테러리스트 오사마 때문이다.

그림 3-2. 아라비아반도의 지리

아라비아반도는 자연환경적으로는 사막이 차지하는 비중이 크고, 정치적으로는 사우디아라비아 왕국이 두드러진다. 한반도의 10배 영토를 가진 사우디아라비아는 카자흐스탄, 알제리, 수단에 이어 이슬람권에서 네 번째로 큰 국가다.

이 나라는 원래 아라비아반도 중앙부인 높은 땅이란 뜻의 나지드 또는 네지드Najd라 불리는 지역에서 1744년 사우드 왕가에 의해 발흥되었다. 동쪽으로는 룹알할리, 북쪽의 네푸드Nafud라는 사막지대가 분포해 외부세계와 거의 차단되어 있다. 나지드 지방은 거의 사막에 가까워 곳곳에 오아시스가 흩어져 있는데, 그곳에 크고 작은 취락이 형성되어 있다. 이 밖에도 홍해에 면한 헤자즈Hejaz와 아시르Asir, 페르시아만 쪽의 하사Hasa까지 모두 6개 지방으로 지역이 구분된다.

문양이나 도형 대신 아랍 문자가 들어가 있는 사우디아라비아의 국기는 매우 특이하다. 전제군주국인 사우디아라비아의 국기는 1973년 3월 15일에 제정되었다. 국기의 세로와 가로의 비율은 2:3이며, 초록색 바탕에 흰색으로 쓰여진 아랍어 문구와 칼이 새겨져 있다.

국기에 새겨진 아랍어는 술루스Thuluth체로 이슬람교의 신앙 고백인 '샤하다Shahada'가 써 있다. 술루스체란 서예에서 손으로 쓴 중세 이슬람풍의 글씨체를 뜻한다. 아랍어로 '1/3'이라는 뜻의 '술루스'는 글자마다 1/3씩 기울이는 원리에 따라 만들어졌다. 크고 우아한 이 필기체는 중세 이슬람교 사원을 꾸미는 데 많이 사용되었다. 알카에다 기에도 이 글귀가 들어가 있다.

이 글은 "알라 이외에 다른 신은 없으며 마호메트는 알라의 사도이다."라는 뜻인데, 샤하다가 써진 국기의 앞면과 뒷면이 바뀌어 보이는 것을 방지하기 위해 두 장의 천을 맞붙여 만드는 규칙이 있다. 또한 이슬람교의 신성한 구절인 샤하다가 써 있기 때문에 국기를 조기로 게양하는 행동, 국기를 상품에 사

그림 3-3. 사우디아라비아의 국기

용하는 행동이 일체 금지되어 있다.

아랍어 문구 밑에 있는 칼은 사우디아라비아의 초대 국왕인 압둘아지즈 이븐 사우드의 승리를 나타내며 잠정적으로 이슬람교와 알라를 이교도로부터 사수하는 상징이기도 하다. 그들이 생각하는 이교도란 개신교, 유대교 등과 같은 종교적 적대 세력을 가리킨다.

7~10세기 이슬람 세력은 오늘날 우리가 이슬람 도시라고 부르는 독특한 도시경관을 창출했다. 이슬람 도시는 모스크, 마드라사(신학교), 대학의 도시인 동시에 무역, 관용, 정의의 도시이며, 자유로운 생각과 과학적 발전 위에 건설된 도시다. 특히 아랍에미리트의 두바이와 아부다비, 카타르의 도하 등과 같은 도시의 경관은 창의적이며 포스트모던하다. '이슬람 도시'라는 말은 이슬람 제국 시기에 명명된 역사적인 도시 지역에 적용된다. 이슬람 도시는 몇 가지 공통적 요소들로 구성되어 있는데 모스크, 수크(시장), 성채, 왕궁, 성벽 등이 그것이다. 이들 경관은 '메디나'라 불리는 구시가지에서 볼 수 있으며, 이 메디나는 사우디아라비아의 성지 중 하나인 메디나와 구별된다.

사우디아라비아에는 세계 어디에서도 유례를 찾아볼 수 없는 특별한 수도가 있다. 메카는 이슬람세계의 종교적 수도로서 연간 200만 명의 순례객들이 방문하는 도시다. 인류의 조상 이브를 뜻하는 지다Jiddah는 메카의 관문으로 선박과 비행기로 순례하는 무슬림들이 들어오는 도시다. 순례객들에게 두 번째로 성스러운 도시는 아랍어로 '빛이 비추는 도시'란 뜻의 알-마디나al-Madinah 혹은 '예언자의 도시'란 뜻의 메디나 알-나비Medina al-Nabi가 있는데, 모두 메디나를 가리킨다.

기원전에는 토후 부족들끼리 대상을 이루어 상업에 종사하거나 유목생활을 영위했고 이스라엘, 예멘, 이집트의 영향을 받던 헤자즈 지방과 페르시아의 영향을 받던 동부의 하사 지방을 제외하고는 도시화되지 않았다. 사우디 북부 지역은 페트라에 수도를 둔 나바테아 왕국의 지배를 받았고, 서남부의 아시르 지방은 예멘과 가까웠기에 그 영향을 받았다. 특히 지금은 사우디의 영토가 된 나즈란은 천 년 이상 예멘의 주요 도시였다. '아시르'란 아랍어로 위험한 땅이란 뜻을 지닌다. 사우디아라비아반도는 이슬람 이전까지 소외되어 문명의 중심에서 빗겨 있었다. 그러다가 이슬람 제국의 중심지가 되며 헤자즈 지방은 큰 번영을 누리게 되었다.

마호메트가 출현하기 전 아랍은 사막의 유목민인 베두인족을 의미했다. 아랍어의 '바드우badw'라는 말을 프랑스인이 잘못 발음해 부른 것이 베두인이라는 호칭의 시작이었다. 바드우는 도시가 아닌 곳, 즉 시골에 사는 사람들을 가리키는 말이었다. 『코란』 속에서도 전적으로 이런 의미로 사용되었다. 아랍은 마호메트에 의해 이슬람을 중심으로 뭉쳐 종래의 부족적 단결에서 민족적 단결로 바뀌게 되었고, 유목민에서 정착민이 되었다.

1744년 리야드 외곽의 디리야의 지배자 압둘아지즈 이븐 사우드는 종교지도자 무함마드 이븐 압둘 와하브와 동맹을 맺어 새로운 국가체제를 만들었다. 사우드-와하브 동맹을 더욱 굳건히 다지기 위해 사우드의 장남은 와하브의 딸과 결혼했다. 사우드는 공개적으로 와하비즘Wahhabism을 받아들였고 와하브는 사우드 가문을 받아들였다. 이것이 오늘날 사우디아라비아 왕조의 기초가 되었다.

1774년에 와하브운동으로 디리야Diriyah 토호국이 여기서 기원했다. 그 후 150년간 사우드가家는 아라비아반도의 지배권을 놓고 주변 왕국들과 쟁탈을 반복했다. 제3차 사우드 왕국에 해당하는 현재의 사우드 국가는 사우드 왕가 전래의 본거지인 리야드를 탈회하고 나지드에서 건국되었는데, 압둘아지즈 이븐 사우드가 1932년 22세의 나이로 초대 국왕에 등극해 사우디아라비아라는 이름을 붙였다.

압둘아지즈 초대 국왕은 1953년 사망하기까지 사우드 왕국을 통치했으며, 22명의 아내와 44명의 아들을 낳았다(그림 3-4). 사실 이슬람 종교법 샤리아에 따른다면 아내가 4명을 넘어서는 안 된다. 하지만 압둘아지즈의 100여 명이 넘는 자손들은 '가족 네트워크'를 만들었다.

오늘날에는 2015년부터 7대 국왕 살만이 재위 중이지만, 모든 실권은 2022년 총리가 되기 전부터 빈 살만 왕세자가 장악하고 있는 것으로 보인다. 그는 미스터 에브리싱Mr. Everything이란 별명이 붙을 만큼 만능의 인물로 국제적으로 명성이 자자하다. 왕실 내에서는 왕자들 간의 권력 다툼이 치열해 국가보위부 장관이던 무타입을 비롯해 리야드 주지사를 역임한 투르키, 해군사령관 압둘라, 킹덤홀딩스 대표 알왈리드 등의 왕자들이 체포된 바 있다.

사우드 왕가의 총 왕자 수는 적어도 7,000명에 이르며 왕실이 보유하고 있는 재산은 무려 1조 4,000억 달러에 달하는 것으로 추정된다. 영국의 「데일리스타」의 보도에 의하면 빈 살만 왕세자가 보유한 재산은 무려 1,246조 원을 상회한다고 하니, 일반 국민들의 눈총을 살 만도 한데, 이 나라의 국민 여론은 그렇지 않은 것 같다.

사우디아라비아는 현재도 절대적인 전제군주정으로, 이슬람교를 믿는 사

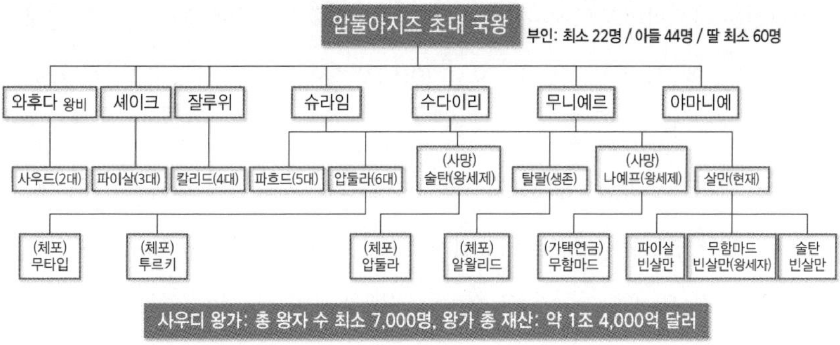

그림 3-4. 사우디아라비아의 왕실 가계도

우드 가문에 의해 국왕직이 세습되는 구조다. 지극히 보수적인 와하비즘과 수니파가 사우디아라비아의 주류문화를 장악하고 있으며, 석유와 가스 수출을 통해 벌어들인 자금을 가지고 이 체제를 유지하고 있다. 사우디아라비아는 종종 '2개의 신성한 모스크의 땅'이라고 불리기도 하는데, 이는 메카에 있는 '알 마스지드 알하람'과 메디나에 있는 '알 마스지드 안 나바위' 2개 사원이 이슬람교 전체에서 가장 신성한 모스크이기 때문이다. 또한 국왕은 이슬람에 대한 대표성과 책임감을 강조하기 위해 '성스러운 2대 사원의 수호자'라는 칭호를 사용하고 있다.

1938년 3월 3일에 사우디아라비아에서 석유가 발견되었고, 이후 연이어 유전들이 발굴되었다. 사우디아라비아는 그 이래 세계에서 두 번째로 석유를 많이 생산하는 국가로 떠올랐고, 세계에서 두 번째로 많은 석유 매장량과 여섯 번째로 거대한 가스 매장량을 자랑하고 있다. 하지만 유전 발견이 줄어들고 급속도로 발전하는 자국경제에 못 따라가는 석유생산량에 의해 근래에는 심각한 경제난에 시달리고 있다.

현대 아라비아반도의 중심부인 나지드 지방은 주요 문명권과 가장 멀리 떨어져 있고 서부로는 고원과 산맥으로 막혀 있어 유목민들만 살고 있지만, 5세기경에는 하드라마우트에서 유래된 킨다 왕국의 영향하에 놓였다. 오늘날에는 이 지방에 '정원'이란 뜻의 수도 리야드가 사우디아라비아의 중심적 역할을 담당하고 있다.

한편 헤자즈 지방은 유대교를 믿던 힘야르Himyar 왕국의 세력권이었는데, 마호메트가 출생하기 약 반세기 전에 홍해 건너편 악숨Aksum 왕국의 공격으로 멸망했다. 이후 한동안 악숨 왕국의 지배를 받았으나, 악숨은 가혹한 통치로 인한 반발 등으로 영토를 유지하지 못하고 홍해 너머로 다시 쫓겨났다. 그 이후에는 힘의 공백지대가 되어 소규모 부족들과 도시들이 난립하는 각축장이 되었다.

'악숨'이란 우두머리를 뜻하는 햄어와 셈어의 합성어다. 아무튼 이 일대는 토착신앙과 함께 힘야르 왕국의 유대교, 악숨 왕국의 콥트교 등이 병존하고 있었으므로 아브라함계 종교에 대한 공통된 이해가 있었다. 이는 곧이어 등장하는 마호메트가 이슬람을 일으키는 일종의 토대로 작용하였을 것이라 추측된다.

사우디아라비아 대부분의 경제 활동은 페르시아만의 바레인과 마주보는 신흥 석유도시 다란에서 내륙 지방의 리야드를 지나 홍해 근처의 메카와 메디나로 이어지는 지역에 광역적으로 집중되어 있다. 근래에는 현대적인 교통망과 통신망이 정비되었지만, 내륙의 외진 곳에는 여전히 베두인 유목민족이 과거의 카라반 루트를 따라 사막을 오가고 있다.

사우디아라비아가 1950년대에 석유 경기 호황을 누리자 유전, 항구, 공장 등지에서 일하기 위한 외국인 노동자들이 대거 유입되었다. 이들 인구는 오늘날 약 1,200만 명 정도로 추산되며, 이 나라가 수니파가 우세함에도 그들 대부분은 시아파 무슬림이다. 수니파 사회에서 그들의 존재는 항상 뜨거운 감자와 같다. 페르시아만 건너편의 이란은 사우디아라비아와 달리 호메이니Khomeini

가 1979년 팔레비 왕조를 혁명으로 무너뜨리고 국호를 정체성도 모호한 '이란 이슬람 공화국'으로 바꿨다. 사우디아라비아에게는 혁명으로 왕국을 무너뜨린 시아파 중심 국가 이란이 두려운 존재로 다가왔다.

그럼에도 불구하고 이란의 정치체제는 모호하기 짝이 없다. 종교 원리가 나라를 통치하는 신정 국가이기 때문에 국민들이 선출한 대통령 위에 종교지도자가 군림하고 있다. 더욱이 이란 혁명군 사령관이 대통령 뺨을 후려치는 나라를 우리로서는 이해하기 힘들며, 공화국으로 인정하기 어렵다.

1965년에 시작된 TV 방송은 3대 국왕 파이살의 몰락에 이어 이 나라를 종교적 극단주의로 내모는 단초가 되었다. 사회적 타락을 두려워한 보수주의자들이 대규모 시위를 벌이자 파이살은 종교계를 달래기 위해 이집트와 시리아 정권으로부터 도망친 이슬람 극단주의자들이 사우디아라비아로 들어와서 교육을 받을 수 있도록 허용했다. 의도한 바는 아니었지만 금세기에 준동하는 사우디아라비아 출신의 많은 지하드 전사들은 이때 들어온 극단적 원리주의 학자 세대에게서 배운 바가 컸다.

이슬람 극단주의자들로 구성된 반란군이 1979년 11월 메카의 그랜드 모스크를 점령한 사건으로 국왕은 지도력에 큰 타격을 입었다. 이 여파로 신문에서 여성들의 사진이 사라졌고 TV 화면에서는 여성 진행자들이 자취를 감추었다. 영화관은 폐쇄되었고 학교교육에서 종교교육 시간이 더 늘어났다. 학교와 대학은 더 많은 이슬람 성직자를 채용해 학생들에게 와하비즘만이 진정한 이슬람이라고 가르쳤다. 이런 까닭에 훗날 이 나라의 청년들이 테러리스트가 되고 아프가니스탄으로 달려가게 된다. 종교적 혹은 정치적 이데올로기의 극단적 분열은 이처럼 비극을 잉태했다.

사우디아라비아 동부 지역에서 페르시아만을 따라 알주바일, 담맘, 다란 등을 중심으로 한 지역은 급속도로 발전했으나, 메디나 근처의 항구도시 옌보를 제외한 나머지 지역은 낙후된 상태로 남아 있다. 그중 알주바일 산업항은 한국의 현대건설이 1976년 6월부터 3년 6개월간에 걸친 공사 끝에 완성했다. 홍해 연안의 헤자즈 지방에 '사우디의 두바이'를 꿈꾸며 '더 라인'이라고 불리는 170킬로미터의 직선도시인 네옴 미래 신도시 건설과 원전 건설사업에도 한국 기업들이 참여하게 될 전망이다. 도시전문가의 관점에서는 황당해 보이기까지 한 빈 살만의 초현실적 대형 프로젝트는 사우디 정부가 탈석유화 시대를 대비하기 위함이지만 한국에도 낙수효과가 기대된다.

사우디 정부의 탈석유화정책이 사우디 국민들에게는 먼 나라 이야기처럼 들리는 것 같다. 다른 나라들은 석유 소비를 줄이려고 노력하는데, 이 나라의 석유소비량은 오히려 증가 추세다. 저렴한 휘발유와 전력을 소비하는 국민들은 주말 여행을 가느라 집을 비우는 동안에도 거리낌 없이 에어컨을 그대로 틀어둔 채 집을 나선다. 전력의 70%를 에어컨을 트는 데 쓰고 있는데도 말이다. 『지리의 힘』을 저술한 팀 마샬이 한여름에 사우디아라비아에 갈 일이 있으면 호텔이 너무 추우니 꼭 겉옷을 준비하라고 권할 정도다.

사우디아라비아는 사우드 왕가가 지배하는 보수적인 절대군주제 국가이면서도 미국을 비롯한 서방과는 공식적으로 우호 관계를 유지하고, 경제적 성장에 기인한 사회적 격차가 발생해 정치적으로 대립해 왔다. 경제적 불균형에 따른 지역 격차 문제를 해소하려는 노력은 여러 가지 이유로 지연되었다. 특히 보수적이며 경직된 사회구조 탓에 각계각층 간의 소통이 원만히 이뤄지지 않았다. 9·11테러 당시 사우디 자살 테러리스트들의 역할과 와하비스트 극단주의자들에 대한 사우디아라비아의 재정적 지원, 이슬람 부흥운동의 성직자들이 선동하는 반미설교와 이라크 전쟁을 둘러싼 견해 차이, 2001년의 테러에 뒤이어 출몰한 여러 쟁점들이 미국과의 관계에 큰 영향을 끼쳤다.

국왕은 왕족의 핵심구성원들이 선출하며 '우라마ulama'라고 불리는 이슬람교 지도층의 동의를 받는 것이 관행이다. 국왕은 이슬람법, 즉 샤리아에 따라 통치하며 왕의 제반 결정 사항들은 왕족, 우라마, 주요 부족의 지도자들, 군부, 관료집단 등의 지지를 받아야 한다. 국왕은 정책을 결정하고 관료집단을 이끌어 갈 내각을 임명한다. 사법제도는 샤리아에 기초를 두고 있으며, 왕은 국가 최고의 상소법원 역할을 한다.

교육은 모든 학생들에게 무상으로 실시되지만, 15세 이상의 국민 중 약 50%에 달하는 높은 문맹률에도 불구하고 아동 취학이 의무로 정해져 있지 않다. 교육제도는 우리나라와 동일한 6·3·3·4제이며, 일부 소수 학생들은 외국 유학을 위한 장학금을 받는데, 국내로 돌아와 일해야 하는 암묵적 의무가 부과된다. 라디오와 TV는 국영이고, 신문사는 민간인 소유지만 대부분의 아랍 사회가 그러하듯이 정치적으로는 보수적 성향을 띠고 있어 정부에 대한 비판은 거의 하지 않는다.

그러나 예외적인 경우도 있었는데, 사우디의 반체제 언론인 자말 카슈끄지 Jamāl Khāshuqjī 사건이 그것이다. 미국과 사우디아라비아는 1940년 수교 이래 긴밀한 관계를 유지해 왔다. 하지만 사우디 왕실에 비판적이었던 반체제 언론인 카슈끄지가 2018년 튀르키예 주재 사우디 영사관에서 납치, 피살되고 빈 살만 왕세자가 배후로 지목된 것이 양국 관계의 걸림돌이 되었다. 빈 살만은 말만 왕세자이지, 실상은 국왕을 능가하는 최고 실력자나 다름없었다.

그러던 중 러시아와 우크라이나 간의 전쟁으로 석유 가격이 치솟자 석유 증산을 위해 2022년 7월 미국이 카슈끄지 사건으로 소원해진 사우디아라비아에 관계 회복 의사를 전달했다. 양국 관계를 경색시킨 반체제 언론인의 피살 사건에 대해 사우디 왕실의 책임을 끝까지 추궁하지 않고 이쯤에서 덮겠다는 의미였다. 사우디아라비아 측도 카슈끄지 사건은 종결된 것으로 간주한다는 점을 미국 측에 표명했다.

미국은 동서냉전 시기 소련을 견제하기 위해 마오쩌둥의 중국과도 연대해야 했던 것처럼 러시아와의 냉전을 치르기 위해서는 빈 살만 왕세자의 사우디아라비아를 버릴 수 없었다. 빈 살만은 절대적 통치자이며 개혁정책으로 세속주의와 타협한 덕분에 사우디 젊은이들 사이에 인기가 높을뿐더러, 향후 50여 년간 이 나라를 통치할 것이다. 그는 페미니스트이자 열렬한 예술 애호가이며, 종교적으로는 자유주의자이고, 경제적으로는 시장경제의 신봉자이지만 미국과의 관계 정상화는 어려울 전망이다.

빈 살만은 2000년대에 들어와 중동 각국과 사우디아라비아에서 한국 드라마 〈주몽〉과 〈대장금〉을 포함해 〈하얀 거탑〉 등의 방영을 허용했고, 2017년부터는 여성의 운전을 허용했다. 또한 2019년 10월에는 한국의 K-팝 그룹인 BTS가 리야드의 왕립 파드 인터내셔널 스타디움에서 공연을 가진 바 있다.

사우디아라비아에서는 태어나면서부터 "남자는 알라에 복종하고, 여자는 남자에게 복종한다."라고 가르친다. 여성은 남성 후견인이 동의해야 진학, 취업, 결혼을 할 수 있다. 여성의 운전 허용은 사실 빈 살만이 '비전 2030'을 실현하기 위한 개혁정책의 일환이었다. 이 나라에서는 원래 여성이 외출하려면 코흘리개 남자 손이라도 잡아야 했다. 오늘날에도 후견인 제도가 완화되었음에도 여성은 경호원 없이 혼자 외출할 수 없어 여러 명이 택시를 타거나 외국인 노동자가 운전하는 자가용을 타야 한다.

사우디아라비아뿐만 아니라 이집트, 이란, 아랍에미리트, 튀르키예 등의 이슬람 국가에서 K-드라마 등의 한류가 무슬림들의 주목을 받는 이유 무엇일까. 이타주의적 콘텐츠와 과거 한국 여성들이 착용한 장옷과 쓰개치마가 오늘날 무슬림 여성들의 히잡과 유사해 친근감을 느끼며 남녀유별과 장유유서의 전통 때문이라는 해석도 있다.

아라비아반도 국가는 국토 대부분이 사막지역이므로 농업은 열악한 편이지만 막대한 오일 달러를 투자해 경작지와 목축지를 유지한 덕분에 다른 사막 국가에 비해서 형편이 나은 편이다. 경작지를 만들기 위해 담수화한 물을 이용하거나 사막의 지하수를 퍼 올려 둥그런 농지를 만들지만, 투자에 비해 수확은 미미하다. 이런 경관은 이 나라를 지날 때 비행기를 타고 내려다보면 볼 수 있다.

농가를 중심으로 밀, 보리, 토마토 등을 재배하고, 양과 닭을 기르며 우유를 생산한다. 농업과 낙농업 발전에도 현재로서는 한계가 있다. 사우디아라비아의 농업은 수입하는 농산물에 비해 3배 이상의 유지비를 투입해야 하며, 이런 원가 상승을 엄청난 오일머니로 메꾸는 기형적인 구조를 가지고 있다. 사우디아라비아 정부의 입장에서 물은 비싼 자원이다. 그럼에도 농부들은 물을 소중히 여기지 않으며 나라의 식량자급률은 겨우 20%에 불과하다.

그림 3-5. 네푸드 사막에 조성한 원형 경작지

9
이슬람에 대하여

오사마가 성인이 된 후의 인생사에 관해 설명하기 전에 먼저 그가 성장한 사우디아라비아의 이슬람에 대해 알아볼 필요가 있다. 사우디아라비아가 건국된 것은 1932년이므로 그리 오래되지는 않았다.

이슬람세계는 대체로 보수적인 측면이 많은 편이다. 이슬람은 의무와 금지의 엄격한 적용, 이질적 요소에 대한 비관용 등을 특징으로 하는 사회다. 종교의 자유는 허용되지 않는다. 알라 이외의 신은 숭배 대상이 되지 못하며 우상숭배를 금하는 엄격한 일신교이므로 사진과 영상도 원칙적으로 금한다.

오사마를 비호하는 탈레반 정권이 TV와 영화를 금지하는 것은 유명하다. 20세기 초의 아라비아반도에 TV가 도입되었을 때도 마찬가지였다. 사우디아라비아에서도 처음 TV가 도입될 때 이에 대해 반대하는 사람들이 폭동을 일으킨 바 있다. 1979년 이란 이슬람혁명의 영향으로 이슬람 원리주의가 사회를 지배하면서 영화관도 1980년대 초 문을 닫았다. 빈 살만 왕세자의 사회개혁정책의 일환으로 2018년 4월 영화관 영업이 재개되었다. 이를 기념하기 위해 열흘간 지다에서는 '홍해 국제 영화제'가 열렸다. 영화뿐만 아니라 음악도 마찬가지다. 음악이 인간을 현혹해 신을 망각하게 하는 원인이 된다는 이유에서다. 화려한 복장과 패션도 금지된다.

한마디로 말하자면 모든 허례허식과 사치가 금지된다고 표현하는 것이 옳을 것이다. 오늘날 아라비아반도에서는 머리에 '케피에'라 불리는 작은 모자를 쓰고 그 위에 두건을 두르며, 그것을 고정시키기 위해 둥그런 '이갈'로 눌러주는 것이 전형적인 남성의 민족의상이다. 이슬람 원리주의자들은 이갈마저도 허식이라며 배척하는 경우도 있고 모스크에 부착된 장식도 금지해야 한다고 주장한다. 심지어 모스크의 상징인 미나레트(첨탑)도 세워서는 안 된다고 고집한다.

묵주도 금지된다. 묵주는 가톨릭에서도 사용되지만 원래 불교에서 이슬람 세계로 전파된 것이다. 이슬람의 입장에서는 묵주가 이단적 요소가 들어 있어 불순하게 보이는 모양이다. 그러나 오늘날 사우디아라비아를 포함해 많은 무슬림들은 일상생활에서 묵주를 이용하고 있다. 그들이 예배를 드릴 때나 『코란』을 낭송할 때 경건한 신앙심으로 구슬을 하나하나 굴리는 광경을 볼 수 있다. 이슬람 원리주의자들은 그것도 허용해서는 안 된다고 주장한다. 또한 흡연도 안 되고 면도도 금하며 예언자 마호메트가 턱수염을 길렀으므로 특히 성인 남성의 턱수염이 중시된다. 이러한 원리주의자들의 주장은 탈레반과 공통점이 많다.

또 한 가지 무슬림의 금기사항이 있다. 돼지고기를 먹지 않는다는 점이다. 무슬림이 돼지고기를 불결하게 여기는 습관은 아라비아반도를 중심으로 그 주변 지역에 퍼져 나갔다. 이것이 『코란』에 명확히 규정되면서 무슬림의 생활체계와 상관없이 기계적으로 돼지를 금기시하게 되었다. 유대인들도 마찬가지다.

16억 명에 달하는 무슬림들은 할랄Halal 식품만 섭취하는데, '할랄'이란 '허용된 것'이라는 뜻의 아랍어다. 이것은 무슬림들이 먹고 사용할 수 있도록 허용된 식품뿐 아니라 화장품과 의약품 등에 붙이는 인증의 일종이다. 소, 양, 닭고기도 단칼에 정맥을 끊는 방식으로 도축한 것만 할랄 식품으로 인정된다. 이슬람에서는 죽은 동물의 피를 먹는 것을 금지하고 있으므로 피가 모두 빠질 때까지 그대로 동물을 내버려 둔다. 도축 전에 동물을 기절시키지 않고 도축 방법이 잔인해 보이는 측면이 있어 동물 학대라는 지적도 있다.

금기사항과 달리 의무사항은 어떨까? 이것 역시 대단히 엄격하다. 하루 다섯 번에 걸친 예배의무를 지키는 것은 당연하고, 만약 이를 지키지 못할 경우에는 처벌을 받는다. 사우디아라비아의 종교경찰(혹은 도덕경찰)을 '권선징악위원회'라고 부르는데, 무슬림의 종교의무를 강제하는 역할을 한다. 여러 가지 금지사항을 어기거나 의무를 이행하지 않으면 공권력을 사용한다. 그들은 이슬람의 법체계인 샤리아에 근거해 절도범이 초범이면 오른손을 절단하고 또 절도를 범하면 이번에는 왼발을, 그 다음에는 왼손을 자른다. 간통죄는 투석형에 처한다.

일반인과 무슬림의 선善과 악惡의 기준은 사뭇 다르다. 우리가 생각하는 선은 합리적으로 판단해 자신과 인류에게 좋은 결과를 가져오는 것이고 악은 그 반대되는 것이라 생각하지만, 이슬람의 관점에서 선악의 기준은 미물과 같은 존재에 불과한 인간의 판단을 훨씬 초월하는 것이다.

선과 악은 신, 즉 알라만이 판단할 수 있다는 의미다. 따라서 우리가 이성적으로 도출한 추론에 근거해 어떤 행위를 선 혹은 악으로 판단하는 것은 불가능하다. 알라가 명한 것이 선이며, 알라가 금한 것이 악이다. 예컨대 이슬람의 형벌에 대해 시대적, 지역적 제약을 받는 인간의 기준으로 생각해 잔혹하다거나 가혹하다고 함부로 판단해서는 안 된다는 것이다.

원리주의자들이 생각하는 이슬람이 그대로 사우디아라비아에 계승된 것은 아니다. 이슬람 원리주의자들은 압둘아지즈 초대 국왕의 지배로부터 서서히 벗어나고 있다. 기본적으로는 압둘아지즈가 서구 근대과학의 산물과 제도를 샤리아에 근거한 충분한 검토 없이 사우디아라비아의 정치·경제·사회제도 속으로 편입하기 시작한 것이 가장 큰 이유가 되었다.

일반적으로 사우디아라비아의 이슬람을 '와하브파'라고 부른다. 와하브파는 이 종파의 시조 무함마드 빈 압둘 와하브의 이름에서 유래되었다. 이 명칭을 사용할 때는 약간의 주의가 필요하다. 그들은 와하브 대신 '무와히딘Muwahhidīn'이란 호칭을 사용한다. 이는 신의 유일성을 믿는 사람들이란 뜻이다. 사우디아라비아의 국교는 공식적으로는 이슬람이지만 한바르파이므로 와하브란 말을 쓰지 않는다. 와하비즘이라 불리는 와하브운동은 아랍인들이 『코란』의 가르침대로 살아야 한다고 주장하는 이슬람교 수니파 내의 극단적 금욕주의 민족운동을 가리킨다. 그러므로 사우디아라비아의 국교를 와하브파라고 하는 것은 명백한 오류다.

영국의 저술가 웰스Wells는 이슬람을 '타협을 모르는 일신교'라고 비판했고, 또 프랑스의 철학자 르낭Renan은 '이슬람은 사막의 산물'이라고 표현했다. '이슬람'이란 아랍어로 그 자체가 '복종' 또는 '헌신'을 의미하는 말이었다는 점에서 본다면, 앞서 설명한 것처럼 오히려 건조 지역에서 물을 중심으로 한 엄격한 공동체적 규율을 반영한 것으로 풀이된다. 이슬람교도를 말하는 '무슬림'이라는 용어는 '절대 순종하는 사람'이라는 의미를 지니고 있다.

이슬람교는 622년경 서남아시아에서 생겨나면서 세계적으로 중요한 또 다른 문화적 핵심을 형성했다. 오늘날 이슬람교도는 북아프리카와 동남아시아에도 분포하고 있지만, 여전히 서남아시아가 이슬람세계의 중심으로 남아 있다. 그러나 앞서 알-카슈가리의 세계지도에서 본 것처럼 13세기에는 이슬람교의 중심이 중앙아시아였던 적도 있었다.

이슬람교의 창시자 마호메트는 약 570년경 메카에서 태어나 메디나 근처에서 포교했다. 그의 신앙은 유대교와 기독교 전통과 매우 유사하다. 이슬람교도는 모세와 예수가 둘 다 선지자이며 『구약성경』이 정확하다고 믿는다. 그러나 궁극적으로 이슬람교도는 마호메트가 알라에게 받은 경전인 『코란』이 인류에게 전하는 가장 고결한 종교적이며 도덕적인 계시라고 믿고 있다. 『코란』에서는 순종과 평화의 뜻을 유지하기 위해 '이슬람'이라고 부를 것을 규정해 놓았다. 그러므로 이슬람을 마호메트(무함마드)교 혹은 회교回敎라 부르는 것은 오류다.

이슬람에서는 절대 유일신 알라가 직접 인간과 관계를 맺는 것이 선행조건이므로 다른 종교처럼 중간 매개자가 존재하지 않는다. 따라서 모든 신도는 알라 앞에 평등하다. 관혼상제와 같은 행사를 주도하는 것은 무슬림 가운데 경전을 이해하는 연장자이며, 알라는 무슬림의 마음속에 있는 추상적 존재일 뿐이다.

원래 유대교에 랍비가 있는 것처럼 이슬람교에는 '이맘'이 있는데, 이것은 사제가 아니라 평신도를 가리킨다. 유대교에서는 랍비 이외의 평신도들도 강론한다. 유대교를 본떠 만든 이슬람교 역시 사제가 없다. 이슬람교는 신과 인간 사이에 중간 매체를 두지 않으므로 인간과 신의 직선적 관계를 중시한다. 이맘은 예배를 인도하는 사람으로 젊은이, 무식자, 걸인 등 누구나 될 수 있다. 이맘의 지위는 특별한 교육 과정이나 안수식과 같은 의식을 거치지 않아도 취득할 수 있다. 무슬림은 모두 신 앞에 평등한 존재며 신 앞에 절대 복종해야 하는 동등한 지위를 가지고 있다. 이처럼 이슬람은 절대적 평등주의를 내세운다.

알라가 현세에 보낸 예언자 중 최초의 인간은 아담, 그 뒤를 이어 노아, 아브라함, 모세, 예수를 거쳐 마호메트에 이르는데, 그중에서 마호메트가 예언자 중 완전무결한 마지막 존재다. 그러므로 이슬람에서는 유대교와 달리 예수의 존재도 선지자 중 하나로 인정하고 있지만, 이슬람교는 유대교와 마찬가지로 『신약성경』을 인정하지 않는다.

이슬람교는 처음에는 유대교를 존중해 두 종교를 합치려고 노력했다. 그 노력의 일환이 예루살렘을 향해 기도하며 안식일을 지키는 일이었다. 그러나 유대인들이 마호메트의 이슬람교를 받아들이지 않자 그들도 유대교를 배척하기 시작했다. 그전까지 행했던 예루살렘을 향한 기도도 방향을 메카로 바꾸고 예배일도 토요일에서 금요일로 옮겼다.

독자들은 영어나 한국어로 번역된 『코란』을 본 적이 있겠지만 종교적 의도로는 사용할 수 없다. 이는 성스러운 언어를 소리의 울림과 운율적 리듬으로 전달할 수 있는 아랍어의 특성 때문에 『코란』을 타 언어로 번역할 경우 의미가 왜곡되어 해석상의 논란을 방지하기 위한 조치일 것이다.

이슬람 교리는 매우 단순하게 여겨질 만큼 명료하게 정립되어 있다. 이슬람 교리는 여섯 가지 종교적 신앙인 이만Iman과 다섯 가지 종교적 의무를 가리키는 '이슬람의 다섯 기둥'을 기본으로 하며, 6신信 5행行이라고 부르기도 한다. 이만(6신)이란 알라, 천사들, 경전들, 예언자들, 마지막 심판, 운명론에 대한 여섯 믿음을 가리킨다.

이들 가운데 제1기둥 '샤하다(신앙고백)'는 알라 이외에 다른 신은 없으며 마호메트는 알라의 예언자라는 선언이고, 제2기둥 '샬라트(기도)'는 하루에 다섯 번 알라에 기도해야 하므로 여행을 하다 일정한 시간이 되면 장소를 가리지 않고 메카 쪽을 향해 예배를 드려야 한다는 것이며, 제3기둥은 '자가트(기부)'이고, 제4기둥 '사움(단식)'은 이슬람력으로 9월의 라마단 기간 중에는 일출부터 일몰까지 음식 및 음료의 섭취와 어떠한 성행위도 허용되지 않는다는 것을 의미한다. 그리고 제5의 기둥은 '하지'로 경제적, 신체적으로 능력이 있는 무슬림이라면 모두가 일생에 한 번은 메카를 방문해야 한다. 마호메트가 메디나로 이주한 것은 메카 귀족층의 탄압 때문이었다. 그는 메디나에서 세력을 키워 아라비아반도 대부분을 장악한 바 있다.

이슬람교는 메카의 성지를 일생에 한 번 이상 순례하는 것이 의무이므로 성지순례 기간에는 전 세계에서 200~300만 명의 신도들이 집결해 세계 최대의 종교행사를 이룬다. 성지순례는 이슬람교의 창시자인 마호메트의 마지막 일정을 재현하는 이슬람 최대 행사로, 순례의 달이라 불리는 이슬람력 12월 8~12일에 치러진다. 성지순례 의식을 치르는 순서는 그림 3-6과 같다.

구체적으로 몸을 정결히 하는 이흐람ihram을 행한 후 입장해 카바 주위로 가서 반시계 방향으로 일곱 바퀴 돈다. 카바를 돌고 나서는 카바 동쪽 근처의

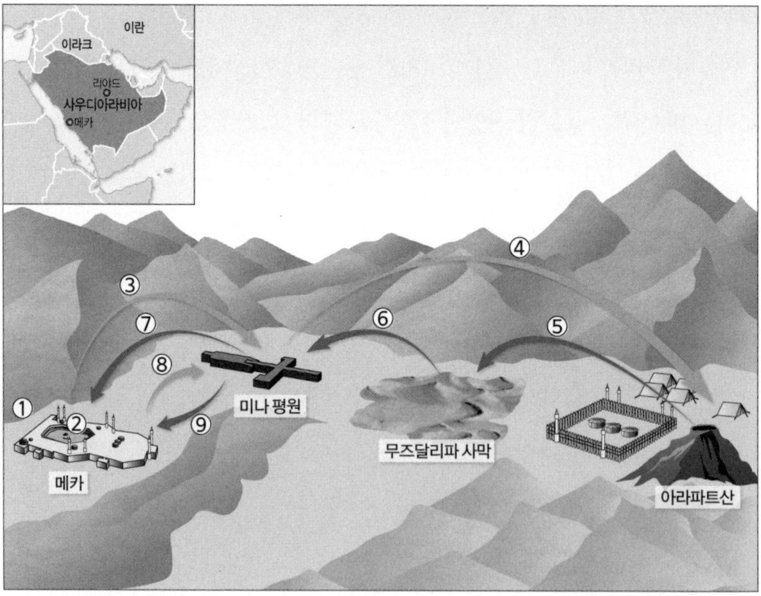

그림 3-6. 메카 성지순례 순서

아브라함의 발자국이 있다는 곳에서 두 번 기도를 하고 남쪽에 있는 성천인 잠잠 샘에 가서 물을 마신다. 이후 메카 동쪽으로 7킬로미터 지점에 있는 미나 평원에 가서 숙영한다.

둘째 날 해가 뜨면 메카 동쪽으로 약 25킬로미터 떨어진 성산 아라파트산에 가서 각종 행사를 치른다. 이곳은 632년 마호메트가 사망하기 석 달 전 마지막 설교를 했던 곳으로 정오에서 황혼이 질 때까지 기도한다. '최후 심판의 날'에는 신 앞에 나서는 것을 상징하는 것으로 순례행사는 절정에 이른다. 해가 지면 메카에서 12킬로미터 떨어진 무즈달리파 사막으로 이동해 하룻밤을 묵는다.

다음날 해가 뜨기 전 미나 평원으로 출발하는데, 무즈달리파 사막에서 자그마한 조약돌 49개를 줍는다. 미나 평원 부근에 있는 세 개의 마귀 돌기둥으로 가서 주워 온 조약돌을 7개씩 던지며 "악마야 물러가라!"라고 외친다. 이후 '이드 알아드하'라 불리는 희생제를 치른다. 희생제는 아브라함이 아들 이스마엘을 알라의 제물로 바치려 했으나 대천사 가브리엘의 중재로 양을 대신 바쳤다는 전설에서 유래한 행사다. 희생제는 이슬람권 최대 명절로, 순례에 참가하지 못하는 사람은 가정에서 양, 낙타, 소 등을 잡아 제를 올린 뒤 가족과 이웃, 가난한 사람과 나눠 먹는다. 이슬람권 국가들은 통상 메카 순례의 마지막 날부터 3~4일간을 공휴일로 지정해 희생제를 기념한다.

초기 이슬람교에서 생긴 종교적 대립이 오늘날까지 이어지고 있다. 632년 경 마호메트의 사망 직후부터 두 집단 간에 분열이 생겼다. 문제는 누가 종교 권력을 장악하는가에 관한 것이다. 하나의 분파는 시아파로, 마호메트의 사위였던 알리가 권력을 이어받아야 함을 주장했다. 이에 대해 수니파로 알려진 대부분의 무슬림은 존경받는 성직자에게 권력이 승계되는 쪽을 옹호했다. 수니파가 크게 승리를 거두고 알리는 살해됐다. 시아파 추종자들은 지하로 숨어

들었다. 그 후 수니파 무슬림은 이슬람교의 주류를 형성하고, 시아파 무슬림은 반복적이고 강력하게 수니파에 도전했다.

그리하여 이슬람은 수니파와 시아파로 나눠지는데, 수니파는 이슬람의 최대 종파로 전체 무슬림의 80~90%가 속해 있다. 수니파는 무슬림 공동체의 관행을 뜻하는 순나를 추종하는 사람들이라는 뜻이다. 시아파는 이슬람에서 수니파 다음으로 두 번째로 큰 종파로 전체 무슬림의 10~20%가 속해 있다. 시아파는 빼앗긴 종교지도자 칼리파 자리를 살해당한 알리 가문에 되돌려주려는 운동으로 시작되었다. '시아'는 '알리를 따르는 사람들'에서 유래된 명칭이다. 오늘날에는 사우디아라비아가 수니파, 이란이 시아파의 종주국으로 남아 있다.

마호메트가 사망한 후 아라비아반도의 주민들은 그 기치 아래 단결했다. 이슬람교는 아라비아반도의 서쪽에서부터 낙타 이동 루트를 따라 카라반과 군대 조직에 의해 빠르게 확산되면서 지리적 영역을 넓히고 많은 사람들을 개종시켰다. 페르시아 제국이 이슬람화되고 동로마 제국은 영토의 대부분을 이슬람에 빼앗겼다.

튀르키예는 1100년 이후 기독교에서 이슬람으로 대체되었고, 유럽의 이베리아반도는 이슬람에 정복되었다가 1492년에 기독교로 환원되었다. 동로마의 비잔틴 제국을 정복한 튀르키예인들은 거대한 오스만 제국을 세웠는데, 당시에는 오늘날의 알바니아, 보스니아, 코소보가 포함되어 있었다. 오스만 제국은 19세기 후반~20세기 초반에 와해되기 전까지 이 일대에서 이슬람교도의 정치적 힘의 진원지가 되었다.

7세기부터 급성장한 이슬람 문명은 의학의 중심이 되었다. 이슬람 의학은 유럽에서 의학 연구가 침체되는 시기에 고대 그리스와 로마의 의학을 계승하고 발전시켰다. 이슬람 문명은 의학뿐만 아니라 학문과 예술 등의 모든 영역에 걸쳐 찬란하게 꽃피었고, 유럽에서 르네상스가 일어나는 토양을 제공했다. 이슬람 문명은 이슬람교를 바탕으로 한 복합 문명체였다. 페르시아의 문명은 메소포타미아 문명을 이어받았으므로 아시아와 유럽 사이에서 문명교류의 가교 역할을 담당했다고 볼 수 있다.

오늘날 이슬람을 믿는 아랍세계에서 남녀 관계의 최고 가치는 여성의 혼전 순결과 혼후 정조에 있다. 청년기의 남녀는 자유로운 연애가 금지되므로 결혼 상대는 부모가 정하며, 결혼은 두 사람 간의 개인적 결합이 아닌 두 집안 간의 결합이다. 아랍세계에서 연애에서 결혼으로 이르는 길은 차단되어 있다. 결혼은 애정의 결실이 아니라 두 집안 가장 간의 사회적, 경제적 협정의 산물이기 때문이다. 물론 이교도는 허용되지 않는다.

이슬람의 결혼은 전부 『코란』에 따르는 의식이므로, 결혼식은 '알라의 이름으로' 시작되어 반드시 『코란』의 1장을 다음과 같이 암송하는 것에서 시작된다.

> 은혜로우시고 자비로우신 알라의 이름으로, 온 누리의 주님이신 알라께 찬양을 드립니다. 당신은 은혜로우시고 자비로우시며 심판의 날을 주관하는 분이십니다. 그래서 저희들은 오직 당신만을 경배하며 당신에게만 구원을 간구하나이다. 저희들을 바른 길로 인도해 주소서. 당신께서 은총을 내리시고 노여움을 받은 자들이나 방황하는 자들이 걷지 않는 가장 바른 길로 인도해 주소서.

아랍의 가족 구성은 무엇보다 부계 중심이며, 결혼한 부부는 남편의 아버지 집에서 동거해야 한다. 그러므로 전체적으로는 확대가족, 즉 대가족 형태를 취한다. 이 특징은 토지소유권과 상속으로 이어진다. 결혼한 남자라도 아버지가 살아있을 시에는 부동산을 소유할 수 없다. 재산 상속은 모두 『코란』에 의거해 정해진다. 즉 유언으로 재산의 1/3까지만 자유롭게 상속할 수 있으며, 아들에게는 평등하게 분배되지만 딸은 아들의 절반에 그친다. 소문에 따르면 오사마는 1991년 34세의 나이에 부친이 설립한 빈라덴 그룹으로부터 3억 달러의 거금을 유산으로 받았다고 하지만 확인할 길이 없다.

10

빈 라덴 가문의 내력

오사마 빈 라덴 일족은 사우디아라비아의 수도 리야드에 터전을 잡고 살아왔다. 리야드는 아라비아반도 중앙부의 해발 600미터 나지드 고원지대 동쪽에 위치한 사우디 최대도시다. 리야드는 이슬람교가 들어오기 전에는 '하지르'라고 불렸으며 이 지방의 수도였다. 이곳의 지방관은 우마이야 왕조와 아바스 왕조 때 아라비아반도의 동부와 중부 대부분을 다스렸다.

아바스 왕조 시대에는 여러 민족과 문화가 골고루 융합된 보다 폭넓은 이슬람문화가 발전해 전성기를 맞이했다. 아랍인의 개념도 인종적 의미에서 아랍어를 사용하고 이슬람을 믿으며, 스스로 아랍인으로 자칭하는 사람들을 포괄하는 것으로 바뀌었다. 따라서 아라비아반도의 여러 나라 사람들은 아랍인에 속하지만, 이란과 아프가니스탄 등의 사람들은 아랍인이 아니다.

그 후 바누 우하이디르 왕조가 아바스 왕조로부터 하지르를 빼앗고 수도를 다른 곳으로 천도함에 따라 하지르는 침체기를 겪었다. 14세기에 지리학자 이븐 바투타Ibn Battuta는 그의 여행기 『도시들의 진기함, 여행의 경이 등에 대하여 보는 사람들에게 주는 선물』에서 하지르를 방문해 "여기는 알야마마의 주요 마을이며 이름은 하지르다."라는 기록을 남겼다. 그는 그곳의 지도자와 함께 성지순례를 하고자 메카로 갔다.

제1차 세계대전에서 오스만 제국이 패한 후, 중동은 여러 분야에서 유럽 열강의 지배에 들어갔다. 제2차 세계대전 이후 각 국가가 독립하자 새로운 정부는 글로벌 양식에 따라 마천루를 건설했다. 오늘날 사우디아라비아를 포함한 중동의 도시는 이슬람 도시를 구성하는 역사적 원도심을 갖고 있으면서 동시에 유럽의 영향을 받은 구도심과 글로벌 건축의 영향을 받은 신도심이 형성되어 있다. 특히 사우디아라비아의 도시인구는 성지순례의 영향에 힘입어 메카, 메디나, 지다가 도시시스템의 정점에 놓여 있다.

리야드 근교에 있는 하리두 국왕 국제공항에서 도심으로 향하다 보면 거대한 빌딩들이 보이기 시작하는데, 그중에서 랜드마크인 알 파이살리아 센터가 눈에 들어온다. 이 빌딩을 건설한 회사인 빈라덴 그룹은 사우디아라비아의 최대 종합건설회사로 오사마의 아버지 무함마드가 일으킨 그룹이다.

빈라덴 그룹은 지난 수십 년 동안 지속되었던 고유가로 경제 붐을 일으킨 사우디 경제의 혜택을 누린 기업이다. 사우디의 공항, 도로, 마천루 등의 주요 건설사업에 다수 참여한 바 있다. 특히 이슬람 성지 메카와 메디나의 인프라 사업 등의 정부 발주 공공사업을 수주하며 사업을 확장했다. 2017년에는 우리나라의 대우건설 인수를 통해 수주사업과 기술력으로 사업의 확장과 성장을 꿈꾼 것으로 보인다. 대우건설 또한 중동 내의 최대 건설업체인 빈라덴 그룹의 자금력과 인프라로 시너지 효과를 볼 수 있었다는 시각도 있다.

도심의 주요 건물은 강력한 냉방시설과 내뿜는 분수로 섭씨 50도의 여름 더위를 무색하게 한다. 모스크의 첨탑과 아라비아 문자의 간판, 사람들의 민족의상을 제외하면 여기가 중동 지역이란 느낌이 전혀 들지 않는다. 공식적으로

그림 3-7. 리야드의 알 파이살리아 센터

는 금지된 위성 방송 수신 안테나가 삐죽삐죽 솟아 있고 길거리에는 고급승용차가 즐비해 석유 부자나라다운 면모를 엿볼 수 있다.

오일머니가 들어와 석유부국이 된 이 나라에도 라마단 단식월에는 거지들이 길거리로 쏟아져 나온다. "거리에는 차 반 거지 반"이란 말이 나올 정도다. 지다 시내 곳곳에는 남루한 차림의 거지들이 구걸하며 돌아다닌다. 세계 최고의 부자 나라에서 이런 현상을 목격하리라고는 상상조차 할 수 없었다. 사우디 정부는 국가 이미지를 고려해 구걸 행위를 법적으로 금지하고 있지만, 그들 다수는 사우디아라비아 국적의 예멘 출신들이다.

1980~1990년대부터 저유가가 지속되면서 사우디아라비아 국민들도 구걸 대열에 가담했고 노숙자도 생겨났다. 이에 비해 이 나라의 7,000명이 넘을 것

으로 추산되는 왕자들은 고위직에 등용되거나 품위유지를 위한 생활비를 받고 있다. 국민들 눈에 좋게 보일 리가 없다. 1990년대부터는 테러가 발생하기 시작했다. 그 후 고유가 시대가 다시 돌아오면서 국가 재정이 많이 개선되었고, 1인당 GDP가 5만 달러를 훨씬 넘어섰다.

그럼에도 불구하고 수많은 젊은이들이 풍요로운 자신의 나라를 버리고 이슬람 용병이 되어 아프가니스탄을 비롯한 소말리아, 보스니아, 체첸 등지로 싸우기 위해 떠나고 있다. 1979년 이후 오사마가 아프가니스탄으로 떠났던 것처럼 말이다. 그들을 험지로 내모는 이유는 무엇일까? 물질적 풍요를 아낌없이 버릴 만한 그 무엇이 있다는 것일까?

빈 라덴 가문은 오사마의 아버지 무함마드가 예멘의 하드라마우트에서 사우디아라비아로 이주하면서 비롯되었다. 그러니까 오사마는 예멘계로 하드라마우트 출신자의 후손인 셈이다. 하드라마우트는 예멘 동남부에 위치한 지방으로 예멘에서도 몹시 비곤한 지역에 속한다. 이렇다 할 만한 산업이나 자원도 없는 시골이라 입신양명을 위해서는 해외로 빠져나가는 수밖에 없다.

하드라마우트 출신자들은 예로부터 인접한 사우디아라비아뿐만 아니라 인도양을 건너 동남아시아나 동아시아 또는 동아프리카 등의 해외로 진출하는 이가 많았다. 특히 동남아시아에는 끈끈한 하드라마우트 네트워크가 현재까지도 기능하고 있다.

그러나 오사마의 아버지 무함마드는 하드라마우트에서도 부유하고 저명한 가정에서 태어났으며, 그 가문의 남성들에게는 끊임없는 노력, 끈기, 고집, 진정한 종교적 신앙, 자립심 그리고 위험을 감수하는 전통이 있었다. 그 덕분에 무함마드는 사업에서는 물론 가족의 리더 지위에 오를 수 있었다. 이민을 가서 해외에서 뿌리를 내린 빈 라덴 집안처럼 사회적, 경제적으로 성공을 거둔 사례가 허다하다. 아랍세계의 화교처럼 말이다.

예멘은 과거에는 고대 그리스의 지리학자 프톨레마이오스가 '축복받은 아라비아Eudaimon Arabia'라 불렀을 정도로 부유한 지역이었다. 예멘은 사우디아라비아와 남쪽에 접한 이웃 국가이면서도 긴장이 지속되고 있다. 양국 간 국경선이 확정된 것은 최근의 일이다. 1990년 북예멘과 남예멘은 통일을 이루었지만, 남예멘 지역의 인사들이 예멘의 통일 이후 권력배분에 대한 불만을 품고 '예멘 민주공화국'이라는 이름으로 1994년 남예멘의 재독립을 선포하면서 내전이 발생했다. 결국 북예멘이 승리해 예멘은 다시 통일되었지만, 최고정치회의 및 후티 세력과 하디 정부 및 남부 과도위원회 간의 대립으로 내란이 발생하기도 했다.

예멘 내전이 발생한 원인은 본질적으로 종파와 부족 간의 갈등 때문인데, 수니파와 시아파의 비율이 6:4로 엇비슷한 까닭에 해결이 필요해 보인다. 여기에 알카에다 아라비아반도 지부가 개입하는 등 양상이 더욱 복잡해졌다. 지금은 사우디아라비아, 이란, 알카에다 간의 대리전으로 내분이 격화되어 위기에 처해 있지만, 과거 북예멘 수도였던 사나가 여전히 예멘의 중심적 지위를 유지하고 있다.

오사마에게 혈통을 물려준 그의 아버지 무함마드는 어떤 인간이었을까. 1906년생으로 추정되는 그는 사우디아라비아에서는 입지전적 인물이었다. 그가 태어난 곳은 이미 설명한 것처럼 하드라마우트의 와디가 흐르는 리바트라는 작은 마을이었다. 웬만한 지도에는 표시가 되지 않는 이곳은 취업할 만한 곳이 전혀 없는 전형적인 하드라마우트의 빈촌에 불과한데, 오늘날에도 빈 라덴 일족의 친척들이 살고 있다. 그들은 무함마드를 사우디아라비아에서 성공한 향토의 자랑거리로 여기고 있다. 이 마을에는 그의 이름을 딴 '빈 라덴 코란학교'가 세워져 있다.

지리학자들은 아라비아반도의 남쪽을 과거에는 '아라비아 페릭스'라 불렀다. 고대 로마인들은 아라비아의 자연환경을 관찰해 ① 시나이반도를 중심으로 한 지역으로 암석이 많은 아라비아 페트라Arabia Petrea, ② 내륙부의 불모지인 아라비아 데저타Arabia Deserta, ③ 약간이지만 비가 내리는 '행복한 아라비아'란 뜻을 가진 아라비아 페릭스Arabia Felix의 3개 지역으로 구분했다. 사막을 뜻하는 영어의 'desert'는 '데저타'에서 유래한 단어다. 아라비아반도의 상당 부분은 황량한 사막으로 채워져 있지만 원래부터 사막은 아니었다.

특히 사우디아라비아 북부의 네푸드 사막은 12만 년 전에는 초원으로 일부 호모사피엔스는 호수에 들러 물을 마시고 식량을 확보할 수 있었다. 호수에는 오늘날 볼 수 있는 어떤 종보다 큰 낙타와 물소 그리고 코끼리가 자주 찾아왔다. 2020년 9월호의 『사이언스 어드밴시스』에 실린 연구논문에 따르면, 오늘날 아라비아반도는 호모사피엔스와 동물이 살기 어려웠던 광대한 불모의 사막이지만, 마지막 간빙기 당시의 아라비아반도는 지금보다 훨씬 더 푸르고 습

그림 3-8. 고대 예멘의 5대 왕국과 하드라마우트

한 환경이었다는 것이다. 로열 홀러웨이 런던대학교 지리학과의 리처드 클라크-윌슨 교수는 과거에는 아라비아반도 내륙을 차지하는 사막이 담수호와 강이 있는 드넓은 초원이었음을 밝혀냈다. 그리고 이 땅에서 인류가 남긴 발자국을 발견했다.

아라비아 페릭스에서는 기원전 1000년경부터 기원 원년에 걸쳐 찬란한 문명이 꽃피었다. 하드라마우트에서는 신석기시대의 유물들이 발견된 바 있다. 이를 통해 신석기시대의 아라비아 페릭스 사람들은 기원전 3000년경 작물화와 가축화를 수반하지 않고 채집과 수렵만으로 생활을 영위했던 것으로 짐작된다. 또한 마인, 사바, 아우산 등에서도 문명이 발생했는데, 그 이유는 유향과 몰약에 있다.

감람나무과의 식물인 유향은 당시에는 신에게 바치는 진상품으로서 주로 방향제로 사용하거나 장례용품으로 사용되었다. 화장火葬이 행해지던 로마시대에는 장례식 때 시신을 장작더미와 함께 유향을 넣어 태우는 것이 관례였다. 아마 시체가 타는 지독한 냄새를 없애기 위한 방편이었을지도 모르겠다. 서기 65년 네로 황제의 두 번째 왕비가 죽었을 때는 아라비아 유향의 1년 생산량이 모두 태워졌다는 기록이 전해 내려오고 있다.

몰약 역시 감람나무과에 속하는 식물로 당시에는 주로 화장품과 향료로 사용되었다. 이집트 최초의 여성 파라오인 핫셉수트 여왕은 그녀의 몸에서 향긋한 냄새를 나게 하기 위해 다리에 몰약을 발랐다는 기록이 있다. 그뿐만 아니라 유향과 몰약은 한국의 『동의보감』에 언급되는 등 고전 임상의학에도 사용되었다. 여성의 월경불순이나 수족마비, 두통 등의 질병에 대한 처방으로 이용되었다. 아라비아반도와 소말리아 일대가 원산지이지만 유향은 14세기 동아시아에까지 전파됐다. 오늘날에는 아랍권에서 상품화되었고 한국에서도 한약재로 재배되고 있다.

빈 라덴 가문은 아랍 남부의 명문 킨다족 출신으로 이슬람 이전 아랍의 유명한 시인의 후손이라고 주장하고 있지만 신빙성이 있는지는 불분명하다. 무함마드 빈 라덴은 1920년대 후반 혹은 1930년대 전반에 리바트 마을을 떠나 헤자즈Hejaz 지방으로 이주했다. 장벽이란 뜻의 헤자즈는 아라비아반도의 서안, 즉 홍해와 면한 해안 지방으로 메카와 메디나라는 이슬람 2대 성지가 위치한 곳이다. 역사적으로나 종교적으로 대단히 중요한 지역이다.

오늘날에는 사우디아라비아 제2의 상업 중심도시인 지다와 휴양도시로 알려진 타이프 등과 같은 비종교적 요충지가 분포하고 있다. 사우디아라비아가 헤자즈 전체를 제압한 것이 1925년이니까 당시에는 아직 사우디아라비아라고 불리지 않던 때였다. 무함마드가 이곳에 이주해 온 시기는 사우드 가문의 통치가 시작된 직후였을 것이다.

서부의 헤자즈와 사우드 가문의 본토에 속하는 중앙부의 네지드 지방은 지리적으로 볼 때 지역성이 사뭇 다르다. 네지드 지방은 폐쇄적이며 보수적인데 비해 헤자즈 지방은 개방적이며 진보적이라는 특징이 있다. 그 이유는 적절한 비교가 아닐지도 모르지만 네지드는 사막으로 둘러싸여 외부인을 경계하는 경향이 있고, 헤자즈는 홍해에 면해서 고대부터 앞서 설명한 유향과 몰약 교역의 중간 거점일 뿐만 아니라 이슬람 시대부터는 순례객의 출입이 빈번했던 곳이기 때문이다.

이야기는 다시 오사마의 아버지 무함마드 빈 라덴 이야기로 돌아간다. 무함마드는 글자도 읽지 못하는 문맹이었던 것으로 전해지고 있다. 그는 1930년경 사우디아라비아로 이주한 후, 처음에는 지다항의 벽돌공 혹은 항만노동자인 짐꾼으로 시작해 1931년 형제들과 함께 소규모 건설회사를 설립했다. 그는 일찍이 압둘아지즈 국왕의 눈에 들어왔다. 무함마드는 보행이 자유롭지 않은 국왕을 위해 왕궁에 휠체어가 다닐 수 있는 경사로를 설치하는 아이디어로 압둘아지즈의 호감을 샀다.

1940년대에는 국왕이 주최하는 마지리스Majlis라 불리는 집회의 단골 초청 인사가 되었고, 1950년대는 처음으로 지다와 이슬람 제2의 성지인 메디나를 연결하는 간선도로의 하청을 맡게 되었고, 결국 왕궁 건설 프로젝트를 따내는 데 성공했다.

무함마드는 사우디 왕족 중 특히 알 사우드의 동생인 파이살과 친분이 두터웠다. 1964년 알 사우드와 파이살 사이에 권력투쟁이 벌어져 알 사우드 국왕은 물러나고 파이살이 국왕이 되었다. 이 과정에서 그는 상당한 역할을 했고 그 공로로 공공사업부 장관에 임명되었다. 장관직을 수행하는 동안 그는 억만장자가 되었다.

이를 계기로 빈라덴 그룹은 정부의 공공사업을 연속적으로 수주해 대기업으로 성장할 수 있었다. 2016년 전까지만 하더라도 사우디 빈라덴 그룹SBG은 모르는 사람이 없을 정도로 알려진 중동의 대기업이었다. 한국의 기업들과도 함께 사업을 벌이기도 했다. 지다에 본부를 둔 SBG는 빈 라덴 가문 소유의 종합건설회사이지만, 2016년 원유가의 폭락으로 구조 조정을 해야만 했고, 2017년에는 부정행위가 적발되어 그룹 회장이 구속되는 사태에 직면했다.

오사마는 아버지의 영향을 많이 받았고 그를 존경했을 것으로 짐작된다. 왜냐하면 오사마는 그의 아버지를 지칭할 때 '샤이프saif'란 경칭을 사용했는데, 샤이프는 아랍어로 교단 활동에서 제자를 거느릴 수 있는 장로의 의미를 갖는 호칭이기 때문이다. SBG는 중요한 종교시설의 재건과 확장사업을 맡았다. 메카의 2대 모스크인 '메디나의 예언자의 모스크'와 '알-하람 모스크'의 재건사업 역시 이 그룹이 수주했다.

이슬람의 3대 성지로 메카, 메디나, 예루살렘을 꼽는데, 오사마의 아버지 무함마드가 대단히 경건한 인물로 알려진 이유가 바로 하루에 3대 성지의 모스크를 직접 찾아가 예배를 드렸기 때문이다. 물론 비행기 덕분에 가능했던 일이지만 아무리 부자라도 누구나 할 수 있는 일은 아니다. 지금은 예루살렘이 이스라엘에 의해 점령된 상태이므로 불가능하다. 무함마드는 순례 때 항상 여러 순례객들을 지다에 있는 자신의 집에 초대했다. 이 관습은 그가 사망한 후에도 자식들에 의해 계승되었다.

오사마가 존경한 아버지 무함마드는 1960년대 말에 항공기 사고로 사망했다. 그때 오사마의 나이는 10세 정도에 불과했다. 장례식을 주관한 것은 당시의 파이살 국왕이었다. 국왕은 무함마드의 죽음에 대해 "나의 오른팔이 잘려나갔다."라며 슬퍼했다. 이때만 하더라도 빈 라덴 가문과 사우드 왕가 간의 관계가 얼마나 친밀했는지 알 수 있는 대목이다. SBG가 건설한 리야드의 마천루 파이살리아 센터는 그 명칭에서 알 수 있는 것처럼 파이살 국왕을 기리기 위해 세워진 것으로, 킹덤타워와 함께 리야드의 랜드마크가 된 276m의 파이살 국왕재단 빌딩이다.

무함마드는 여러 부인과 수많은 자녀들을 거느렸다. 자녀가 워낙 많아서 정확한 인원은 알 수 없지만, 대략 51~54명에 달한다. 남자 형제 중 오사마가 17번째 아들이라는 설이 유력하다. 오사마는 1997년 파키스탄 언론매체와의 기자회견에서 남자 형제가 25명이라고 말한 것 이외에는 가족에 대해 언급한 적이 거의 없다. 25명 역시 불분명하다.

무함마드 빈 라덴의 열 번째 부인인 시리아 하미다 알-아타스는 당시 알리아 가넴Ghanem이라고 불렸다. 모계인 가넴 일족 역시 예멘 출신인 것으로 밝혀졌다. 오사마의 아버지와 어머니의 혼인은 같은 예멘 출신이었기 때문에 용이했을 것으로 추정된다. 생모는 매우 세속적인 여성으로 니캅이나 부르카를 착용하지 않았다고 한다.

아버지는 오사마가 태어난 후 곧 생모와 이혼했다. 생부는 가넴을 동료인 무함마드 알-아타스에게 추천했다. 알-아타스는 1950년대 후반이나 1960년대 초에 가넴과 결혼했다. 자신의 전처를 친구에게 중매한 셈이니 우리로서는 이해하기 어렵다. 그 부부는 4명의 자녀를 낳았고, 오사마는 이복형제 3명, 이복 여동생 1명과 함께 새 가정에서 살았다. 어린 오사마는 생모의 재혼 후 얼마 동안은 계부인 알-아타스와 함께 생활했다.

오사마 형제들이 1971년 스웨덴의 팔렌으로 휴가 갔을 때 찍은 사진에는 22명의 이복형제들의 화목한 모습이 담겨 있다. 동그라미 안의 소년이 14세의 오사마일 것으로 추정된다. 여형제들 중 히잡을 쓴 사람은 전무했다.

서자였던 오사마는 친부의 사망으로 입지가 더 약해졌다. 오사마의 가족 중 가장 많은 화제를 뿌리고 다닌 사람은 와파 두푸르였다. 그녀는 오사마의 이복형제인 예슬람의 딸인데, 예슬람은 오래전 스위스로 이주해 스위스 시민권

그림 3-9. 스웨덴에서 촬영한 오사마 형제들 사진

을 갖고 있으며 이란계 여성과 결혼했다. 와파는 미국에서 태어나 유년시절부터 서구 문명을 누렸고, 삼촌 오사마가 9·11테러를 사주했을 때는 뉴욕의 컬럼비아대학교 로스쿨 학생이었다. 그녀는 속옷모델로 활동한 적 있지만, 지금은 가수 겸 작곡가로 활동하고 있다.

오사마 생모에 대해서도 아버지와 마찬가지로 불분명한 점 투성이다. 그의 어머니가 팔레스타인 출신이거나 사우디아라비아 출신 혹은 시리아 출신이라는 설이 분분했다. 오사마의 생모는 아들을 한 명 낳고 곧 이혼했으므로 그가 유일한 자식이지만 배다른 형제가 많았기 때문에 정확한 서열은 알 수 없다. 그러나 이혼 후에도 오사마와 연락을 지속해 1990년대 초반 오사마가 수단에 머무를 때도 서로의 안부를 물었고, 2001년 초 그녀의 손자인 오사마의 아들이 아프가니스탄에서 결혼식을 치를 때도 참석했다.

오사마의 생모가 노예 출신일 가능성도 제기되었다. 사우디아라비아에서는 1962년까지 노예제도가 존속하고 있었다. 따라서 그의 생모가 노예 혹은 첩이었을 가능성이 전혀 없는 것은 아니다. 그의 아버지가 아들 하나 낳고 이혼한 첩이라는 관점에서 생모는 남편에게 사랑을 받지 못했을 것으로 추정된다. 아무튼 오사마는 자신의 입지를 굳히기 위해 배다른 이복형제들보다 더 노력을 해야만 했을 것이다. 다른 형제들은 출자가 확실한 어머니를 두었지만 오사마는 그렇지 못했기 때문에 이복형제들과 치열한 경쟁을 했을 것을 짐작할 수 있다.

「뉴욕타임스」가 오사마의 생모 알리아 가넴이 시리아 출신으로 알라위파에 속한다고 보도한 적이 있다. 이슬람이 다수파인 수니파와 소수파인 시아파로 구분되었다는 것은 널리 알려진 사실이지만, 알라위파는 시아파의 하위분파에 속하는 종파로 매우 비밀스러운 색채가 농후해 이슬람이 아니라고 주장하는 사람들도 있을 정도다. 특히 사우디아라비아 종교계의 보수파에서는 시아파 자체를 이단시하는 경향이 강한데, 더욱이 그 하위분파라고 하면 더 말할 나위 없다.

알라위파는 주로 시리아의 라타키아 주변의 산악지대에 분포한다. 고대 지명은 시리아의 라오디케아였으나, 636년 이슬람 제국령이 되어 아랍식 지명인 알-라디키야로 불리게 되었다. 시리아의 아사드 전 대통령과 그의 아들인 바샤르 알 아사드 현 대통령이 알라위파에 속한다.

무슬림 중 알라위파에 속하는 사람들은 자신들이 그 종파임을 숨기는 경향이 있고, 오사마 일족 역시 그 사실을 부인하고 있다. 이라크 전쟁 후 알카에다가 미군뿐 아니라 시아파에 대한 테러를 가할 때도 오사마만큼은 시아파에 대한 언급을 일체 하지 않았다. 오사마의 유년시절 지인들의 증언에 따르면 그는 이혼과 사별을 계속하던 아버지보다 어머니와의 관계가 더 친밀했다고 한다. 심리적으로 볼 때 이런 환경이 오사마의 인격 형성에 어떤 형식이든 영향을 미쳤을 것이라고 추론할 수 있다.

영국의 「타임스」 역시 오사마의 생모에 대해 시리아 출신이라 보도한 바 있는데, 앞에서 설명한 내용과 약간 다르다. 그녀는 남편과 사별 후 지다의 사업가 무함마드 알-아타스와 재혼했다고 한다. 이 신문은 그녀의 이름을 가넴이 아니라 재혼해 바꾼 이름인 하미다 알-아타스라고 보도했다. 아타스라는 이름은 예멘의 하드라마우트 출신자 중에 매우 흔한 이름이다. 그녀는 같은 동포인 예멘 출신을 재혼 상대로 고른 것이다.

무함마드 빈 라덴 가문의 장남인 살렘 빈 라덴은 빈 라덴 그룹을 계승하게 되었다. 살렘은 성격이 매우 쾌활하고 통솔력 있는 인물이었던 것으로 소문이 나 있었다. 하지만 그 역시 아버지 무함마드가 그랬던 것처럼 공교롭게도 비행기 사고로 사망했다. 그 후에는 오사마의 다른 이복형이 계승했고, 다른 이복형들은 미국, 스위스, 이집트, 말레이시아 등지에 해외지사를 맡고 있다.

11

오사마 빈 라덴

1998년의 알자지라 방송에 의하면, 오사마 빈 무함마드 빈 아와드 빈 라덴 Osama bin Mohammad bin Awad bin Laden은 신의 은총으로 헤지라력Hijirae 1377년 아라비아반도 리야드의 알 마즈 지구에서 무슬림 부모로부터 태어났다. 헤지라력은 이슬람력을 뜻하며 1377년을 서력으로 환산하면 1957~1958년에 해당한다. 미국에서는 오사마가 1955년생이라는 설이 일반적이다. 초기 FBI 및 인터폴 문서에는 오사마의 출생지를 지다로 기록했다.

그러나 정확한 그의 출생은 아무도 모른다. 출생 연도뿐 아니라 그가 태어난 날짜는 오사마 자신이 밝힌 바가 전혀 없으므로 더욱 알 수 없다. 미국 의회보고서에는 1957년 7월 30일생이라 단정하고 있고, 어느 언론에서는 1957년 3월 10일이 정확하다고 보도한 적이 있다. 사우디아라비아에서는 국왕의 생년월일조차 알 수 없을 정도이니 이상할 것도 없다. 온라인 백과사전인 '위키피디아'에는 1957년 3월 10일이라고 밝히고 있다.

오사마의 이름을 아랍어로 번역하면 '라덴의 아들의 아와드의 아들의 무함마드의 아들 오사마'라는 뜻이 된다. 통상적으로 아랍어에서는 누구의 자식임을 나타내기 위해 본인 이름–아버지 이름–할아버지 이름과 더불어 본인의 출신지나 가문명을 붙이는 형태로 명명된다. 따라서 오사마의 아버지는 무함마드이고 할아버지는 아와드가 된다. 마지막 라덴은 증조할아버지가 아니라 먼 조상을 가리킨다. '오사마'와 '라덴'은 영어식 표기이며 원래는 우사마 Usāma 그리고 라딘Lādin으로 불리기도 한다. 결론적으로 우사마 또는 오사마가 사실상 그의 이름이고 빈 라딘 또는 빈 라덴은 아랍어 기준에서는 성씨에 해당한다. 그러므로 이 책에서는 가급적 오사마라 부르고 있다. 오사마의 아들 오마르 빈 라덴에 따르면 가족의 세습 성은 알–카타니Al-Qahtani이지만, 빈 라덴의 아버지 무함마드 빈 라덴은 공식적으로 그 이름을 등록하지 않았다고 한다.

오사마란 이름은 아랍어로 '라이온', 즉 사자란 뜻을 지닌다. 무함마드가 그의 아들이 사자를 닮아 씩씩하게 자라주길 바라는 마음에서 그와 같은 이름을 지어주었다고는 생각되지 않는다. 아니나 다를까, 오사마는 1998년 12월 23일 알자지라 방송과의 인터뷰에서 아버지가 자신의 이름을 '선지자의 존경받는 동반자' 중 한 명인 오사마 빈 자이드Osama bin Zaid의 이름을 따서 지었다고 설명했다.

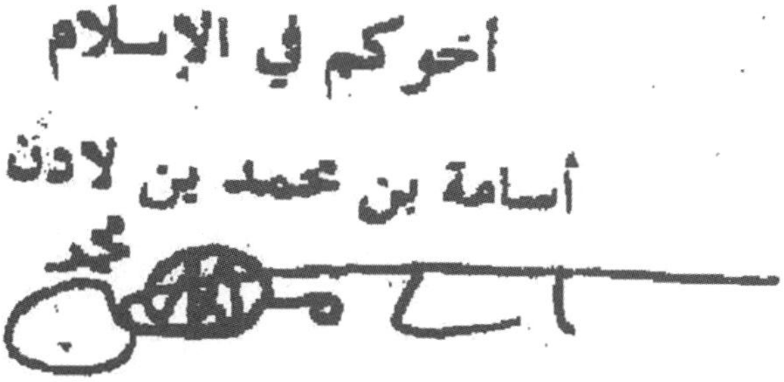

그림 3–10. 알자지라 방송이 공개한 오사마의 서명과 아랍어 필체

오사마는 문서에 공식적인 서명이 필요할 경우 오사마 빈 무함마드 빈 라덴이란 이름을 사용했다. 사우디아라비아에는 빈 라덴 이외에도 중동의 영화 속 인물처럼 빈 OO라는 성씨가 몇 개 존재한다. 이것은 모두 예멘 출신이란 사실을 시사한다. 예멘 중에서도 특히 하드라마우트에서 빈 OO이란 성씨를 발견할 수 있다. 이는 빈 라덴 가문이 예멘의 하드라마우트로부터 유래했음을 말해 주고 있다.

오사마가 유명해지면서 오늘날 세계 각지에는 새로 태어나는 아이들에게 오사마란 이름을 지어주는 것이 유행하고 있다. 이는 마치 서방세계에서 알렉산더 대왕의 이름을 따서 알렉스라 불리는 것이 유행한 것과 유사한 현상이다. 이란 이라크 전쟁 중에도 동일한 현상이 있었다. 아랍세계의 대의를 표방하던 이라크의 당시 대통령 사담 후세인의 이름을 따 페르시아만 일대의 아랍 여러 나라에서는 아들 이름에 '사담'을 붙이는 경우가 속출한 적이 있다. 그 후 이라크가 쿠웨이트를 침공하자 서둘러 이름을 개명하는 소동이 일어나기도 했다.

오사마는 앞서 잠깐 소개한 것처럼 건설업 관련 갑부 가문인 빈 라덴 집안의 52명의 자식 중 17번째 아들로 태어났다. 자식들이 많다고 생각되지만 일부다처제의 아랍권이라면 이해가 갈 것이다. 우리나라도 과거에는 영아사망률이 높았고 다산의 전통이 있었던 것과 유사하다. 오사마의 생모 알리아 가넴은 2미터가 넘는 장신이었다고 하니 192센티미터 장신의 오사마는 모계의 유전자를 물려받은 것 같다.

오사마는 성장해 생모의 자매인 이모의 딸과 1974년 17세의 나이로 두 살 연상의 여인과 처음 결혼했다. 첫 번째 부인 나주와 가넴Najwa Ghanem에 의하면 오사마는 모두 여섯 번 결혼해 20여 명의 자식을 두었다고 한다. 파키스탄 아보타바드에서 오사마와 함께 살해된 아들이 하리두라면 그는 네 번째 부인

그림 3-11. 함자 빈 라덴

의 아들이고, 함자Hamza라면 세 번째 부인의 아들이다. 영국의 「가디언」 보도에 따르면 오사마와 사바르 사이에 태어난 외동아들 함자는 9·11테러의 주범으로 AA11편이 세계무역센터에 충돌할 때 조종간을 잡았던 무함마드 아타의 딸과 결혼했다.

오사마가 가장 사랑하던 함자는 그의 후계자가 되길 희망했었다. 미 국무성은 2019년 2월 28일 함자에게 100만 달러의 현상금을 내걸었다. 그러나 트럼프 대통령은 2019년 9월 14일 아프가니스탄과 파키스탄 접경에서 벌인 대테러작전으로 2017~2018년 사이에 함자가 사망했다고 CNN을 통해 보도했다.

아무튼 오사마가 살해될 때 그의 곁에는 세 명의 여인이 있었고 최음제와 각종 음란 비디오가 발견되었다. 극도로 자기절제와 금욕생활을 하던 오사마에게 왜 이런 것들이 필요했는지 궁금하다. 현장에서 살아남아 파키스탄 당국에 구속된 또 한 명의 여자는 25세 연하의 아말인데, 오사마와의 사이에서 3명의 자녀를 낳은 그녀 역시 예멘 출신이다. 「뉴욕타임스」는 오사마가 사망 전까지 3명의 아내와 12명의 자녀, 손주들과 함께 파키스탄 은신처에서 지냈으며, 사망할 당시 그의 부인들 나이는 28~62세였고, 자녀들의 나이는 3~35세였다고 보도했다.

오사마가 소지하고 있던 음란물이 단순한 감상용인지 스테가노그래피steganography에 사용하기 위한 것인지에 대한 의견이 분분했다. 스테가노그래피란 영상이나 오디오 파일에 비밀 메시지를 감추어 그 정보의 존재 자체를 숨기는 보안 기술로, 알카에다와 같은 테러 조직이 위장 포르노 사이트를 운영하면서 자신들끼리 은밀하게 메시지를 주고받는 데 사용하기도 했다. 오사마는 9·11테러를 준비하면서 명화 '모나리자의 미소' 사진 속에 비행기 도면을 숨겨 알카에다에게 단달한 바 있다.

그림 3-12의 3D 지도에서 우리는 오사마 가문이 모두 산악 지방 출신이라는 공통점에 주목할 필요가 있다. 산악지형에 익숙한 사람들은 평야지대에서 지평선만 바라보고 살면 발을 땅에 디디지 못한 채 허공에 뜬 것 같은 기분을 느낀다. 지리학에서 사용하는 '지형순화地形馴化'란 용어는 인간이 주어진 지형에 익숙해지는 것을 뜻하는데, 산악지대에서 생활하다 보면 지형의 영향을 받아 인간의 품성이 강인해지고 거칠어지기 쉬우며 전체성을 갖게 되는 등 자

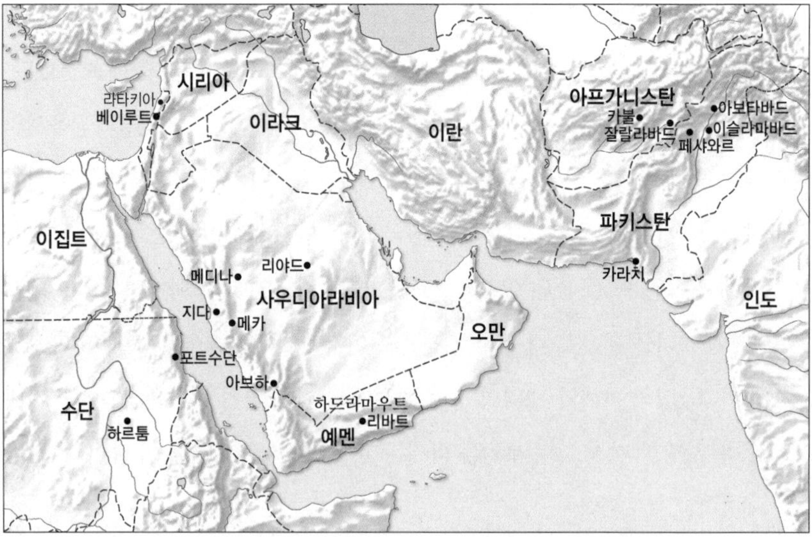

그림 3-12. 3D 지도로 본 오사마와 빈 라덴 가문의 관련 도시 분포

연환경이 인간의 품성을 결정한다고 보는 개념이다. 예멘의 하드라마우트, 시리아의 라타키아 모두 산악 지방에 속하며, 오사마가 성장한 사우디아라비아의 리야드 역시 고원지대에 속한다. 오사마는 1996년 어느 언론매체와의 인터뷰에서 이렇게 말한 적이 있다.

> 나는 수단에 돌아가지 않겠다. 수단과는 관계를 맺지 않고 싶기 때문이며, 우리가 살아야 할 곳은 산악지대이기 때문이다. 이라크에는 선택할 만한 곳이 없다. 내게 고르라면 아프가니스탄이거나 예멘이다. 예멘에는 산이 있고 예멘인들은 무장한 부족민이다. 그곳에는 모욕당하는 일도 없이 깨끗한 공기를 마시며 살 수 있다.

이와 같은 기사 내용으로도 오사마의 예멘에 대한 깊은 동경과 혈연으로 맺어진 애정은 물론 그가 산악지향형 인간임을 엿볼 수 있다. 오사마는 리야드에서 태어났지만 그 후 메디나로 이주했다. 그는 1999년 알자지라 방송과의 인터뷰에서도 "알라 덕분에 우리는 내가 출생한 6개월 후에 서광이 넘치는 메디나로 이사했다. 나는 그 후 인생을 헤자즈 지방에서 보내게 되었다. 메카, 지다, 메디나 사이를 오가면서 말이다." 그는 초등학교부터 대학까지 지다에서 학교를 다녔다.

사우디아라비아의 교육제도는 한국과 동일하다. 통상적으로 도시에서는 초등학교부터 고등학교까지 법률로 정해진 것은 아니지만 의무교육이며 대학진학률이 높은 편이다. 특히 킹 압둘라 과학기술대학의 경우는 2016년과 2017년 2년 연속으로 QS 세계대학평가에서 교수 1인당 논문 피인용지수 1위를 차지하기도 했을 정도로 수준이 높다. 보수적인 사우디아라비아의 분위기와는 달리 인재 유치에 대해서는 오일머니를 펑펑 쓰기 때문에 세계 각지에서

인력이 몰려들고 있다.

국가 예산 중 교육이 차지하는 비중이 매우 높은 편이며 공립학교는 기본적으로 무상교육을 채택하고 있다. 다만 1992년에 공포된 통치기본법에 따르면, 이 나라의 교육 목적은 젊은 세대의 마음에 이슬람의 가르침을 침투시켜 그들의 지식과 기술 획득을 돕고, 사회에 나가 유익한 구성원이 되며 조국을 사랑하고 역사에 자부심을 갖도록 준비하는 것이다. 따라서 사우디아라비아의 교육은 무엇보다 이슬람의 가르침에 중점을 두고 있으므로 종교수업이 교과 과정 중 가장 큰 비중을 차지한다.

실제로 사우디아라비아 국민들과 이슬람에 대한 대화를 나눠보면 매우 해박하다고 느껴진다. 그러나 이 나라에서는 리버럴한 인간성은 무시당한다. '리버럴'이란 말은 보수적인 사람이 타인을 가리키는 말로 아랍어로 표현할 때는 나쁜 의미를 갖는다. 거의 무신론자라는 뜻에 가깝다. 사우디아라비아에서 이 단어는 세속주의자란 단어와 함께 그 존재가 허용되지 않는다.

사우디아라비아는 교육뿐 아니라 사회적으로도 아랍세계 중에서 대단히 보수적인 편이다. 일부다처제는 물론 여성탄압 또한 그러하다. 왜 여성은 자동차를 운전하지 못하고(2018년부터 허용됨) 스포츠를 관람하지 못하는지, 왜 절도범의 손목을 잘라야 하는지, 왜 술을 마시면 안 되는지 등에 대한 질문의 답은 대부분은 정해져 있다. 그런 질문은 아예 토론의 대상이 되지 못한다. 고등학교 종교 교과서에는 "무슬림에게 있어서 서로 존중해야 함은 의무이며, 또한 이교도를 적으로 간주하는 것도 의무다."라고 가르치고 있다. 물론 사우디아라비아보다 더욱 보수적인 아프가니스탄과 같은 나라도 있긴 하다.

오사마가 위에서 설명한 내용의 교육을 받았는지는 알 수 없다. 그가 다닌 중고등학교는 부자의 자제가 많은 사립학교였다. 이런 사립학교에서는 정부의 교육방침과 달리 서구형 교육을 적용하는 경우가 허다하다. 오사마가 다닌

학교도 그럴 가능성이 높다. 오사마는 유년시절 부끄럼을 잘 타는 내성적 성격이었던 것으로 전해지고 있으며, 오사마의 가정교사는 그를 말 없고 소심한 아이로 기억하고 있었다.

무함마드 빈 라덴의 아들들 중 오사마는 장기간에 걸친 해외여행을 자주 하지 않아 외부에 많이 노출되지 않았지만, 영국에서 교육을 받은 유일한 아들이었다. 오사마는 이슬람 종교를 가르치는 학교에는 다니지 않았다. 이것에 관해서 의견이 엇갈리는 부분도 있다. 그럼에도 불구하고 오사마는 『코란』은 물론 이슬람 역사와 예언자의 언행인 순나에 관해 깊이 알고 있었고, 그의 지식은 그가 나중에 학교에서 배운 수준을 훨씬 뛰어넘을 정도였다. 이는 그의 인생관이 이슬람의 가르침만으로 형성되었음을 시사하는 것이다.

『빈 라덴 일족: 미국 세기의 아랍 가문』이란 책을 저술한 미국의 저널리스트 스티브 콜Steve Cole은 2008년 4월 독일 「슈피겔」과의 인터뷰에서 "오사마는 축구를 할 때도 긴 바지를 입어야 했던 수줍음을 많이 타는 소년이었다."라고 회고했다. 와하비즘에 대한 절대적 믿음이 수줍음을 타던 소년을 진정한 이슬람세계의 실현을 위한 '지하드 전사'로 바꿔놓은 것이다. 믿음과 신앙이 이렇게 무서운 것인가?

와하비즘은 자칫하면 더 나아가 이슬람권에서 금기시하는 탁피리즘Takfirism에 빠질 위험성이 내재되어 있다. 탁피리즘이란 와하비즘에서 파생된 이념으로 세계를 이슬람을 믿는 사람과 믿지 않는 불신자로 구분하고 불신자들을 무조건 배척해야 한다는 수니파의 근본주의를 말한다. 탁피리즘의 신봉자들은 『코란』에 기초한 칼리프Caliph 국가를 만드는 것이 그들의 임무라고 생각한다.

탁피리스트는 이슬람의 이념에서 일탈하는 모든 세력에 대한 무자비하고 단호한 응징을 통해 이슬람공동체를 건설해야 한다면서 반이슬람 행태에 관해서는 수단과 방법을 가리지 않는 투쟁 노선을 주장하므로 위험한 존재다. IS가 추구하는 이념이 바로 탁피리즘이다. 사우디아라비아 최고의 종교권위자 압둘아지즈 알샤이프가 "IS는 이슬람의 제1의 적이다."라고 강하게 비판한 것도 이런 위험성 때문이었다. 오죽하면 알카에다가 IS의 잔인한 행동에 자신들의 책임이 없다는 성명까지 발표했을까. 오사마의 오른팔로 불리던 아부 카타다도 IS를 '지옥 불구덩이의 개'라고 비난한 바 있다.

오사마의 고교시절에 관해서는 두 가지 소문이 있다. 하나는 지극히 성실해 신앙심이 두터웠고 고교시절부터 종교단체, 즉 이슬람 조직과 관계를 맺었었다는 것이고, 또 하나는 부유한 집안의 자식답게 방탕했다는 설이다. 일설에 의하면 오사마가 학교를 그만두고 1973~1975년간 레바논에 가서 베이루트의 주점과 나이트클럽을 돌며 술을 마셨다고 한다. 이것이 헛소문이라는 설도 있고, 호기심 그 이상도 그 이하도 아니라는 옹호론도 있다.

당시의 레바논은 '근동의 파리'라 불릴 정도로 아랍세계에서 가장 환락적인 도시였다. 이때만 하더라도 수많은 아랍인들이 베이루트 근교에 별장을 소유하고 밤이면 밤마다 번화가를 누볐다. 이 소문은 오사마가 단골로 애용하던 주점의 종업원이 증언에서 비롯되었다. 그는 베이루트의 나이트클럽에서 씀씀이가 좋은 청년으로 평판이 나 있었다. 어느 쪽 소문이 맞는지 알 수 없지만, 두 가지 소문이 있었던 것만큼은 분명하다.

오사마는 1974년 17세 나이에 처음 결혼해 1977년경 장남 압둘라를 낳았다. 일반적으로 빠른 결혼으로 보이겠지만, 사우디아라비아의 전통적이며 부유한 가정에서는 흔한 일이다. 오사마는 은신처에 갇히기 몇 해 전 아들들을 강인하게 만들고자 고군분투했다고 한다. 그는 아들들에게 웃을 때 치아를 너무 드러내지 말고 표정 관리에 유의하라고 가르쳤으며, 맹렬한 더위 속에서 힘든 하이킹을 시키고, 음식과 물을 제한했다. 특히 냉장고나 에어컨 등의 사용도 허용하지 않았으며, 사소한 실수도 용납하지 않았다.

1997년부터 2001년까지 오사마의 개인 경호원이었던 나세르 알-바리는 『빈 라덴의 그림자』와 『빈 라덴 회고록: 나의 알카에다 인생』에서 오사마의 개인적인 삶을 자세히 묘사했다. 앞의 책은 프랑스 기자와 공동으로 집필했다. 그는 오사마를 검소한 남자이자 엄격한 아버지로 묘사하며, 사막에서 여행과 소풍하는 모습을 촬영하기 위해 대가족을 데려가는 것을 즐겼다고 기술했다.

이슬람세계에서는 조혼早婚이 장려된다. 보수적인 이슬람 사회에는 풍속산업이 전무하기 때문에 젊은 남성들의 성적 욕구를 해소할 곳이 없으므로 일찍 결혼하는 풍습이 생긴 것이다. 일단 결혼한 후 성욕을 만끽하는 것이 무슬림의 일반적인 사고방식이다. 그러나 가난한 가정의 경우는 신부 측에 상당 액수의 결혼지참금인 마흐르mahr를 지불해야 하므로 조혼이 어렵다. 그래도 결혼해야 한다. 이슬람법에서 모든 무슬림의 결혼은 의무사항이기 때문이다.

부부 이외의 성행위는 중대한 범죄다. 간통죄를 범한 자는 돌을 던져 죽이는 투석형에 처해진다. 사우디아라비아에서는 개인이 아니라 가족이 사회의 기초라는 관념이 매우 강하다. 간통은 사회의 근간을 이루는 가정을 파괴하며 나아가 사회를 파괴하는 행위이므로 살인보다 중형에 처해진다. 살인의 경우는 참수형인 것에 비해 간통은 투석형이다.

2001년 11월 13일자 「로스앤젤레스타임스」와 2011년 5월 5일 CNN의 보도에 따르면, 오사마는 시리아의 라타키아에서 나주와 가넴과 결혼했는데, 나주와는 2001년 9·11테러를 앞두고 그와 이혼했다. 그는 가넴 이외에 5명의 여인과도 결혼했으며 1983년 하디자 샤리프, 1985년 첫째 부인의 주선으로 결혼한 하이리아 사바르, 1987년 시함 사바르, 2000년 아말 알사다, 시함과 아말 사이에 신원이 불분명한 여인과 결혼한 것으로 알려져 있다.

다섯째 부인 아말의 오빠인 자카리야는 2020년 6월 12일 영국의 「선데이 타임스」와의 인터뷰에서 오사마는 자녀와 손자들에게 "유럽과 미국에 유학해 좋은 교육을 받아라. 공부해서 평화롭게 살아야 하고, 내가 하는 일이나 그동안 해 왔던 일은 하지 말라!"라고 말하면서 자녀들에게 테러 활동을 하지 말고 서구의 대학에 진학할 것을 조언했다고 한다.

피터 버겐Peter Bergen의 2006년 저서 『내가 아는 오사마 빈 라덴』에 따르면 오사마는 2001년 미군 공습을 피해 아프가니스탄의 은신처였던 토라보라를 떠나기 전에 작성한 유언장에서 아내들의 지지에 감사를 표하고 자녀들과 더 많은 시간을 함께하지 못한 것에 대해 용서를 구했다. 그러면서 오사마는 자녀들에게 "너희들은 알카에다와 일하지 마라."라는 유언을 남겼다. 30년간 오사마를 추적한 버겐은 전술한 오언과 함께 미 해군 특수부대가 벌인 넵튠 스피어 작전으로 오사마의 은신처를 급습해 오사마를 사살했던 특전대원 출신이다.

오사마의 일기 속에는 "테러가 지겹다."라는 표현까지 써 가며 마치 봉인이 해제된 듯한 말투로 테러에 대한 회의가 일고 있음이 나타나 있고, 심지어는 종교TV를 시청하면서 자신이 느낀 종교관에 대한 흔들림을 표현하기도 했다. 우리는 오사마의 인간적 회한을 엿보면서 오사마의 유언이 미루어 짐작건대 사실일 거라고 판단할 수 있다. 일기장의 존재는 확실하지만, 그 내용의 진위 여부는 CIA가 공개를 거부하고 있어 확인할 길이 없다. 그러나 미국 정부는 오사마의 일기와 함께 그의 은신처에서 획득한 테러 관련 정보를 일부 국가와 공유하고 있다고 밝힌 바 있다.

2002년 3월 12일에 CNN은 오사마가 모두 20~26명의 자녀들을 두었다고 보도했다. 오사마와 가장 젊은 아내였던 아말 사이에는 세 명의 자녀가 있었다. 오사마의 자녀들은 9·11테러 이후 대부분 이란으로 도피했고, 이란 정부가 그 후 이들의 주거지를 관리하고 있는 것으로 추정된다.

오사마의 아들 중 넷째인 오마르Omar 빈 라덴이 있다. 그는 유년시절 태권도를 배운 적이 있으며, 14세 때부터 알카에다 훈련캠프에서 생활했고, 1996년부터 아버지를 따라 아프가니스탄에서 활동했다. 외모는 아버지를 닮았지만 모계의 유전으로 그림에 재능이 있었다. 오마르는 "외가 쪽에 예술적 재능을 타고난 분들이 몇몇 있다. 어머니도 그림 그리기를 매우 좋아하고 여동생도 예술적 재능이 있다."라고 회고한 바 있다. 그리고 외삼촌은 아주 훌륭한 예술가라며 그들의 예술적 열정은 유전이라고 전했다. 그의 그림은 대부분 달빛이 비치는 나일강의 사막이나 황야를 그린 풍경화였다.

오사마는 한때 그를 후계자감으로 지목했었다. 그러나 오마르는 아프가니스탄에서 어느 저격수의 총알이 자신을 스쳐 지나갔을 때 전쟁의 어리석음을 온몸으로 깨닫고 9·11테러가 발생하기 전 아버지와 결별하고 캠프를 떠났다. 그는 "폭력을 지켜보는 것이 괴로웠고, 아프가니스탄에서의 생활은 끔직했다."라고 2010년 그의 회고록『빈 라덴 성장기』와『오사마 빈 라덴: 가문의 초상』에서 회고한 바 있다. 오마르는 아버지 오사마와 달리 산보다는 광활한 사막의 모래언덕과 출렁이는 바다를 그리워하며 살았다. 그에게 토라보라는 그저 악몽일 뿐이었다. 또한 오마르는 아버지와 달리 아랍풍의 복장보다 서구풍의 양복이나 청바지를 즐겨 입었다.

오마르는 2007년 여름 영국 국적의 24살 연상 제인 펠릭스 브라운과 재혼했다. 당시 그녀는 51세로 다섯 번째의 결혼이었고, 오마르는 두 번째 결혼이었다. 두 사람은 2006년 이집트 여행에서 만나 정열적인 사랑에 빠지게 되었다. 그녀는 2007년 7월 12일 영국의「타임스」와의 회견에서 다음과 같이 말했다.

> 나에게 그는 오사마 빈 라덴의 아들이 아니라 내가 사랑하는 남자일 뿐이다. 이 점을 이해해 주고 나를 너무 나무라지 말기를 바란다. 내 남편 오마르는 군대에 머물러 전투하는 게 옳지 않다고 판단해 7년 전 아버지를 떠났다. 두 사람은 그 이후 서로 왕래가 없었고, 심지어 자기 아버지가 9·11테러의 주범인지 아닌지조차 모른다. 우리 부부에게 쏟아지는 세계적 관심을 중동 평화 증진에 이용하고 싶다. 세계 제1의 수배자 아들이 영국 여성과 결혼했으니 당연히 관심이 뒤따를 줄 알았다.

그녀는 시아버지인 오사마에 대해 어쩌면 당돌하게 다음과 같이 언급했다.

> 남편의 아버지를 만나고 싶은 단 한 가지 이유는 9·11테러를 실제로 저질렀는지, 만약 그렇다면 왜 그랬는지 묻기 위해서다.

이들의 결혼에 대해 레바논의 「데일리 스타」는 갈등의 역사를 보여 온 중동과 서방이 화해할 수 있다는 것을 보여 준 상징적 사건이라 평가한 데 비해, 영국의 「알-쿠드스 알-아라비」는 다섯 번이나 이혼을 한 서방 여성이 자신의 명성을 위해 오마르에게 접근한 것이라고 비난했다. 이슬람세계의 여론은 대체적으로 냉담했다.

2020년 5월 19일 오마르는 영국의 유명한 시사주간지 「뉴 스테이츠먼」에서 "나는 입바른 소리를 잘하는 성격이어서 정치인이 될 수 없다. 유엔에서 일하면서 세계 평화 증진에 기여하고 싶다."라고 말한 적이 있다. 하지만 프랑스, 영국, 스페인 정부는 2010년 오마르를 기피인물로 낙인찍어 비자를 발급하지 않았다.

이슬람세계에서 아내를 여럿 두는 일부다처제는 마호메트로부터 시작되었다. 그와 결혼한 여성의 수는 13명에 이르렀다. 대다수의 아내들이 과부였던 것에서 알 수 있듯이 그가 여색을 밝힌 것은 아니었다. 당시 일부다처제는 아라비아반도의 특성상 유목민인 데다가 숱한 전쟁과 원거리 교역의 여정으로 남자들이 일찍 죽게 되자 자녀를 가진 과부를 위해 생겨난 전통 중 하나로 자리 잡았다. 또한 무엇보다 이슬람을 창시하고 그 세력을 넓혀 나가는 과정에서 정략적 차원에서 결혼이 성사된 것이기도 하다.

마호메트는 말했다. "네 마음에 드는 여자 두셋 또는 넷을 아내로 삼아라!" 이로부터 샤리아에서는 아내를 4명까지 허용하기 시작했다. 일부다처제는 여초현상을 해결할 수 있는 방책이기도 했다. 그는 "여러 아내를 공평하게 대할 자신이 없으면 하나만 취하라!"라고 말하면서 그는 마지막 설교에서 "형제들이여, 여성을 소중히 여기라!"라고 강조하기도 했다.

오사마가 고등학교를 스웨덴에서 다녔다는 소문이 있지만, 사실 지다의 명문 고등학교인 알타거 모델스쿨Al-Thager Model School을 다녔고, 사우디아라비아의 명문 왕립 압둘아지즈 대학교를 졸업했다. 이 대학은 2021년 QS세계대학평가에서 143위를 차지한 바 있고, 한국연구재단이 발표한 '2010~2020년간 SCI 논문 전체 대비 피인용 상위 1% 논문비중'에서는 5위를 차지한 명문대학이다.

빈 라덴 일족의 대부분이 구미의 명문대학에 유학했던 것에 비해 오사마가 자국의 대학을 선택한 것은 예외적인 일이다. 오사마의 형제들은 각각 미국의 하버드 로스쿨과 로스앤젤레스의 서던 캘리포니아 대학, 보스턴의 터프츠 대학 등에 유학한 바 있다. 그가 전공한 분야는 행정학 또는 토목공학 등의 여러 설이 있지만, 본인은 경제학과 경영학을 전공했다고 말했다.

그의 아버지는 오사마에게 가업에 보탬이 되는 토목공학 전공을 권유했을 것으로 짐작된다. 세 개 분야 중 어느 분야가 주전공이고 어느 분야가 부전공인지는 불분명하다. 도목공학을 배우면서 나이너마이트 다루는 법을 배운 것이 그가 훗날 지하드를 벌이는 데 도움이 되었을 것이다. 더욱이 오사마는 사우디아라비아와 수단에서 도로공사에 참여한 바 있다. 그는 대학생활 중 취미활동으로 유도를 배웠고 부지런한 학생이었다고 한다. 그때까지만 하더라도 오사마는 서구에 대한 반감이 없었던 것으로 보인다.

대학에서 오사마의 관심은 취미생활에서 종교 활동으로 바뀌기 시작했으며, 『코란』과 같은 이슬람교 관련 문서를 영어로 번역하기도 했다. 그는 시를 쓰거나 독서하는 것을 즐겼는데, 몽고메리와 드골의 저서를 가장 좋아했다고 한다. 한때 클럽에서 축구를 했으며 오사마가 주로 맡은 포지션은 중앙 공격수였다. 그는 잉글랜드 프리미어리그의 프로축구팀인 아스날의 열성팬이었다. 금세기 최고의 테러리스트가 영국 프리미어리그의 축구팬이었다고 하니 믿기지 않는 대목이다. 오사마는 배구에도 재능이 있었고, 공을 상대방 코트에 스파이크 공격을 위해 점프할 필요가 없을 정도로 키가 컸다.

미국의 언론에서는 그가 14세의 나이로 영국의 대학교에 유학한 사실을 보도했고, 스페인 언론에서는 1971년대 여름 옥스퍼드 대학에서 두 형과 함께 영어를 배우기 위해 어학연수를 했다고 전하면서 미니스커트를 입은 스페인 여성과 촬영한 사진을 게재하기도 했다. 이때만 하더라도 오사마는 아직 이슬람의 와하비즘에 탐닉되기 전이었다.

당시 그와 가깝게 지냈던 어느 스페인 여성은 오사마에 대해 "좋은 교육을 받았으며 나이에 비해 생각이 깊은 소년이었다."라고 회고했다. 이 여성은 오사마가 록 음악이나 패션에는 관심이 없었고 런던 풍경을 싫어했다고 전했다. 그러나 오사마 본인은 이런 사실을 부인했다. 또 다른 주장은 그 사진이 레바논의 베이루트에서 촬영한 것이라는 설인데, 당시 오사마의 나이는 영국이라

그림 3-13. 영국 유학 시절의 오사마

면 14세, 레바논이라면 16~18세였을 것이다.

오사마는 파키스탄의 아보타바드의 안가에 숨어 지낼 때인 2009년 8월 14일부터 사살 직전인 2011년 4월 30일까지의 일기에 영국 사회와 문화에 대해 별다른 감흥을 받지 않았다고 기록했다. 또한 그는 영국 사람들이 느슨하다는 인상을 받았고 내 나이에 영국에 산다는 것은 의미가 없다고 적었다. 그리고 셰익스피어 생가를 여러 번 찾았지만 아무런 감흥을 받지 못하고 우리 사회와는 다른 사회라는 것을 느꼈다고 썼다. 영국의 「가디언」은 2011년 5월 12일 오사마가 10대 때 영국을 여행하면서 서양이 타락한 곳이라는 확신을 갖게 된 것 같다고 보도했다. 이 일기에는 미국에 대규모 공격을 감행해야 미국의 정책이 바뀐다는 내용과 함께 오사마의 TV 시청, 독서모임, 우편물, 축구 광팬이었던 일상사까지 써 있었다.

오사마는 고등학교 재학 중에 이슬람계 조직과 접촉한 적이 있던 것으로 알려져 있지만, 그것이 어떤 조직이었는지에 관해 그 자신은 전혀 언급한 적이 없다. 일설에 의하면 그 조직은 '무슬림형제단'이었던 것으로 추정되고 있다. 분명히 그의 주변에는 무슬림형제단의 그림자가 어른거렸다.

무슬림형제단은 이집트의 영국 식민통치 시기인 1928년 '진정한 이슬람 가치의 구현과 확산'을 목표로 설립되었다. 국적에 관계없이 경전 『코란』에 충실한 무슬림을 대상으로 하고, 궁극적으로는 이슬람 율법의 제정을 목표로 삼았다. 원래는 이슬람 정신의 회복을 위해 폭력을 쓰는 대신, 빈곤층 지원 사업으로 국민적인 지지를 받아 이집트는 물론 10여 개 인접 국가로 세력이 빠르게 확대되었다. 하지만 1954년 나세르 전 이집트 대통령의 암살 시도 배후로 지목되어 테러단체 명단에 올라 무슬림형제 단원들이 시리아, 레바논, 사우디아라비아, 요르단 등으로 망명하면서 아랍 전역으로 퍼져 나갔다.

미국의 공영 방송 PBS는 1998년 미국 대사관 동시폭발테러와 관련해 특별 프로그램을 제작한 적이 있다. 온라인의 웹사이트에는 오사마 측근으로부터 제공받은 오사마의 이야기가 소개되었다. 이에 따르면 오사마는 대학 재학 중 2명의 저명한 교수들이 강의하는 이슬람에 관한 수업을 수강한 적이 있다. 그들은 무슬림형제단의 일원이었다고 한다. 그중 한 사람의 형은 이집트의 나세르 대통령 암살미수사건에 가담해 1966년 처형되었지만, 그 후에도 그의 영향력은 시들지 않고 여러 이슬람운동에 사상적 흔적을 남겼다. 그의 동생 역시 그 사건에 가담해 유죄로 판명이 났으나 이집트를 떠나 사우디아라비아로 피신해 압둘아지즈 왕립대학교의 교수가 되었다. 바로 이곳에서 그와 오사마가 조우한 것이다. 그 후부터가 문제였다.

한편 또 한 사람의 무슬림형제단 일원이었던 압둘라 유수프 아잠Abdullah Yusuf Azzam에 관한 정보는 비교적 풍부한 편이다. 그는 팔레스타인 출신으로 반이스라엘 투쟁을 전개하는 하마스 등의 활동에도 깊게 관련된 인물이다. 그는 아프가니스탄에서 오사마와 함께 행동하면서 그의 멘토가 되었다. 이런 사실만으로도 오사마에게 커다란 영향을 미쳤다고 추정된다. 그는 오사마의 스승이었던 셈이다.

아잠은 1941년 저항의 도시라 불리는 팔레스타인 제닌에서 태어났다. 그 후 요르단에서 교사생활을 한 후에 다마스쿠스 대학교에서 이슬람 법체계를 전공했다. 1971년에는 이집트의 카이로에 있는 알 아즈하르 대학교에서 박사 학위를 취득한 후, 무슬림형제단 단원들과 친교를 맺으면서 그들의 사상을 피부로 흡수했다고 전해지고 있다.

오사마가 압둘아지즈 왕립대학교에서 그를 만나게 된 일화에 대해서는 2001년 9월 1일자 영국의 「인디펜던트」에도 수록되어 있다. 이 일화에 관해서는 '날짜'에 주목할 필요가 있다. 왜냐하면 오사마가 대학을 순조롭게 졸업했다면 그 시기가 1979년일 것이지만, 아잠은 그 당시 요르단 대학교에 근무하고 있었기 때문이다. PBS의 보도로는 그는 1979년에 이미 아프가니스탄에 있었다. 그러므로 오사마가 인터넷 자료로 그의 강의를 들었을 것으로 추정하는 설이 유력하다. 아무튼 오사마가 대학 재학 중에 무슬림형제단과의 관계에 대해서는 유보해 둘 필요가 있다.

아잠이 내건 대표적인 슬로건은 "지하드와 소총만으로는 협상도, 회의도, 대화도 없다."였다. 그는 무슬림들에게 침략의 무슬림 희생자들을 방어하기 위해 집회를 열고, 외국의 지배로부터 무슬림 땅을 회복하고, 무슬림 신앙을 지탱할 것을 간청했다. 그는 종교의 폭력을 강조하는 설교를 했다. 또한 지하드에서 무슬림이 아닌 민간인을 살해하는 것을 정당화하는 것에 대해 많은 비판을 받았다. 그는 추종자들에게 다음과 같이 말했다.

> 이슬람이 지하드 없이 번성하고 승리할 수 있다고 믿는 자들은 어리석게 속은 것이며 이 종교의 본질을 전혀 이해하지 못한 것이다. 많은 무슬림

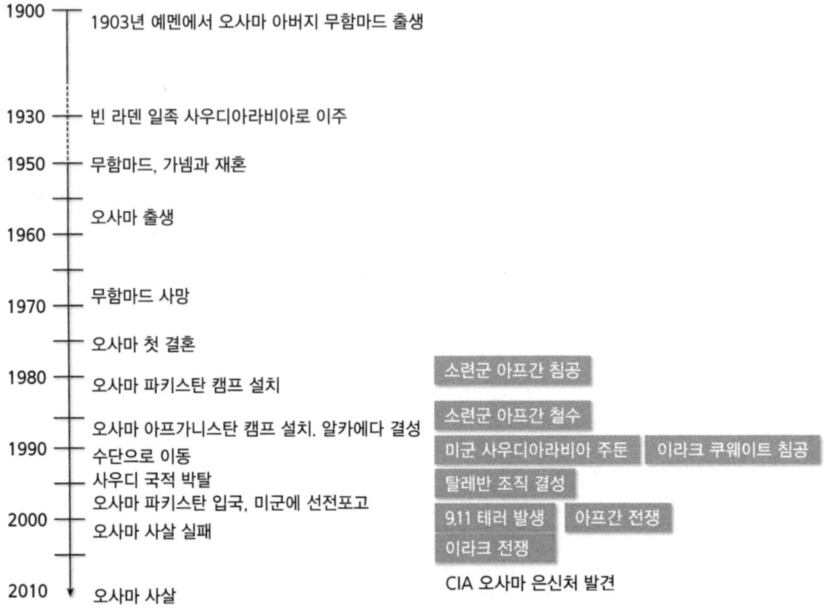

그림 3-14. 오사마의 출생과 사망 일지

들은 예언자가 그의 동료들에게 어떤 여성이나 아이들 등을 죽이지 말라고 명령한 『하디스hadith』에 대해 알고 있지만, 이 사건에 예외가 있다는 것을 아는 사람은 거의 없다. 요약하면 무슬림들은 싸우지 않는 여성과 어린이가 존재하는 경우 그들에 대한 공격을 중단할 필요가 없다.

지금까지 우리는 오사마와 9·11테러, 그에 대한 응징이었던 넵튠 스피어 작전 등에 대해 살펴보았다. 이를테면 사건의 발단과 응징 과정을 일별한 셈이다. 이제부터는 오사마가 무자헤딘이 되어 지하드를 행동에 옮긴 과정을 살펴보기로 하겠다. 이에 대한 독자들의 이해를 돕기 위해 오사마의 일생을 축약한 그림 3-14를 참고하며 읽어주기 바란다.

4장

오사마 일당의 활동

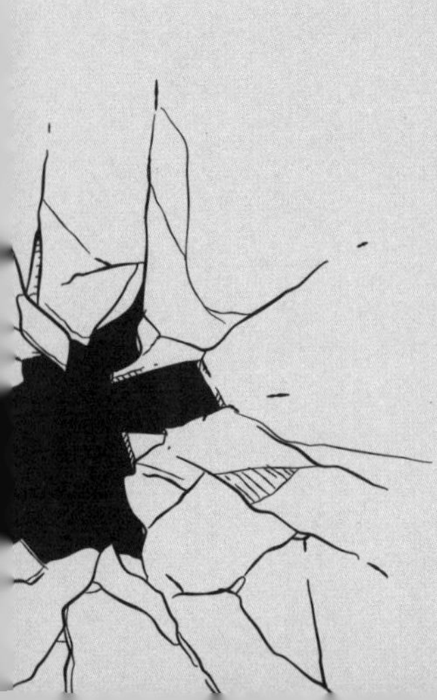

12

아프가니스탄으로 간 오사마

이집트와 이스라엘이 평화조약을 맺은 1979년은 이슬람 역사상 가장 중요한 해가 되었다. 30년간 지속된 천적이 이웃고 화해한 것이다. 이로 말미암아 아랍세계는 이집트와 등을 돌리게 되었다. 이란에서는 이슬람혁명이 일어나 왕정이 무너지고 이슬람 공화국이 탄생했다. 사우디아라비아에서도 전대미문의 사건이 일어났다. 약 300명의 사우디인을 중심으로 한 무장집단이 메카의 알-하람 모스크를 점거하고 하리두 국왕의 폐위를 요구하며 구세주의 도래를 주장한 것이다.

이 사건은 정부의 치안부대가 모스크에 돌입해 무장집단을 진압하는 것으로 일단락되었다. 그들은 반세기 전의 '이슬람 원리주의자의 전통을 계승한 자'라 하여 '신 이슬람 원리주의자'라고 불렸다. 구 이슬람 원리주의가 압둘아지즈에 의해 해체된 것처럼 신 이슬람 원리주의는 압둘아지즈의 후손들에 의해 괴멸되었다.

한편 사우디아라비아 동부의 하사 지방에서는 이란혁명에 호응해 시아파가 폭동을 일으켰다. 신 이슬람 원리주의자들이 괴멸된 이래 1990년대 초까지 사우디아라비아에서 반체제운동의 중심은 와하브파로부터 경멸당한 시아파였다. 1979년 연말에는 소련군이 아프가니스탄을 침공했다. 이 무렵 오사마는 압둘아지즈 왕립대학교를 졸업하고 빈라덴 그룹에 들어간 것으로 알려져 있다.

아프가니스탄을 침공한 소련군에 대항해 이슬람세계가 벌인 투쟁은 1930년대 일어난 스페인 내전과 닮은 점이 많았다. 스페인 내전에서는 사회주의 성향의 지식인들이 전 세계에서 몰려와 프랑코의 파시스트군을 상대로 싸웠다. 이와 마찬가지로 이슬람세계 전역에서 아프가니스탄에 들어가 소련군과 맞서려는 독실한 젊은 무슬림들이 생겨났다.

무자히드mujāhid, 오사마의 역사는 여기부터 시작된다. '무자히드'란 아랍어로 지하드, 즉 성전에 가담해 싸우는 용사를 가리킨다. 따라서 성전사聖戰士라고도 번역된다. 무자헤딘은 구어체의 복수형이므로 성전사들을 의미한다. 오사마는 도대체 무슨 이유로 무자히드가 되는 대담한 행동에 나섰을까? 그는 언론과의 인터뷰에서 1979년의 사건에 대해 아무런 언급도 한 적이 없다. 그가 살고 있던 지다의 바로 코앞에서 벌어진 메카 점거사건에 대해 전혀 어떤 말도 하지 않은 것은 기묘한 일이 아닐 수 없다. 그 후 그의 행적을 생각한다면 이들 사건 하나하나에 민감하게 반응했어야 한다. 그것이 아니라면 참고 또 참다가 아프가니스탄을 계기로 한꺼번에 폭발한 것일까?

그 당시 오사마가 아프가니스탄에 관해 어느 정도 지식을 갖고 있었는지 의문이다. 추측하건대 지리학에 문외한이었던 그는 아무런 지식도 갖고 있지 않았을 것이다. 아프가니스탄은 무슬림의 나라로 좋은 말을 사육하는 정도의 지식밖에 없었다는 증언도 있다. 일반적으로 오사마는 물론 이슬람 원리주의자들은 비非이슬람세계에 대한 인식이 매우 빈약하다.

그는 지리적 인식뿐 아니라 역사적 인식 또한 결여되어 있다. 가령 인터넷에서 지하드계 아랍어 웹사이트를 보면 보스니아와 체첸의 경우만 하더라도 왜 현재와 같이 비참한 상태가 되었는지 그 역사적 배경과 지역성, 민족성 그리고 문화적 배경에 대해 전혀 관심을 기울이지 않고 있음을 알 수 있다. 오사마에게 중요한 것은 아프가니스탄이 어떤 나라이며 어떤 역사와 문화를 갖고 있는지에 관한 지식이 아니었을 것이다. 그에게는 아프가니스탄이 이슬람의 나라이면서도 현실적으로는 비이슬람 국가이며 공산 국가인 소련군에 침공을 받았다는 것만이 중요한 포인트였을 것이다.

오사마는 종종 아프가니스탄을 '해가 뜨는 곳' 혹은 '태양의 땅'이란 의미의 호라산Khorasan이라고 불렀다. 호라산이라는 지명은 오늘날에는 이란 북동부의 마슈하드를 주도州都로 하는 주의 명칭으로 알려져 있지만, 역사적으로는 이란 동부와 아프가니스탄 서부, 투르크메니스탄의 대부분을 포함하는 지역이다. 고대에 옥수스강이라고 불리던 아무다리야강 남부에 위치해 중앙아시아와 중동을 잇는 교역의 요충지였으며, 마케도니아의 알렉산더 대왕이 페르시아의 다리우스 3세를 죽이고 아케메네스 왕조를 멸망시킨 후 11개의 알렉산드리아Alexandria를 건설한 역사의 무대였다.

8세기 중반의 아바스 왕조의 영토는 광대했지만 9세기 중반에 들어 쇠퇴했다. 이슬람으로 개종한 사산 왕조의 귀족들이 여러 왕조를 세워 찬란한 중세 페르시아-타지크 문화를 부흥시켰다. 호라산을 중심으로 하는 가즈나(니) 왕조는 북인도를 정복하고, 셀주크 제국은 아나톨리아 내륙과 캅카스를 평정했다. 이후 호라즘 왕조와 몽골 제국 등을 거쳐 티무르 제국이 마지막까지 이 지역을 지켰다.

이슬람 제국은 세계사에 커다란 영향을 끼쳤다. 단순히 이슬람 제국이라고 하면 이슬람을 국교로 삼는 모든 제국을 가리키는 말이 되겠지만, 일반적으로 역사에서 이슬람 제국이라 하면 이슬람 초기에 통일된 위세를 자랑하던 제국들, 즉 아바스 왕조 이후 사분오열되기 이전의 118년간의 제국을 가리킨다. 아랍 제국이나 사라센 제국이라는 용어도 사용된다.

그림 4-1에서 보는 것처럼 마호메트 시대의 영역은 아라비아반도에 국한되었지만, 크테시폰(바그다드)을 중심으로 중앙아시아에서 북아프리카에 이르는 광활한 영토를 지배한 아바스 왕조는 호라산의 땅에서 무장봉기를 일으켜 탄생해 이슬람의 영광을 실현했다. 다마스쿠스를 중심으로 한 우마이야 왕조를 물리치기 위해 아바스 왕조의 호라산 총독으로 부임한 아브 무슬림은 751년 그의 부하 지야드 이븐 살리흐를 파견해 당나라 군대와 탈라스강 일대에서 전투를 벌였다. 이것을 탈라스 전투라 부르는데, 당나라의 장수가 고구려 유민 출신의 고선지 장군이었다. 아바스 왕조는 승리를 거둬 중앙아시아에 이슬람을 침투시키는 기반을 마련할 수 있게 되었다. 또한 종이 제지법이 당나라에서 이슬람세계로 전파될 수 있었다.

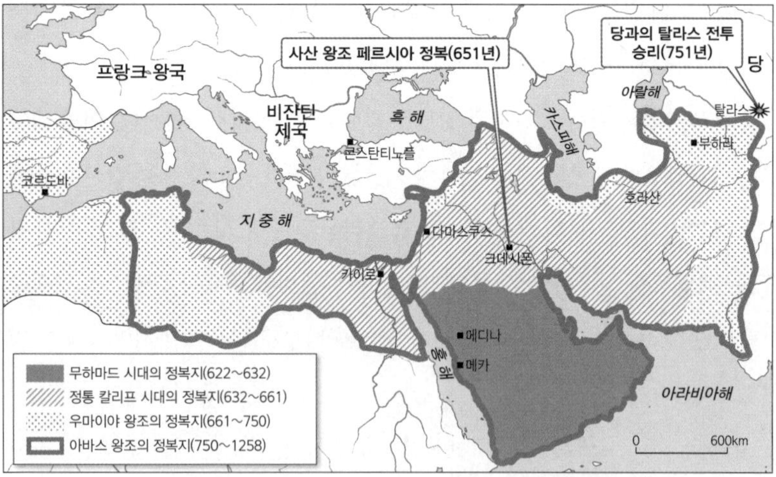

그림 4-1. 이슬람 제국의 영역 변화(622~1258년)

오사마가 아프가니스탄을 지리적 지식 없이 호라산으로 부를 때 그는 영광스러운 이슬람 제국 일부로서의 호라산을 염두에 두었을까? 그렇다 할지라도 그가 호라산이란 지명을 사용할 때 아프가니스탄이 가진 고유한 문화와 역사는 이슬람 속에 왜소해질 수밖에 없었다.

영국과 아프가니스탄 토후국은 19세기부터 세 차례에 걸쳐 전쟁을 치렀다. 영국군은 1820~1830년경 인도를 식민지로 만들고 중앙아시아로 진출을 시도하면서 러시아 제국과 경쟁을 벌였다. 3차에 걸친 전쟁을 끝으로 영국과 아프가니스탄이 라왈핀디에서 회담을 열어 영국은 아프가니스탄의 완전 독립을 보장하며 떠났고, 아프가니스탄은 영국과의 외교 관계를 회복하면서 종료되었다.

아프가니스탄은 그리도 원하던 완전한 주권국이 될 수 있었지만 장기간 식민통치를 받고 독립전쟁을 치르며 큰 타격을 입었으며, 영국이 보내주던 막대한 액수의 보조금도 사라져 재정난을 겪어야만 했다. 전투 측면에서 본다면 영국 군대와 아프가니스탄인들의 대립이었지만, 크게 보면 바다를 향해서 남하하는 러시아 제국과 전 세계의 제해권을 쥔 대영제국의 세력 대결이기도 했다. 이 때문에 이들의 대립은 장대한 '그레이트 게임'의 일부라고 보아야 한다.

이집트의 언론에서는 오사마 측근의 말을 인용해 매우 시사적인 정보를 소개한 바 있다. 이 보도에 따르면 오사마와 아프가니스탄의 관계는 아버지 무함마드와 아프가니스탄의 지도자들과의 관계에 힘입어 맺어졌다는 것이다. 빈 라덴 일족이 매년 순례객을 접대했다고 소개했는데, 그중 그들이 포함되어 있었다고 한다. 만약 오사마가 실제로 아프가니스탄 지도자들과 이전부터 면식이 있었다면 그의 아프가니스탄 입국이 어느 정도는 설명이 가능할지도 모르겠다.

미성숙한 상태에서 아프가니스탄으로 간 22세의 오사마는 좋은 재능과 기술을 가지고 있었다. 그가 미성숙하다는 의미는 예를 들어 다른 사람들을 너무 쉽고 빠르게 신뢰하는 습관이 있었다는 뜻이다. 당시만 하더라도 그는 내너가 좋은 청년이었고, 그의 어머니에 따르면 상냥하고 존경스러우며, 그의 주변 사람들에게 친절했다고 한다. 그는 또한 대립과 비난을 피하고자 하는 사람이었고, 갈등을 문제해결에 있어 중요하게 여기지 않았다. 이러한 오사마에 대한 평가는 2009년 아라비아반도 알카에다의 리더였던 바타르피Batarfi의 증언일 뿐이다.

아프가니스탄에서 오사마는 무엇을 했던 것일까? 그가 그 나라에 갔던 초기의 동향에 대해서는 잘 알려지지 않았다. 당초 오사마는 아프가니스탄보다 사우디아라비아와 걸프 연안국을 중심으로 모금 활동을 했다는 소문이 있었다. 또한 자신이 속해 있던 회사에서 불도저 등의 건설 장비를 아프가니스탄과 파키스탄으로 운반하고 있었다는 소문도 있었다.

아프가니스탄의 문제는 비단 오사마 개인만의 문제가 아닌 모든 이슬람세계를 망라하는 커다란 문제로 비화되고 있었다. 당시 한국인들은 서울올림픽에 몰두하고 있었지만 이슬람세계에서는 서로 앞다퉈 반소 및 아프가니스탄 구조 캠페인을 전개하고 있었다. 소련군에 점령당한 아프가니스탄을 돕겠다는 사람은 오사마뿐만이 아니었다.

전술한 것처럼 1979년에는 이슬람세계를 뒤흔든 사건이 연속적으로 발생했다. 소련군의 아프가니스탄 침공은 시작에 불과했다. 수많은 무슬림들이 의용병으로 아프가니스탄에 속속 입국했다. 아랍인들도 예외는 아니었다. 이들 아랍인 의용병들은 아랍어로 '아프간 아랍'이라 불리는 무자헤딘이 되었다.

아랍인이 늘어나면서 그들을 돌봐주는 조직이 필요해졌다. 무자헤딘의 식사와 거처, 의료, 무기 등을 제공하는 기관이 필요했던 것이다. 아프가니스탄에서 싸울 아랍인들의 전진기지는 인접국인 파키스탄의 페샤와르였다. 고대에는 '간다라'라고 불렸던 이 도시는 페르시아어로 '국경도시'란 뜻으로 탈레반이나 알카에다에게는 아프가니스탄에서 파키스탄에 입국해 잠시 피신하거나 쉬어가는 안식처와 같은 곳이다. 페샤와르에는 군수공장이 있어 자동 소총, 폭탄 제조 기술이 발달했다. 또한 무자헤딘들이 길러지는 곳으로, 아랍인용 숙박시설, 병원, 고용센터, 훈련캠프 등이 속속 설치되어 있다.

그 무렵 오사마는 아프가니스탄에서 무엇을 하고 있었을까? 그가 처음 아프가니스탄으로 건너갔을 당시의 자료가 없어 확실히 알 수 없다. 오사마가 1979년 말 PBS와의 인터뷰에서 언급한 내용이 있을 뿐이다.

오사마가 처음 아프가니스탄에 들어간 것은 소련의 침공이 시작된 2주 후의 일이었다. 그는 우선 파키스탄의 카라치로 입국한 후 이슬람협회의 주선으로 페샤와르로 이동해 난민과 몇몇 지도자들과 회견했다. 지도자 중에는 사우디아라비아에서 메카 순례 때 만났던 랍바니Rabbānī와 사야프Sayyaf가 포함되어 있었다. 이 비밀여행은 약 한 달간 계속되었다. 이는 활동을 위함이 아니라 사전조사 때문이었다. 그는 사우디아라비아로 귀국해 그의 형제, 친척, 친구들과 무자헤딘 지원을 위한 로비 활동을 시작했다.

그는 성전을 위한 기부로 상당한 금액과 장비를 모으는 데 성공했고 이것을 운반하기 위해 여행길에 올랐다. 이때는 빈라덴 그룹에서 10년 이상 근속한 여러 명의 파키스탄인과 아프가니스탄인을 동원했다. 오사마는 한 달 이상 머물지 않고 곧 귀국했다. 이 여행은 아프가니스탄이 아니라 파키스탄의 국경지대를 향한 것이었다. 그는 자금을 모으는 즉시 1년에 한 번, 또는 두 번에 걸쳐 단기간 여행했다. 자금과 장비 운반은 1982년까지 계속되었다.

여러 언론매체들은 초기 오사마의 활동이 전투가 아니라 의용병 모집과 병참 부문이었다는 데 의견을 모았다. 특히 PBS의 경우는 사우디아라비아와 걸프 국가를 대상으로 한 모금 활동이었다고 보도했다. 오사마는 불도저와 같은 대량의 건설 장비를 들여와 무자헤딘에게 자유롭게 사용할 수 있도록 제공했다. 기끔은 실제로 전투에 참가하기도 한 것 같다. 이런 상황에 이르사 오사마가 아프가니스탄에 머무르는 시간이 늘어나고, 이에 따라 지하드에 투입되는 경비가 증가하게 되었다.

1984년에는 파키스탄의 페샤와르에 지원자들이 머무는 게스트하우스가 건설되었다. 이곳은 아프가니스탄 전투에 참전할 아랍인 무자헤딘들이 전선에 배치되거나 훈련캠프로 향하는 기점이 되었다. 오사마가 사우디아라비아 등의 아랍세계에서 모집한 아랍인 무자헤딘의 수는 수천 명에 달했다는 설과 1.2만~1.5만 명에 이를 것이라는 설이 있다. 이와 같은 시기에 오사마의 스승 아잠은 페샤와르에 봉사사무소라는 시설을 만들고 있었다. 그곳은 주로 출판, 계몽, 자선 활동을 행하는 장소였던 것으로 전해진다.

1979~1989년간 미국은 파키스탄 정보부를 통해 무자헤딘 지도자들에게 재정 및 무기를 지원했다. 이 시기에 오사마는 정보국ISI 수장으로 CIA에 협조하던 하미드 굴과 알게 되어 친분을 쌓았다. 미군이 자금과 무기를 지원했지만 민병들의 군사훈련은 전적으로 파키스탄 육군에 의존했다.

PBS에 의하면 오사마는 1986년 아프가니스탄에 독자적으로 훈련캠프를 만들기로 결심하고 2년 만에 6개소 이상을 건설했다. 이리하여 오사마는 혼자 마음대로 부릴 수 있는 사병私兵을 보유하게 된 것이다. 그중에는 풍부한 군대 경험을 쌓은 시리아와 이집트의 군인 출신들도 포함되어 있었다. 이 당시에 오사마는 1년 중 8개월 이상을 아프가니스탄에서 머물고 있었다.

1988년에는 조직 개혁이 단행되었다. 무자헤딘의 가족들이 친족의 안부에 관해 문의했지만 게스트하우스와 훈련캠프에서는 그들의 출입기록을 남기지 않아 불편을 겪었다. 이를 개선해 무자헤딘과 방문객들의 출입한 이동기록을 만들기로 방침을 바꾸었다. 바로 이 무렵 오사마의 시설이 '알카에다'라 불리게 된 것이다. 알카에다란 아랍어로 기지基地라는 의미다. PBS는 그 당시만 하더라도 알카에다가 비밀 조직도 아니고 별것 아닌 존재에 불과했다고 보도했다.

「뉴욕타임스」도 1월 1일자로 '지하드 시리즈'를 연재하면서 오사마에 관한 기사를 실었다. 1월 14일 기사에서는 1980년대 아프가니스탄에서의 오사마의 족적에 대해 면밀하게 추적했다. 특히 주목할 내용은 오사마와 함께 싸운 압둘라 아나스Abdullah Anas라 불리는 시리아인의 흥미로운 증언이 그것이다.

아나스는 1984년 알제리에서 『코란』을 가르치는 교사로 신앙심이 두터운 무슬림이었다. 어느 날 그는 도서관에서 잡지를 읽던 중 아프가니스탄에서 소련군과 싸우는 것은 모든 무슬림의 의무라는 기사를 보았다. 며칠 후 그 기사 내용이 많은 무슬림들의 입에서 입으로 회자되었다. 그 역시 혼자 생각에 잠겼다. '아프가니스탄이 어디인가? 아프가니스탄인은 어떤 사람들인가? 어떻게 하면 그 나라에 갈 수 있나? 항공권은 얼마인가?'

그해 아나스는 메카 순례에 나섰다. 그는 메카의 알-하람 모스크에서 아프가니스탄의 지하드에 대해 정열적으로 설교하는 인물을 만났다. 그는 자신이 생각했던 궁금증을 설교사에게 물었다. 설교사는 아프가니스탄의 지하드는 모든 무슬림의 의무라고 대답했다. 아나스는 "알겠습니다. 그런데 아프가니스탄에 가려면 어떻게 하면 되겠습니까?"라고 물었다. 이 질문에 대해 그 설교사는 파키스탄의 수도 이슬라마바드의 전화번호가 적힌 명함 한 장을 아나스에게 넘겼다. 그 명함에는 압둘라 유수프 아잠이라고 적혀 있었다.

그로부터 1주일 후 아나스는 파키스탄행 비행기에 탑승하고 있었다. 파키스탄에 도착한 그는 설교사에게 받은 명함의 전화번호로 전화를 걸었다. 전화를 받은 아잠은 사람들의 출입이 빈번한 어느 살롱에서 만나 그에게 한 아랍인을 소개했다. 그가 바로 오사마였다. 그의 곁에는 오사마의 딸도 함께 나와 있었다. 아잠과 그 딸은 그로부터 5년 후 결혼했다. 아잠은 아나스를 자신의 집에 머물게 했다. 아나스의 증언이 중요한 것은 오사마와 아잠의 관계가 매우 친밀했음을 말해 주는 것이기 때문이다.

아잠과 결혼한 오사마의 딸은 압둘라 아나스로 이름을 개명했다. 그녀는 할 일을 찾다가 아프가니스탄 반란군 병사들에게 『코란』을 가르치기 시작했다. 그들은 아랍어를 모르기 때문에 무조건 암기시켰다. 그리고 게스트하우스에서 아랍인 의용병들을 위해 예배를 집전했다. 당시의 아랍인 용병은 수십 명에 불과했다.

아잠은 수개월 후 아프가니스탄 전투에 참전하면서 페르시아어를 배워 서로 대립하는 아프가니스탄 군벌 간의 조정 역할을 맡았다. 신임을 얻은 그는 반란군 지도자의 측근이 되었지만, 그 지도자는 얼마 후 탈레반의 자폭테러로 암살되고 말았다. 기자로 위장한 테러범은 오사마와 관련이 있던 것으로 알려져 있다. 이에 대해서는 또 후술할 것이다.

13

스승 압둘라 유수프 아잠의 사망

「뉴욕타임스」의 보도에 따르면, 압둘라 아나스가 파키스탄에 입국한 것이 1984년경이고, 압둘라 유수프 아잠은 페샤와르의 봉사사무실을 만들고 있었다. 그 목적은 아프가니스탄 전선에서 싸우는 무슬림 의용병 모집과 훈련에 있었다. 아잠은 이 조직을 위해 미국을 대표한 여러 나라에서 모금 활동을 하는 한편, 오사마는 자금을 제공하는 동시에 군사부문도 맡고 있었다.

이 시기 오사마는 가문에게 물려받은 유산 등을 활용해 자금을 제공해서 '막타브 알히다마트Maktab al-Khidamat'라는 단체를 설립했고, 이는 아랍세계의 의용병은 물론 무기와 자금을 아프가니스탄으로 흘러 들어가게 하는 주된 통로가 되었다. 이 조직은 1988년 분리되어 이듬해 알카에다의 기반이 되었다.

「뉴욕타임스」는 1986년 오사마가 '라이온의 안사르Ansar'라고 불리는 군사 캠프를 설립했다고 보도했다. 라이온은 지원자를, 안사르란 아랍어로 예언자 마호메트 시대에 박해를 피해 메카 등지로부터 이주한 무슬림들을 도운 메디나 주민을 가리킨다.

아잠은 1980년대 초에 사우디아라비아 지다의 압둘아지즈 왕립대학교에서 교수가 된 후 곧 이슬라마바드의 이슬람 대학에서 학생들을 가르치게 되었다. 그러나 그는 곧 대학교을 사직하고 무자헤딘 지원에 전념하게 되었다. 페샤와르를 거점으로 봉사사무실과 게스트하우스를 운영하며 출판사를 만들어 『지하드』란 잡지를 발행했다.

「뉴욕타임스」에 따르면, 오사마와 아잠의 관계는 차츰 멀어졌다. 오사마가 아잠의 휘하를 떠나 독자적인 군사캠프를 설립한 것은 그 때문이었던 것 같다. 그 이유는 노선대립이었는지, 이데올로기 때문이었는지 확실하지 않다. 만약 아나스의 증언을 그대로 믿는다면 이데올로기의 대립으로 빚어진 노선대립일 것이다. 이 대립은 극비사항으로 이를 눈치챈 사람은 극소수에 불과했을 것이다.

아잠은 아랍 전사들이 아프가니스탄에 이슬람 국가를 건설하는 것에 집중해야만 하며, 이것이 수십 년은 걸릴 것이라고 예상했다. 이에 대해 오사마는 싸움은 여러 나라에서 동시다발적으로 벌여야만 한다는 입장이었다. 이런 갈등은 두 사람 사이에 있을 법한 내용이었다.

당시 아잠은 아랍 무자헤딘 지도자의 주목을 받고 있었으며 다수의 아랍인이 아프가니스탄에서 지하드를 위해 속속 페샤와르로 모여들었다. 그러나 젊은 아랍인 가운데에서는 아잠의 '아프가니스탄 1국 혁명론'에 만족하지 못하는 무리들도 있었다. 아나스는 그들 무리가 오사마의 등을 떠밀었다고 주장했다.

아나스는 아잠의 말을 인용해 오사마에게 지혜를 불어넣어 준 것은 이집트인이었다고 주장했다. 「뉴욕타임스」의 기사에서는 아이만 알-자와히리와 오마르 압둘라흐만Abdulrahman 두 사람이 희생양으로 부각되었다. 전자는 지하드단체의 리더이며, 후자는 이슬람 집단의 정신적 지도자다. 알-자와히리는

9·11테러을 계기로 오사마의 측근 중 측근으로 유명해졌다. 압둘라흐만은 세계무역센터빌딩 폭파사건과 관련해 미국에서 유죄판결을 받았다. 아잠은 오사마가 매우 마음에 걸렸던 모양이다. 아나스는 그가 오사마에 대해 이렇게 기억하고 있었다고 말했다.

> 보라! 이 남자(오사마)를! 그는 사우디아라비아에 가면 무엇인들 손에 넣을 수 있는데, 돌아가지 않고 여기(게스트하우스)서 가난한 사람들과 함께 지내고 있다. 나는 오사마가 이집트 무리들과 함께 있다면 장래가 무척 염려된다.

아잠은 이집트인들이 오사마를 졸라 돈을 뜯어내려고 한다는 생각을 했던 모양이다. 아나스 또한 봉사사무소 내의 권력투쟁에 패해 결국 오사마를 떠나고 말았다. 그의 발언 속에는 그와 같은 배경도 고려해야만 한다. 만약 그의 발언을 믿는다면 이집트인들이 너무 순진한 부자의 호주머니를 노렸다는 생각이 든다.

1989년 소련군이 아프가니스탄에서 철수한 후 아잠은 다른 나라의 무슬림들을 대신해 전투적인 지하디스트 활동을 장려했고, 그 후 '세계 지하드의 아버지'로 알려지게 되었다. 그는 1989년 페샤와르에서 자식들과 함께 자동차 폭탄테러로 암살당했지만, 범인은 찾아내지 못했다. 오사마는 카타르의 알자지라 방송에서 아잠을 칭송하며 애석해했지만 그의 본심은 알 수 없었다.

1998년 8월 19일자 「워싱턴포스트」의 보도에 따르면, 미국 대사관 폭탄테러의 용의자가 오사마가 자신의 스승이자 사위였던 아잠의 암살을 명령했다고 자백했다는 보도를 한 바 있다. 또한 오사마는 아잠이 CIA와 관계가 있다는 의심을 하고 있었다고 하지만 확인된 것은 없다. 그러나 미국의 그림자가 그 주변에서 얼쩡거리고 있었던 것만은 사실이다. 또 다른 폭탄테러 용의자는 미국 정부의 돈으로 아잠에게 25정의 고성능 총기를 보냈다고 증인했다.

소련군이 아프가니스탄에 침공하면서 세계는 격렬한 비난을 쏟아냈다. 그렇지만 미국이나 유럽도 아프가니스탄을 구하기 위한 군사 행동에 나서지는 않았다. 소련과 서방세계 간의 직접대치는 제3차 세계대전으로 비화될 수 있기 때문이다. 기껏해야 1980년의 모스크바올림픽 보이콧 정도로 그쳤다. 그렇다고 해서 소련의 횡포를 좌시할 수만도 없는 노릇이었다. 그 대안으로 아프가니스탄의 게릴라들을 지원하는 무슬림 의용병이 급부상했다.

아프가니스탄에서는 소련이 개입하기 1년 전에 혁명이 발발해 공산주의정권이 수립되고 있었다. 공산정권은 근대화와 세속화정책을 추진하지만, 그것에 반발한 그룹이 파키스탄의 페샤와르에서 망명정권을 세웠다. 이에 소련은 위기에 직면한 혁명 정부 측의 개입 요청에 따라 아프가니스탄에 군대를 파병한 것이라고 발표했다. 미국은 소련군과 대신 싸워주는 세력에 자금과 무기를 제공해 소련군을 격퇴할 방안을 모색했다.

이와 같은 정책을 추진하기 위해 중심 역할을 한 것은 CIA였다. CIA는 파키스탄 측의 상대인 군통합첩보국ISI와 협력 관계를 구축하고 무자헤딘에 자금과 무기를 제공했다. 그 금액은 20억~30억 달러에 달했던 것으로 추정된다. 따라서 무자헤딘과 아프가니스탄 등이 CIA와 관계를 갖는 것은 어떤 의미에서 당연한 일이었다.

아랍세계 역시 지나칠 정도의 반응을 보였다. 1979년은 아랍이슬람세계에서는 전술한 것처럼 미증유의 사건이 일어난 해였다. 각 정권은 정통성을 확보하기 위해서라도 '경건한 무슬림'을 소리 높여 외쳤다. 중동에는 제대로 된 민주 국가가 거의 없으며 민주적인 선거에 의해 정통성을 확보하려고 노력하는 나라가 없었다. 중동의 대통령 신임투표에서 언제나 현 대통령은 99.9%

이상의 지지를 받는다. 당시에는 공산정권이 들어선 남예멘을 제외하고는 모두 소련을 비난했다.

그뿐만 아니라 같은 무슬림인 아프가니스탄 국민을 무신론자인 공산주의자로부터 구원하려는 캠페인이 시작되었다. 캠페인은 정부 주도로 전개되고 민간에서도 적극적으로 가담했다. 모스크와 시장 곳곳에 설치된 모금함에 많은 사람들이 자발적으로 기부했다. 모금된 기금은 미국의 무기를 구입하는 데 쓰였고 아랍인 무슬림들이 의용군으로 참전하는 데 사용되었다. 이스라엘과 평화협정을 맺어 아랍세계에서 따돌림을 받던 이집트 역시 이에 가담했다. 당시 이집트의 사다트 대통령은 소련을 격렬하게 비판하는 연설을 행하며 지상의 모든 자유인은 소련과 싸워야 한다고 강조했다.

메카와 메디나의 2대 성지를 보유하고 1979년 발생한 사건의 당사국인 사우디아라비아도 이집트와 같이 소련을 비난하면서 아프가니스탄에 지원을 하자고 목소리를 높였다. 1984년 6월 사우디아라비아 국영통신은 아프가니스탄의 무슬림 동포들에게 그들의 영토를 해방시키기 위해 식량, 의약품, 무기를 제공할 것을 호소했다. 6월은 라마단이 행해지는 달이므로 무슬림들의 신앙심이 최대로 고양되는 때였다.

아프가니스탄에서 오사마의 활동은 대략 세 시기로 구분된다. 첫째 시기는 1979년 말~1980년대 초 처음 아프가니스탄과 파키스탄에 입국한 때부터 1984년까지로, 이 시기에 오사마의 활동은 모금이 중심이었고 활동 거점도 사우디아라비아와 인접 국가였다.

두 번째 시기는 파키스탄의 페샤와르에 게스트하우스를 건설한 1984년부터 1986년까지로, 오사마의 활동은 페르시아만으로부터 파키스탄으로 옮겨갔다. 아잠과 협력해 아랍인 무자헤딘을 지원한 시기였다.

세 번째는 1986년 이후로, 군사캠프를 건설한 시기였다. 오사마의 거점은 파키스탄에서 아프가니스탄으로 바뀌었다. 지원자들의 거처인 게스트하우스가 무자헤딘의 군사캠프로 바뀌어 본격적인 지하드에 참전했다. 오사마가 아프가니스탄에 대해 회고한 내용은 대부분 이 시기에 해당한다. 오사마는 1993년 「인디펜던트」와의 회견에서 이렇게 회고했다.

> 나는 죽음을 무서워한 적이 없다. 무슬림으로서 우리가 죽으면 천국에 갈 것으로 믿고 있다. 신은 우리에게 사키나sakina를 주었다. 한번은 소련군과 30m 거리에서 조우한 적이 있다. 그들은 우리를 생포하려고 했다. 나는 폭격을 맞을 뻔했지만 마음속은 지극히 평온했다. … 나는 120밀리미터 포탄이 눈앞에 떨어지는 것을 보았지만 그것은 폭발하지 않았다. 이어서 네 개의 폭탄이 소련군 전투기로부터 우리 본부에 투하되었지만 모두 불발탄이었다. 우리는 소련군을 물리쳤고 그들은 도망쳤다.

이 회고는 소련군의 공격으로부터 기적적으로 도망칠 수 있었다는 이야기지만 흥미로운 대목이다. 특히 투하된 폭탄이 전부 불발탄이란 점이 흥미롭다. 실제로 투하된 폭탄이 불발될 수도 있겠지만, 여기서는 죽음에 직면했을 때의 정신 상태를 묘사한 말이 그렇다는 것이다. 여기서 오사마가 사용한 '사키나'란 아랍어는 대단히 종교적 성격을 지닌 용어다. 이것은 『코란』의 한 구절을 인용한 것이라 생각되는데 고요, 정적, 평온을 뜻한다. 이처럼 오사마의 말 속에는 『코란』에 나오는 역사적 비유 내지 은유가 자주 튀어나온다.

소련군과 아프가니스탄 공산군은 육지와 하늘에서 오사마가 건설한 군사캠프를 공격했다. 공습이 시작되고 낙하산 부대가 하강하면, 그곳에 있던 아프가니스탄 병사들은 도망치기 바빴다. 아잠과 오사마가 지휘하는 35명이 넘는 아랍 전사들은 2주간에 걸친 치열한 교전 끝에 군사캠프를 사수할 수 있었다. 이 전투는 아랍 무자헤딘이 최초로 소련군과 벌인 격돌이었다.

이 전투를 계기로 이른바 오사마와 아랍 무자헤딘의 전설이 탄생했다. 아마 1986년 표고 4,000미터가 넘는 스핑갈산 기슭에서 벌어진 쟈지 전투였을 것으로 추정된다. 사우디아라비아 일본대사관 전문 조사요원이었던 호사카(2011)는 그의 연구에서 칸다하르 동남쪽에 위치한 파키스탄 접경 부근의 스핀 볼닥Spin Boldak을 스핑갈산이라고 불렀다. 이곳은 파키스탄 국경과 가까운 곳으로, 게릴라들은 파키스탄의 무기 공급 없이는 전투를 벌일 수 없으므로 그런 곳을 해방구로 삼았다. 가까운 곳에는 소련군의 공군기지가 위치한 호스트시가 있었다. 오사마는 쟈지 전투를 가장 기억에 남는다고 술회했다.

오사마는 이듬해 무자헤딘을 지휘해 소련군과 백병전을 벌이며 그들을 격퇴하는 데 성공했다. 그가 영웅이 된 것은 단지 그의 용기 때문만은 아니었다. 그의 인격, 태도, 일상 자금 역시 크게 작용한 결과였다. 아프가니스탄에서 오사마와 함께 싸운 팔레스타인인은 1996년 「타임스」와의 인터뷰에서 다음과 같이 회고한 적이 있다.

> 그는 우리들에게는 영웅이었다. 그는 항상 전선에 있었다. 언제나 누구보다 앞장서 나아갔다. 그는 자금만 낸 것이 아니라 자기 자신도 바쳤다. 그는 자신의 궁전 밖으로 나와 아프가니스탄의 전사들과 함께 생활했다. 그는 전사들과 함께 음식을 만들어 먹고 참호를 팠다. 이것이 오사마 빈 라덴의 방식이었다.

압둘라 아나스는 2001년 「뉴욕타임스」와의 인터뷰에서 이렇게 말했다.

그는 지하드를 위해 아프가니스탄에 온 무리 중 일원이었다. 그는 다른 무리와 달리 돈을 가지고 있었다. 그는 정치적으로만 세련된 것이 아니라 위대한 상상력을 가진 활동가였다. 그는 소식했으며 잠을 조금 잤다. 그는 모두에게 자기 옷뿐만 아니라 돈도 주었다.

그들에게 오사마는 군인이 되었고 전설이 되었다. 아프가니스탄에서의 경험은 그의 마음속에 깊숙이 각인되었다. 오사마는 이렇게 말했다.

우리의 종교에서는 지하드에 참전하는 자들을 위한 특별한 장소가 있다. 아프가니스탄에서의 하루는 보통 모스크에서 1000일간 예배를 드리는 것과 같다.

아프가니스탄에는 아흐마드 샤 마스우드Ahmad Shah Massoud라는 영웅이 있었다. 그는 북부 아프가니스탄 판지시르 계곡 출신의 타지키스탄인으로 수니파 무슬림이다. 1970년대 카불 종합공업대학에서 공부하던 와중에 이슬람근본주의, 반공주의운동에 관여하게 되었으나, 이후 파벌이 분화할 때 온건파가 되었다. 1979년 소련이 아프가니스탄을 점령하자 1979~1989년간 반군지도자로 활약해 저항운동을 펼쳐 '판지시르의 사자'라는 별명을 얻고 뛰어난 사령관으로 이름을 날렸다. 현재도 그의 고향 판지시르는 반탈레반의 저항거점으로 남아있다.

마스우드는 아프가니스탄 구국 이슬람 통일전선, 속칭 '북부동맹'의 군사적, 정치적 지도자가 되었고, 고향인 판지시르를 거점으로 탈레반에 대한 저항을 계속했다. 그는 2000년 아프간 여성기본권 선언문에 서명하고 여성의 근로와 교육을 보장했으며 부르카의 의무적 착용을 폐지했다. 이듬해인 2001

그림 4-2. 선거를 통한 민주주의를 강조한 마스우드의 모습

년 9월 9일, 마스우드는 탈레반의 사주를 받은 알카에다 요원들의 자폭테러로 암살당했다. 마스우드가 죽고 이틀 뒤 9·11테러가 일어났다.

마스우드는 26년간 투쟁하며 알카에다, 탈레반, 파키스탄 정보부 ISI, 소련의 KGB, 공산 아프가니스탄의 KHAD 등과 같은 숱한 경쟁 군벌 세력들의 암살 표적이 되었고, 그때마다 살아남았으나 결국엔 쓰러지고 말았다. 2001년 초에는 알카에다의 암살자가 마스우드 점령지에 들어가려고 시도하다가 체포되기도 했다. 마스우드의 암살은 9·11테러와 깊은 연관이 있을 것이다. 마스우드는 암살되기 몇 달 전에 유럽의회에서 9·11테러를 예감하며 국제테러리즘에 대한 주의를 촉구하는 연설했다.

전문가들의 말을 인용한 CNN은 2006년 오사마가 아프가니스탄 탈레반에게 보호를 받는 대가로 마스우드를 암살했다고 보고 있다. 마스우드가 암살된 뒤 오사마는 암살범의 아내에게 남편의 유언이 녹음된 카세트테이프와 빚을 갚으라는 용도로 500달러의 돈뭉치를 전달했다고 보도했다.

마스우드는 소련군을 물리친 공포의 무자헤딘 지도자였지만, 아프가니스탄 국민들의 삶을 위해 고뇌하던 사려 깊은 행정가였다. 만약 미국이 아프가니스탄의 민족영웅과 손을 잡았더라면 현재 이 나라의 상황은 많이 달라졌을 것이다. 그럼에도 불구하고 당시의 미국은 오판을 해 그를 돕지 않고 오사마와 탈레반의 손을 잡았다. 이는 미국과 파키스탄의 명백한 오류였다.

14

미완의 지하드

아무튼 소련군은 패배했다. 소련군은 서울올림픽 이듬해인 1989년 아프가니스탄에서 철수했다. 10만 명이 넘는 소련군 병사 중 전사자는 15,000명, 부상자는 37,000명으로 추산되었다. 우주에 인공위성을 발사하고 최첨단 무기로 무장한 초강대국이 말과 낙타를 타고 군복도 없이 헐렁한 바지를 입고 터번을 두른 무리들에게 패한 것이다. 소련에게 아프가니스탄은 미국이 겪었던 베트남과 같은 무덤이었다.

강력한 소련군을 패배로 이끈 최대 요인은 무엇이었을까? 군사적 또는 외교적으로는 다양한 설명이 가능하지만, 여기서는 각 당사자가 어떻게 생각하고 있었을지에 집중하겠다. 미국은 표면적으로 개입하려고 하지 않았다. 소련 측은 미국의 역할이 매우 중요하고 미국이야말로 소련 패배의 주된 원인이라고 생각했다. 그것은 당연한 일이었다.

그러나 아프가니스탄인은 달랐다. 그들은 자신들이 직접 전선에 나서 무기를 들고 싸웠으므로 그들 자신이야말로 소련을 물리친 주인공이라 생각했을

그림 4-3. 헤라트에서 탈레반(2001년)

것이다. 이것 역시 당연하다. 여기서 문제가 되는 것은 오사마를 포함한 아랍인 무자헤딘의 존재였다. 군사적인 관점에서 본다면 그들은 병력의 규모나 무기의 수준에서 소련군을 격퇴하는 데 중심 역할을 했다고는 볼 수 없다. 물론 병사들의 사기 측면에서는 아프가니스탄인 역시 누구에게도 뒤지지 않았을 것이지만 말이다.

아랍인 무자헤딘은 자신들의 활약이 아프가니스탄 해방에 큰 역할을 했다고 믿고 있다. 그들의 전투 행위뿐만 아니라 아랍세계에서 벌어진 재정적, 물질적 기부 역시 소련군 격퇴의 공헌 속에 포함된다. 또한 아랍인 무자헤딘의 대부분은 아프가니스탄인에 대해 일종의 우월감을 갖고 있었다. 아랍인들은 아프가니스탄인에 비해 무기를 잘 다뤘고 전술 역시 가르쳐주는 위치에 있었다. 아랍인은 갑이었고, 아프가니스탄인은 을의 입장이었다.

그들은 아프가니스탄 무자헤딘과 아무런 교류 없이 별도로 움직일 때가 많았다. 아랍인들은 무엇보다도 용기가 충만했을 뿐만 아니라 이슬람에 대해 더 많이 이해하고 있었다는 점에서 자신들이 더 우수하다고 확신했다. 그들은 미국의 역할에 대해서도 과소평가하는 경향이 있었다. 특히 오사마의 추종자들은 미국의 군사적 지원이 있었음을 외면하거나 부인했다. 오히려 무자헤딘에 대한 미국의 지원을 음모라며 다음과 같이 일축했다.

> 많은 무슬림들은 무자헤딘이 미국인과 유대인, 기독교도를 혐오하는 것이 그들 신앙의 일부라 생각했다. 미국은 지하드와 전투를 지원했다고 주장하지만, 실제로 그 지원은 아랍세계, 특히 걸프 연안국으로부터 지하드의 지원을 촉진하기 위해 파키스탄에 보낸 것이 분명하다. 미국의 지원은 알라를 위함이 아니라 단지 소련이 무서웠기 때문일 뿐이다.

위에 기술한 1998년의 발언은 강한 어조로 표현했지만, 그보다 1년 전인 1997년만 하더라도 점잖은 말투를 사용했다. 여기서는 일단 CIA로부터 자금이 흘러들어간 사실을 인정하면서 다음과 같이 말했다.

> 미국은 우리의 지하드에 관심을 갖지 않았다. 그들의 관심은 소련이 걸프 지역에 들어오는 것을 막는 것이며 소련의 영향력을 약화시키기 위해 무자헤딘을 지원했다. 이 원조는 우선 CIA에 자금이 넘겨져 CIA가 무기를 구입해 그것을 무자헤딘에 넘기면서 시작되었다. 이는 부패와 횡령과 거대한 배신으로 가득 찬 작전이었다.

이보다 1년 전인 1996년의 오사마 발언은 더 구체적이다.

> 아프가니스탄에 반입된 무기의 대부분은 미국의 명령으로 사우디아라비아인에 의해 대금을 지불한 것이다. 당시 사우디아라비아의 종합첩보국 장관은 CIA와 서로 협력하고 있었기 때문이다.

위에서 소개한 오사마의 발언에서 이 전쟁에서 아랍 무자헤딘의 역할에 관한 확고한 자신감을 엿볼 수 있을 것이다. 다만 1998년 8월의 프랑스 언론에서는 처음 설치된 군사캠프에서 아랍인 무자헤딘이 미국과 파키스탄에 의해 훈련받았다고 술회했다. 그리고 오사마의 부대가 스팅어Stinger 미사일을 보유했다고 보도했다.

미국의 공헌에 대한 과소평가 이외에도 흥미로운 것은 미국에 대한 혐오감이다. 만약 1998년까지 언급한 오사마의 발언을 그대로 믿는다면, 아프가니스탄 해방전쟁 중에도 오사마의 마음속에는 이미 미국에 대한 적개심이 자리하고 있었다고 볼 수 있다. 실제로 1980년대에 아프가니스탄에서 오사마와 만난 미국 저널리스트들은 그의 견고한 반미감정을 경험했다.

1989년 2월, 소련군의 철수 직전에 아프가니스탄을 취재 중이던 저널리스트는 잘랄라바드 근처의 산악지대에서 오사마 일당의 부대와 조우한 적이 있다. 그의 앞에 나타난 오사마는 유창한 영어로 누구이며 이곳에 온 이유를 물었다. 이에 대해 그 저널리스트는 "우리들은 당신들과 마찬가지로 이 나라의 손님이다."라고 대답했다. 이에 대해 오사마는 이렇게 응수했다.

> 이것은 우리들의 지하드다. 당신 것이 아니다. 당신은 아프가니스탄에서 불필요한 존재다. 다시 만나면 죽여 버리겠다.

이 내용은 1998년 8월 31일자 퓰리처상을 8회나 수상한 미국의 「크리스천

사이언스 모니터」에 보도된 내용이다. 오사마와 만난 저널리스트는 여러 해에 걸쳐 아프가니스탄을 취재하고 있던 베테랑 기자로 아프가니스탄 무자헤딘과의 만남에서 이와 같은 무례한 취급을 당한 적이 없었다. 당시의 아프가니스탄 사람들은 언제나 서방측 저널리스트와 원조관계자를 환영하며 손님으로서 침식을 함께했다. 그러나 아랍인 무자헤딘은 달랐다. 그들에게 이 전쟁은 이슬람 지하드이며 단순한 아프가니스탄 해방전쟁이 아니었다.

같은 장소에서 같은 적과 싸우면서도 아랍인 무자헤딘과 아프가니스탄인 간의 사이에는 미묘한 차이와 깊은 골이 있었던 것이 아닐까. 아랍인들에게는 아프가니스탄을 해방시키는 것만이 목적이 아니었다. 이슬람의 힘으로 해방되어야만 했다. 거기에는 이교도인 미국의 지원이 있을 수 없다. 만약 미국의 지원이 있다면, 그것은 음모일 뿐이다.

"CIA가 오사마 빈 라덴이란 괴물을 창조했다."라는 가설은 미국 측으로부터 부정되었다. 당시 미국 국무성은 CIA의 지원이 파키스탄을 통해 이루어졌고, 파키스탄이 선택한 조직에게 지원되었음을 밝혔다. 당시만 하더라도 미국은 아랍 무자헤딘을 악당이라고 생각하지 않았다. 당시 프랑스 첩보기관DGSE은 미국이 무슬림 과격파와 엮이는 것은 무책임하다고 CIA에 경고한 적이 있다. '적의 적은 동지'란 사고방식은 대단히 위험하다는 것이다. 결국 DGSE가 옳았다.

아랍인 무자헤딘에게 아프가니스탄 해방은 하나의 목적에 불과하다. 따라서 아프가니스탄 해방전쟁이 끝났다고 하더라도 그들의 지하드는 여전히 계속되어야 했다. 아랍 무자헤딘에게는 또 다른 지하드를 찾아나서야 할 때가 온 것이다. 그리고 그들은 또 다른 초강대국을 아프가니스탄 땅에서 몰아내야 한다는 근거 없는 자신감을 지니고 있었다. 이런 자신감은 소련군을 물리친 데에서 비롯된 것 같다.

아무튼 소련군은 철수했다. 아프가니스탄인은 승자가 되었고 새로운 국가가 건설될 일만 남았다. 오사마 일당도 당당히 각자의 조국으로 개선할 일만 남았다. 그러나 그 후의 사태는 순조롭게 진행되지 못했다.

아프가니스탄은 소련군이 점령하던 때를 능가하는 혼돈 속으로 휘말리게 되었다. 오사마는 이 혼란 역시 미국의 책임으로 돌렸다. 소련의 미하일 고르바초프가 철수를 결정하자, 미국은 즉각 무자헤딘에 대한 지원을 중단했다. 미국은 1992년 아프가니스탄에서 이슬람 통치에 합의하지 않고 폭넓은 이데올로기를 가진 정부를 수립했다.

15

도로공사와 지하드

나는 무자헤딘이 승리하고 소련군이 쫓겨나자 아프가니스탄 반란군 간에 대립이 생겨 사우디아라비아로 귀국했다. 나는 메카 남동쪽에 위치한 고원도시 타이프와 남서부에 위치한 아브하 간의 도로공사를 위해 회사에 복귀했다. 아프가니스탄에서 터널과 도로공사에 사용되던 장비를 가지고 들어왔다.

위의 내용은 1993년 영국의 「인디펜던트」와 오사마의 회견 내용이다. 오사마는 사우디아라비아로 귀국하면서 여권을 압수당했다. PBS의 보도에 의하면 사우디 정부는 오사마가 이슬람계 과격파 조직과 접촉을 못하게 막았다. 「인디펜던트」는 사우디아라비아로 귀국한 오사마가 가업을 돕기로 했다고 보도했지만, 별도의 보도에 의하면 오사마는 1980년대 초부터 아프가니스탄에서 지하드를 수행하면서 동시에 남예멘에서도 지하드를 수행한 것으로 보인다. 이 지하드는 아프가니스탄에서 소련군이 철수한 후 1990년대에 활동을 재개했고, 공산정권이 붕괴해 예멘이 통일되기까지 지속되었다는 것이다. 오사마는 다음과 같이 말했다.

> 나는 예멘 통일까지 남예멘의 공산당과 싸웠다. 그들 공산주의자는 신앙인, 즉 무슬림을 탄압하는 불신앙인들이었기 때문이다. 그들은 무신론자로 자신들의 정당을 절대시했다. 나는 모스크에서 무슬림들에게 싸우도록 설교했다. 나는 그들이 좌시하고만 있을 바에야 죽는 것이 좋다고 말했다. 사우디 정부는 내가 설교를 못하도록 금지시켰다. 그러나 신의 가호로 젊은이들은 지하드를 계속했다. 우리들은 의연하게 불신앙자인 공산당 지도자들과의 싸움에 젊은이들과의 협력을 유지했다.

이 무렵 오사마가 이집트의 이슬람계 조직과도 연계되어 있었다는 설이 유력했다. 아프가니스탄의 전쟁 중 관계를 구축한 이집트의 지하드단과 이슬람집단에 대한 원조가 있었던 것이다. 남예멘은 1990년에 북예멘과 통합해 예멘공화국이 되었지만, 그 전에는 무신론자인 사회당이 지배하는 예멘민주인민공화국이었다. 더욱이 오사마의 아버지 무함마드가 태어나 자란 하드라마우트는 남예멘에 속해 있었다. 그러므로 오사마가 이미 1980년대부터 어떤 형태로든 '남예멘 해방' 지하드와 관련을 맺고 있었을 개연성이 충분했다.

그렇지만 과연 오사마가 실제로 남예멘에 들어가 전투에 가담했는지의 여부는 확인할 수 없다. 오사마는 이에 대해 언급한 적이 없다. 만약 오사마가 예멘을 다녀왔다면 육로로 갈 수 있었기 때문에 밀입국도 가능했을 것이다. 그가 도로공사를 하면서 예멘과 가까운 아브하Abha에서 지잔을 거쳐 예멘 국경을 넘었을 가능성이 충분하다. 지잔은 1934년의 타이프Taif 조약으로 예멘 영토에서 사우디아라비아 영토로 편입된 도시인 탓에 낯설지 않고, 또한 전술한 것처럼 오사마는 1980년대 초부터 1990년대에 걸쳐 예멘에서도 지하드를 수행했으므로 그의 일당들의 도움을 받을 수 있었을 것이다.

오사마의 경호원이었던 알-바리는 그의 저서에서 "오사마는 분명한 전략적 비전이 있었다. 하지만 스스로를 알카에다라고 부르는 단체들은 조직적이지 못하다. 예멘에는 새로운 세대도, 영향력 있는 지도자도 없다."라고 주장했다. 또한 그는 "예멘의 알카에다 지도자를 자처하고 있는 카심 알 라미와 나세르 알 와하이시는 오사마가 무엇을 원하는지 모른다."라고 말했다. 사우디아라비아에서 태어난 알-바리는 2000년 예멘 보안당국에 붙잡혀 수감 생활을 했다.

아마 오사마는 활동의 중심을 사우디아라비아에서의 지하드에 두고 있었을 것이다. 독자들은 전술한 빈라덴 그룹이 맡았던 타이프와 아브하 간의 도로공사를 기억하고 있을 것이다. 이는 오사마의 행적을 추적하는 힌트가 될 것이다. 타이프는 헤자즈 지방 남부의 휴양도시로 유명한 곳이며, 아브하는

그림 4-4. 오사마가 건설한 타이프와 아브하 간의 도로

그보다 남쪽에 위치한 도시다. 좀 더 남쪽으로 내려가면 예멘이다.

사우디아라비아 남부의 아브하와 지잔 등의 도시는 아시르 지방에 속하는데, 이곳은 역사적으로나 문화적으로 고대 아라비아 페릭스에 포함되어 예멘과는 깊은 연관이 있다. 이 지역이 사우디아라비아 영역에 속하게 된 것은 1930년대에 접어들어서의 일이며, 사우디 국내에서 가장 개발이 늦은 낙후지역 중 하나다. 만약 오사마가 남예멘을 향해 지하드를 계획한다면 적어도 사우디아라비아 국내에서는 최적의 장소가 될 것이다. 아브하는 2022년 예멘 반군의 드론 공습을 받은 적도 있다.

2001년 9·11테러에서 세계무역센터 빌딩에 충돌한 비행기 납치범 19명 중 과반수를 넘는 15명이 사우디아라비아인이었다. 여기서 흥미로운 것은 적어도 그들 중 6명이 오사마가 1990년대 초 설교를 했던 아시르 지방 출신이란 점이다. 범인들 대부분은 젊기 때문에 오사마의 설교를 직접 듣지는 못했을 것이지만 간접적으로는 영향을 받았을 가능성은 부인할 수 없다. 참고로 당시 아시르의 주지사는 파이살 왕자였다. 그는 1997년 사우디아라비아의 물 부족을 해결하기 위해 북극의 빙산을 옮겨오겠다는 허무맹랑한 주장을 해 유명세를 탄 적이 있다. 이것이 바로 유명한 '빙산 프로젝트'였다. 그는 2019년에는 외무부장관이 되었다.

아시르 지방을 둘러싼 논의를 할 경우 반드시 언급되는 인물이 이슬람 학자인 사파 알-하와리Safar al-Hawali다. 한국에서는 잘 알려진 인물은 아니지만, 오사마가 위험인물로 등장하는 거의 같은 시기에 사우디아라비아에서 대단히 위험한 존재로 부각되었다. 당시에는 오히려 오사마보다 빈번하게 화제의 인물로 등장했다. 알-하와리는 아시르주의 산악지대인 아브하 출신으로, 그가 위험인물로 손꼽히는 이유는 그 역시도 오사마가 아프가니스탄에 체류할 때부터 키워 온 반미감정을 가지고 있었기 때문이다.

16

무슬림 국가가 무슬림 국가를 점령하다

1990년 8월 2일 이라크가 쿠웨이트를 침공했다. 페르시아만의 걸프 위기와 이듬해의 걸프 전쟁은 새로운 하이테크 무기, 미디어 공방, 석유, 해양오염 등의 여러 문제를 제기하면서 세계적으로 커다란 충격이었다. 무엇보다 쿠웨이트와 이라크 모두 사우디아라비아의 인접국이다. 하지만 더 충격적인 것은 하이테크무기도, 석유도 아니었다.

가장 큰 첫 번째 충격은 무슬림 국가인 이라크가 무슬림 국가인 쿠웨이트를 점령했다는 사실이다. 이는 오사마가 전혀 예상치 못했던 일이었다. 지금까지 오사마와 무슬림들의 전쟁은 무슬림 국가인 아프가니스탄에서 무신론자인 공산주의자 소련을 내쫓거나 남예멘의 무슬림을 무신론자의 공산정권에서 해방시키기 위한 것이었다. 또한 그들이 언제나 떨쳐버릴 수 없는 팔레스타인 분쟁은 유대인 국가인 이스라엘과 무슬림인 팔레스타인인과의 싸움이었다.

침략자와 억압자는 항상 이교도와 무신론자였고, 그들은 언제나 무슬림 편이었다. 그런데 걸프 전쟁에서는 침략자도 무슬림, 침략을 당하는 쪽도 무슬림이었다. 이 사실은 그들을 혼란스럽게 만들었다. 이와는 달리 오사마가 아프가니스탄에서 개선장군이 되어 귀국한 후 연설에서 이라크의 쿠웨이트 침공을 예상했다는 주장도 있긴 하지만 불분명하다.

무슬림은 그들이 절대적 유일신인 알라에게 축복받은 존재이며 모든 종교 가운데 가장 뛰어나다고 주장한다. 그런 무슬림이 무슬림 국가를 침략하다니 충격이 아닐 수 없다. 그래도 그들은 이라크의 사담 후세인 대통령이 이끄는 정당이 바트Ba'ath당임을 내세워 위안을 삼았다. 바트당은 아랍사회주의를 표방하는 세속정당이었기 때문이다. '바트'란 아랍어로 부흥을 뜻하며, 정식 명칭은 '아랍 사회주의 부흥당'이다. 아무리 그렇다 할지라도 무슬림들은 동지끼리 침략한 것은 옳지 않다고 생각했다.

그들은 만약 이라크가 사우디아라비아를 침공하면 격퇴해야 한다고 생각할 수밖에 없었다. 신빙성은 없지만 오사마는 이라크의 침공에 대비해 불도저를 동원해 접경지대에 장대한 참호를 구축하여 이라크 전차가 들어오지 못하게 하는 방안을 사우디아라비아 국방성에 제출했다고 한다.

오사마의 심상치 않은 움직임에 사우디 왕가의 한 왕자는 친정부 이슬람 신학자를 대동하고 지다로 가서 그의 의견을 청취했다. 오사마는 "이라크에 대한 게릴라전을 수행하고자 한다."라며 파드 국왕과의 면담을 요청했다. 대동한 신학자가 오사마에게 병력이 얼마나 되느냐고 묻자, 그는 "6만 명이 있고, 또 2만 명의 사우디 자원병이 있다."라고 과장해 대답했다. 왕자는 파드 국왕과는 만날 수 없다며 대신 사우디 국방부와의 만남을 주선해 주겠다고 제안했다. 그리고 다음과 같이 경고했다.

> 당신은 지금 법과 원칙에 어긋나는 것을 말하고 있다. 그러나 신앙으로 만난 사람을 체포하는 것은 우리의 관습이 아니다. 내 충고는 당신 자신

을 사려 깊게 살피라는 것이다. 우리는 당신과 당신의 군대를 두려워하지 않는다.

그러자 오사마는 즉각 응수했다.

당신들은 미국의 말을 듣고 있다. 나는 이슬람 군대의 사령관이다. 감옥에 가는 것은 두렵지 않다. 나는 오직 알라만을 두려워할 뿐이다.

오사마는 리야드의 국방부를 방문해 다시 한번 자신의 계획을 밝혔다. 국방장관인 술탄 왕자는 그의 계획이 실현될지 의문을 표했다. "쿠웨이트에는 동굴이 없다. 그러니 당신들은 산악이나 동굴에서 이라크군과 싸울 수 없다. 사담 후세인이 생화학무기를 실은 미사일을 당신들에게 쏜다면 어떻게 할 것인가?" 국방장관은 테러리스트들이 저평한 지역을 기피한다는 사실을 이미 알고 있었던 모양이다. 이에 오사마는 "우리는 신앙으로 싸울 것"이라고 응답했을 뿐이다. 마이클 슈어의 『오사마 빈 라덴』에서는 오사마가 예멘에서 "이슬람의 적을 돕는 버릇은 사우드 왕가에서 시작되었다"고 기술한 바 있음을 지적했다.

이라크군이 쿠웨이트시를 점령하자 자베르 3세 국왕과 그의 왕족들은 사우디아라비아로 망명했으며, 1990년 8월 8일 이라크는 쿠웨이트 합병을 선언했다. 이라크가 비록 단기간에 쿠웨이트를 점령했지만, 유엔 통계에 따르면 그 해에 쿠웨이트에서 벌어진 강간 횟수가 세계에서 가장 많았다. 이 통계는 이라크군의 만행을 시사하는 것이리라.

오사마 일당이 받은 두 번째 충격은 미군의 사우디아라비아 주둔이었다. 이는 전술한 첫 번째 충격보다 더 심각하다. 이라크가 쿠웨이트를 침공하자 미국은 즉각 미군을 사우디아라비아에 파병할 것을 발표했다. 미군의 주둔이 차후에 심각한 결과를 가져올지 아무도 예상하지 못했다. 오사마는 여러 차례에 걸쳐 미국에게 경고를 거듭하다가 이윽고 미군에 대한 지하드를 선언하기에 이르렀다. 결과적으로 미군의 사우디아라비아 주둔이 오사마의 분노를 일으킨 직접적인 원인이 되었다.

> 세계 모든 아랍인, 무슬림, 신앙인들이여! 미국인이 인질로 삼은 메카를 지키기 위해 떨쳐나서는 것은 당신들의 의무다!

이는 오사마가 한 말이 아니라 미군의 사우디아라비아 주둔이 시작된 직후인 8월 10일에 사담 후세인 대통령의 연설에서 나온 말이다. 후세인은 '무슬림'보다 '아랍인'이란 단어를 앞에 배치해 아랍민족주의의 기수다운 면모를 보이려고 노력했다. 실제 연설의 핵심은 전반부에 제국주의나 식민주의 등과 같은 아랍민족주의자와 사회주의자다운 언어로 채워졌다. 후반부에는 전반부와 달리 메카와 메디나가 외국인에 의해 점령됐으므로 그것을 구해야 한다는 종교적 연설로 바뀌었다.

이와 같은 논리는 그 후에도 후세인의 연설에서 빈번하게 이용되었다. 이것이 다른 아랍인과 무슬림에게 얼마만큼 설득력이 있었는지는 의문이다. 왜냐하면 미군이 주도하는 다국적군의 주력군은 사우디아라비아의 동부에 있었으므로 이슬람 성지인 메카와 메디나와는 무려 1,000킬로미터나 떨어져 있기 때문이다. 따라서 후세인의 주장은 논리적 비약이 지나쳤다고 볼 수 있다. 후세인의 논리에 수긍하는 사람들이 거의 없다고 생각되지만, 당사국인 사우디아라비아인들 중에는 이라크의 위협에도 불구하고 수긍하는 무리들이 있었다. 그중 한 사람이 바로 사팔 알-하와리였다.

사우디아라비아 정부는 미군 주둔을 받아들일 때 종교계의 권위자들의 암묵적인 동의를 받았다. 이 나라의 이슬람 최고 성직자인 빈 바즈를 포함한 종교권위자들이 모여 회의를 한 끝에 미군 주둔을 용인하는 성명을 발표한 것이다. 그럼에도 불구하고 미군 주둔을 받아들이는 일은 무슬림으로서 자신들의 성지를 지키기 위해 이교도의 손을 빌려야 한다는 고뇌에 찬 결단이었다. 사우디아라비아 정부가 종교지도자들의 회의를 거쳐 미군의 도착을 공식적으로 발표한 것은 8월 13일인데, 이 시기는 실제 주둔 개시일로부터 1주가량 지난 시점이었다. 이러한 시간적 차이는 종교계에서 미군 주둔을 반대하는 의견이 만만치 않았음을 시사하는 것이다.

하지만 종교권위자들의 암묵적 용인을 받았다고 하더라도 모든 사우디아라비아 국민들이 미군 주둔을 받아들였다고 볼 수 없다. 메카와 메디나라는 이슬람 2대 성지가 있는 사우디아라비아는 나라 자체가 성지였다. 이슬람의 성스러운 땅에 어찌하여 기독교도를 주체로 하는 미군이 들어왔단 말인가. 미군은 십자군이며, 사우디아라비아 주둔은 이슬람에 대한 모독이었다.

이와 같은 생각을 한 국민들이 상당수 있었을 것으로 짐작된다. 반대의 목소리를 공공연하게 소리 높여 외치는 사람은 많지 않았으나 예외적으로 용기 있게 외친 사람이 바로 아브하 출신의 알-하와리였다. 또한 오사마 역시 알-하와리와 똑같은 입장이었다.

> 미군이 주축이 된 다국적군의 걸프 전쟁은 역사상 처음으로 무슬림 통치자의 자금으로 무장하고 무슬림 통치자가 준비, 집행한 십자군이다. 또한 무슬림 군대와 경찰이 십자군을 지켜주는 방패가 되었다.

이는 알-하와리가 한 말이다. 오사마는 이렇게 표현했다.

이 땅은 예외적 존재다. 왜냐하면 알라의 축복을 받은 땅이기 때문이다. 이 예언자의 땅을 어찌해서 미군이 함부로 드나들 수 있다는 말인가? 무슬림들은 신앙심을 잃어버렸단 말인가?

여기서 한 가지 눈여겨볼 점은 기묘하게도 미군이 사우디아라비아 주둔이 발표된 1990년 8월 7일로부터 꼭 8년 후인 1998년 8월 7일에 탄자니아와 케냐의 미국 대사관 폭파사건이 발생한 것이다. 의도적인지, 우연의 일치인지 알 수 없다.

오사마는 아프가니스탄에서 지하드를 벌여 소련군을 물리치고 영웅이 되어 돌아왔다. 더욱이 그의 아프가니스탄에서의 행동은 대부분 사우디아라비아 정부가 장려하고 지원한 일이었기 때문에 오사마를 아프가니스탄 지하드의 이상적인 모델로 받들었다. 그때만 하더라도 오사마의 지하드는 사우디아라비아 정부의 공식적인 정책과 일치한 행동이었다. 오사마는 수없이 많은 이슬람 사원 집회에 초대되어 연설했다. 그의 격정적인 연설이 녹음된 테이프는 공식적으로만 25만 개 이상 팔려나갔다. 지하 조직이 복사 배포한 테이프 수도 엄청났다.

조국으로 귀국한 오사마는 자신이 주장한 이슬람적 생활방식을 몸으로 실천했다. 먼저 호화저택에서 작은 아파트로 이사했다. 그와 그의 가족들은 침대도 없이 마루에서 잠을 잤다. 이때 그의 집을 방문한 이집트 언론의 기자는 오사마가 마루 귀퉁이를 사무실로 삼고 가족들 또한 마루 한 켠에서 생활하는 것을 목격하고 놀랐다고 한다. 그 기자도 방문 기간 내내 침대가 아닌 마루바닥에서 잠을 자야 했다.

그런데 똑같은 지하드를 이번에는 코앞의 예멘에서 벌이려고 하니 사우디아라비아 정부로부터의 제동이 걸린 것이다. 오사마의 행동과 사우디아라비아 정부의 정책 간에 커다란 균열이 드러났다.

오사마는 미군의 주둔이라는 전대미문의 상황에서 이번에는 왕족이 아닌 종교계를 향해 로비 활동을 개시했다. 그는 어느 고위직 종교지도자를 설득해 군사적 훈련과 대비가 무슬림의 의무임을 지적하는 파트와를 발표했다. 오사마는 이 파트와를 내세워 사람들에게 아프가니스탄에서 군사훈련을 받도록 설득하며 다녔다. 약 4,000명이 이 파트와의 부름에 응했다. 그러므로 파트와는 사실상 종교적 칙령이거나 지령 또는 명령이라고도 볼 수 있다.

물론 이처럼 오사마의 이러한 행동을 정부로서는 간과할 수 없었다. 사우디아라비아 정부는 그를 소환해 설교와 활동을 중단하라고 경고했다. 그뿐만이 아니었다. 정부는 국가방위대에 요청해 지다 근교에 있는 오사마의 회사에 대해 압수 수색을 벌였다. 이 사실을 들은 오사마는 격노해 당시 국가방위청장관인 압둘라 왕세자(2005년 국왕 즉위)에게 항의서한을 보냈다. 이에 왕세자는 오사마에게 사과하고 책임자를 문책할 것을 약속했다고 한다. 그러나 이런 사실의 진위 여부는 확인할 수 없다.

أسَامَة بِنْ مُحَمَّدْ بِنْ عَوَدْ بِنْ لَادِنْ

5장

오사마의 디아스포라

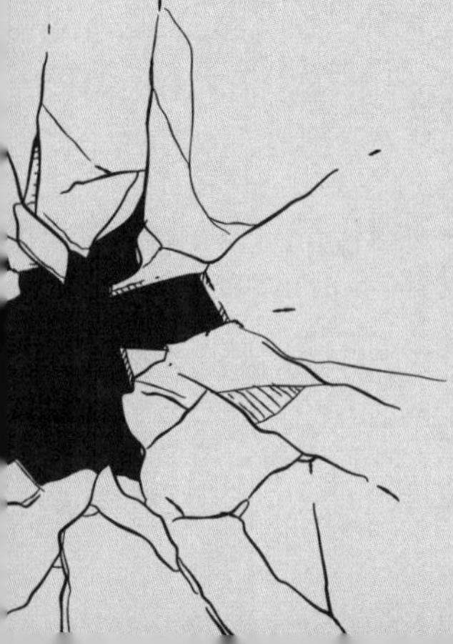

17

흔들리는 사우디 왕국

이라크의 쿠웨이트 침공과 미군 주둔을 계기로 사우디아라비아 사회는 크게 동요했다. 먼저 사우디 여성들의 일부가 자동차를 운전하며 시위를 벌인 사건이 발생했다. 상식적으로는 이해할 수 없는 일이지만 사우디아라비아에서는 여성들의 운전이 금지되어 있었다. 그녀들은 모두 서양에서 자동차 운전면허를 취득한 자들로, 걸프 위기로 수많은 서방의 기자들이 국내에 체류하는 것을 의식하지 못한 채 데모를 벌였다. 거의 같은 시기에 헤자즈 지방의 테크노크라트들이 중심이 되어 정치개혁을 요구하는 청원서를 제출했다.

위에서 언급한 여성들의 데모와 테크노크라트의 청원 모두 비교적 리버럴한 입장에서의 움직임인 것은 주목할 만하다. 사우디아라비아에서 리버럴한 계급의 영향력은 미미하기 짝이 없다. 특히 여성들의 데모는 보수적인 종교세력으로부터 걷잡을 수 없는 반격을 받았다. 시위를 벌인 여성들은 리버럴하고 세속적이며 공산주의자이고 무신론자이며 악마 신앙인으로 단죄되었다. 사우디아라비아에서는 여성의 취업은 교육과 의료 등의 분야에만 한정되어 있었다. 그녀들은 서양에서 교육을 받았거나 대학교수 등의 지적 엘리트 계층에 속한 여성들이었지만 대부분 직장에서 쫓겨났다. 하지만 세계적 이목을 의식한 사우디 정부는 결국 2018년부터 여성운전을 허용했다.

여성들의 시위사건에서 잊어서는 안 될 것은 그녀들을 동정하는 목소리가 사우디아라비아에서는 거의 없었다는 사실이다. 해외 반응은 사우디 여성들을 동정하는 편이었지만, 국내 언론에서는 그녀들을 격렬하게 비판했다. 그녀들의 남편에게도 마찬가지였다. 이러한 공격의 주류는 보수 본류인 종교계였음은 두말할 필요도 없을 것이다.

사우디아라비아에서 정권을 맡고 있는 지배계급에게는 리버럴한 세력의 비판은 그다지 심각할 것 없었다. 오히려 더 큰 위험을 내포하고 있는 것은 본류에 속하는 종교 세력으로부터의 반대운동이었다. 정부는 이 무렵부터 모스크에 대한 관리를 강화하고 설교 내용을 점검하기에 이르렀다. 이 때문이었는지는 확실하지 않지만 보수 본류의 체제비판은 적어도 걸프 위기와 걸프 전쟁이 끝날 때까지 표면화되지 않았다.

그러나 걸프 전쟁이 끝난 직후, 1991년 5월에는 사우디아라비아의 체제를 떠받치고 있는 종교 세력과 지식인들로부터 정치개혁 청원서가 제출되었다. 또한 그 후에도 이런 종류의 항의 행동은 계속되었다. 언론통제가 심한 상황 속에서도 사우디아라비아의 분위기는 심상치 않았다.

사우디아라비아 정부는 1992년 3월 통치기본법 및 자문평의회의 설치를 발표하고 부단한 개혁 요구에 응하는 자세를 보였다. 그러나 나중에는 개혁을 요구하는 운동이 제대로 받아들여지지 않았다. 7월에는 정부에 반기를 드는 청원서가 제출되기에 이르렀는데, 여기에는 체제에 협조하던 인물들이 포함되어 있었다. 정부는 감시를 강화해 많은 사람들을 체포했다. 그들 중에는 알-하와리와 알-오우다al-Ouda가 포함되어 있었다. 알-하와리는 아브하 출

그림 5-1. 사팔 알-하와리와 살만 알-오우다의 모습

신의 이슬람 학자, 살만 알-오우다는 박사학위를 소지한 사우디아라비아 엘리트층의 종교지도자다. 이들은 곧 투옥되었다.

오사마가 그와 같은 활동에 가담했었는지의 여부는 알 수 없다. 적어도 위에서 언급한 청원서에는 그의 서명이 없었다. 다만 그는 기자회견에서 걸프위기 후에 제출된 청원서를 높이 평가한 바 있으며, 사우디아라비아 체제비판의 움직임에 어떤 형태로든 관련되어 있을 가능성을 부인할 수 없었다. 어느 쪽이든지 오사마 역시 체제의 틀을 벗어나 사우디아라비아에 체류할 수 없게 되었다.

사우디아라비아의 이슬람 최고성직자 빈 바즈와 같은 체제파 측의 종교지도자들은 알-오우다와 오사마를 비타협적인 '카와리지파Kharijites'라 부르며 비난했다. 카와리지파란 이슬람 역사상 최초의 정치적, 종교적 분파 중 하나다. 7세기 이슬람 초기 역사에 있었던 시핀 전투 이후 무슬림들 간의 분쟁을 해결하려는 중재회의 중에 전쟁의 양 당사자인 알리와 무아위야 양측 모두에 반대해 만들어졌다. 양측이 대립을 조정해 해결하려 했으나 "관결은 신만이 하는 것"이란 슬로건을 내걸고 인간에 의한 조정을 반대한 알리파의 일부가 이탈해 생긴 이슬람 교파다.

그들은 『코란』의 가르침을 매우 엄격하게 사회에 적용하면서 반대자들을 불신앙자로 단죄했다. 그들은 정통 칼리프마저도 인정하지 않고 알리를 암살했다. '카와리지'란 아랍어로 '이탈하는 자'란 뜻이다. 시핀Siffin 전투는 657년 이슬람공동체 지도자 문제를 둘러싸고 제4대 칼리프 알리와 우마이야 가문의 무아위야 사이에서 벌어진 내전을 말하는데, 무아위야는 후에 우마이야 왕조를 창건했다.

오사마는 1991년부터 1992년에 걸쳐 수단으로 활동 무대를 옮겼다. 정부에게 여권을 압수당한 그가 어떻게 수단으로 건너갈 수 있었는지 알 수 없다. PBS의 보도에 따르면 오사마는 자택연금과 다름없는 상황에 처해 있었고, 미군이 주변에 진을 치고 있는 와중에 사우디아라비아에 머물러 있을 수 없다고 느꼈다. 그는 왕족과 친분이 있는 형제에게 파키스탄에서 사업상 문제가 생겼으므로 사우디아라비아를 떠나야 할 필요가 있다고 둘러대 도항금지 조치를 해제받았다.

그리하여 그는 1991년 4월경 파키스탄으로 출국하게 되었다. 내무상이 외국을 여행하는 틈을 노려 탈출에 성공한 것 같다. 오사마는 탈출에 도움을 준 형제에게 귀국할 생각이 없음을 전하는 동시에 왕족에게 거짓말 한 것에 대해 사과하는 편지를 보냈다.

그 후 오사마는 다시 아프가니스탄으로 돌아갔다. 1989년에 소련군을 격퇴한 아프가니스탄이었지만 여전히 혼란 속에 있었다. 소련은 철군했으나 허수아비 정권이나 다름없는 아프가니스탄의 나지불라 정권은 아직 카불에 잔존하고 있었다. 아프가니스탄에서는 무자헤딘들이 공산정권 타도를 위한 싸움을 계속하고 있었으며, 소련은 빠른 속도로 무너져 결국 해체되고 러시아 공화국으로 바뀌었다. 무자헤딘은 1992년 수도 카불에 입성해 드디어 공산정권을 타도하는 데 성공했다. 나지불라는 자신이 독실한 이슬람교도라고 말하며 반군단체에 항복했다. 1993년 이슬람협회의 교육평의회 의장이던 랍바니가 대통령에 취임했다.

이것으로 드디어 내전이 종지부를 찍는 줄 알았지만 싸움은 끝날 기미가 보이지 않았다. 이번에는 무자헤딘끼리의 피 터지는 내전이 발발했다. 아프가니스탄에 입국한 오사마는 분쟁을 벌이는 각 파벌 간의 조정위원회 의장을 맡게 되었다. 그가 아프가니스탄 사람이 아니므로 객관적 입장이 될 수 있다는 이유로 각 파벌이 선택한 것이다. 그러나 원만한 조정이 불가능했다. 파벌 간의 협상을 그르치면 오히려 오사마가 그 책임을 뒤집어 쓸 수도 있었다. 결국 오사마는 곤란한 상황을 모면하려는 듯 아프가니스탄을 떠나 이번에는 수단으로 향했다.

18

수단 공화국에서의 활동

수단 정부는 지하드를 주장하며 전 세계적으로 지하드단체들을 후원했다. 9개국과 국경을 접하는 수단은 18세기 들어 영국과 이집트의 공동 지배를 받다가 1956년 독립했다. 1991년 말까지 1,000명의 이집트 반란군을 받아들였으며, 팔레스타인 지도자들도 매우 반갑게 맞았다. 카를로스 자칼이라고 불리는 악명 높은 테러리스트 역시 이라크와 리비아에서 보호를 거부당한 뒤에 수단에서 잠시 보호를 받았다. 또한 수단 정부는 오사마가 이끄는 알카에다를 지원했으며 심지어 국제테러리스트로 지명된 오사마에게 5년간 은신처를 제공했다.

수단은 9·11테러 이후 테러리스트를 지원하는 불량 국가로 유명해졌다. 이집트는 의회 대변인 살해사건의 범인이 수단에서 암살 훈련을 받은 자들이라며 수단을 비난했고, 아프가니스탄 전쟁에서 싸우다가 퇴역한 알제리인들은 수단에서 훈련을 받은 이후 알제리로 돌아가 군사정권에 저항하는 운동을 시작했다. 수단에서 훈련받은 리비아인들은 1993년 무아마르 카다피의 암살을 시도했고, 1995년에는 리비아에서 반군 공격을 시작했다.

수단에서 훈련을 받은 팔레스타인 하마스 조직원들은 가자 지구에서 이스라엘 민간인이 탄 버스를 대상으로 자살폭탄테러를 저질렀다. 또한 수단은 소말리아의 아이드 민병대와 에리트레아와 에티오피아의 이슬람 무장투쟁 단체를 후원했다. 수단의 전 대통령 오마르 알 바시르는 9·11테러에 관여했으며 실제로 이 사건에 관여한 혐의로 기소된 사람들 가운데 6명이 수단 출신이었다.

오마르 알 바시르는 세계무역센터 폭파 혐의로는 기소되지 않았지만, 뉴욕의 주요 건물 폭파를 포함해 반미테러를 벌이려는 모의를 한 혐의로 기소되어 종신형을 선고받았다. 그리고 이 사건을 계기로 미국 국무부는 수단을 테러지원국으로 지정했다. 수단의 테러 활동 개입은 1995년 6월 이집트의 군인이자 대통령이었던 호스니 무바라크에 대한 암살 시도로 절정에 달했다.

미국 국무성의 조사에 의하면 오사마는 이미 1983년부터 수단에서 비즈니스와 농업 분야에 투자할 기회를 탐색하고 있었던 것으로 보인다. 아프가니스탄에서 사우디아라비아로 귀국한 1990년에는 수단에서 몇몇 프로젝트를 작동시키고 있었던 모양이다. 이주 장소로 수단을 선택한 물밑작업은 이미 진행되고 있었던 것이다. 오사마가 혈혈단신으로 수단에 이주하는 것이라면 복잡할 것 없지만, 아마 그의 뇌리 속에는 아프가니스탄에서 함께 싸웠던 아랍 무자헤딘의 처우도 염두에 두었던 것 같다.

또 하나, 오사마가 이주 장소로 수단을 택한 것에는 중요한 요인이 있었다. 당시의 수단은 '국민이슬람전선'이라는 정치 조직의 우두머리이자 종교지도자인 하산 알 투라비Hassan Al-Turabi가 막강한 권력을 장악하고 있었다. 아마 그의 존재는 오사마가 수단을 선택한 중요 요인이었을 것이다. 알 투라비야말로 수단에서 오사마를 비호해 주는 최대의 후견인이었다. 당시 그는 '수단의 호메이니'였다.

프랑스 소르본느 대학교에서 법학박사를 취득한 그는 원래부터 수단 무슬림형제단의 지도자였으며, 이집트의 형제단과는 결별해 독자적 노선을 걷고 있었다. 그는 오사마가 체류할 당시에는 국회의장 등의 요직을 차지하고 대통령 이상의 권력을 행사했다. 그의 영향력은 수단뿐 아니라 다른 아랍 여러 나라에도 미치고 있었다. 오사마는 수단 입국 후 국민이슬람전선과 협력하면서 자신의 특기인 토목사업을 추진했다.

오사마가 수단을 선택한 또 다른 이유는 사하라 사막의 경계에 해당하는 사헬지대가 이 나라를 지나고 있고, 오사마와 알카에다 요원들의 용모와 피부색이 두드러지지 않기 때문이다. 원래 수단이란 지명은 아랍어로 '흑인'을 뜻하는 말이다. 하지만 수단에는 백인과 흑인이 섞여 살고, 흑인이라고 할지라도 다른 지역의 흑인과는 생김새가 다르다. 그러므로 오사마와 알카에다 요원들의 용모는 그들과 섞여 살아도 두드러지지 않는다. 이 나라에서는 피부가 흴수록 상류층이고 검을수록 하류층에 속하는 경향이 있다.

수단에 입국한 오사마는 미국과의 전쟁을 확대하기 위해 알카에다를 이용할 준비를 했다. 1992년 예멘에서 미군에 대한 공격을 시작했고, 1992~1994년에 소말리아에서 미군에 대한 공격을 위한 지원을 했다. 그는 또한 상업 건물과 농업 관련 기업들과 함께 개인 재산을 늘리기 위해 힘썼는데, 이는 개인대출과 국민이슬람전선의 지도자 알 투라비에게 자금을 제공하기 위한 아이디어에서 출발했다.

그의 사업들은 알카에다의 유지와 아프가니스탄에서 함께 싸웠던 알카에다 요원들과 그들의 가족을 지원하는 데 사용되었다. 그리고 그의 경제 활동이 확대되면서 오사마는 그의 부관들을 '아프리카의 뿔'이라 불리는 아프리카 북동부 해안 국가와 그 밖의 다른 곳으로 보내 상품을 팔고 알카에다 주둔지를 정찰하게 했다.

1991년 12월 오사마는 하르툼Khartoum 근교 청나일강 쪽의 부유층이 사는 알리야드에서 그의 아내들과 자녀들 그리고 그의 추종자들 중 일부를 거주지와 사무실로 사용될 주택에 정착시켰다. 넷째 아들 오마르는 그의 회고록『빈 라덴의 성장기』에서 "나는 아프가니스탄과 달리 수단에서 행복한 나날을 보냈다."라고 회고했다. 오사마는 수단 외부, 특히 무슬림세계와 유럽에서 온 많은 방문객들을 위해 게스트하우스를 마련했다. 그곳은 오사마의 캠프이자 근거지가 되었다. 함께 있던 두 번째 아내 카디자 샤리프는 오사마의 금욕 생활을 참지 못해 본국으로 돌아갔다는 소문이 있었다. 바로 그때부터인가 오사마

그림 5-2. 수단 공화국의 지리

는 비아그라에 대한 관심을 표명한 바 있다.

「알-쿠드스 알-아라비」는 2001년 11월 26일 오사마는 그의 아내 나자와가 말한 것처럼 가장 좋은 학교에 그의 아들을 입학시켰고, 유능한 3명의 개인교사를 고용해 아들들과 그의 일행의 아들들에게 과학, 역사, 지리 그리고 종교에 대해 가르치도록 했다고 보도했다. 나자와는 오사마와 부부 이전에 친척이었지만 이슬람권에서는 일반적으로 근친결혼이 허용된다. 동네 이웃들은 매우 검소한 생활을 하는 오사마를 친절하고 소박한 사람으로 평가했다고 한다. 이것은 오사마가 자식 교육에 주력했던 그의 단면을 보여 주는 대목이다. 또한 여기서 오사마가 아들에게 지리를 가르치게 한 점이 주목할 만하다. 지리의 중요성을 뒤늦게 깨달은 탓일까.

오사마가 수단에서 추진한 여러 개발프로젝트 중 특히 그의 건설개발회사가 벌인 도로건설에 주목해 보자. 이 공사는 수도 하르툼에서 무역항인 포트수단에 이르는 전장 800킬로미터에 달하는 도로건설이었다. 또한 오사마 개인 소유는 아니지만 빈라덴 그룹 역시 포트수단 근교의 공항건설에 참여하기도 했다. 포트수단은 홍해에 면한 이 나라 유일의 항구도시로, 근대적인 항만시설과 선박 수리시설을 갖추고 있으며 원유 수출을 포함한 수단 해외무역의 약 85%가 여기서 선적된다. 남수단의 보르에는 2011년 재건 지원을 위해 유엔 평화유지군으로 파견된 한국의 한빛부대가 주둔해 있다.

그리고 오사마는 무역회사를 만들어 수단의 고무, 옥수수, 깨 등의 수출을 독점했다. 수단의 수도는 청나일강과 백나일강이 합류하는 비옥한 곳으로 가늘고 긴 땅이라 하여 1821년 아랍어로 하르툼이라고 불렸다. 수단은 1990년대까지만 하더라도 나일강 유역의 경작지를 바탕으로 아랍세계에 농축산물을 공급하는 농업국이었다. 또한 농업용수의 확보와 이집트를 견제하기 위한 일환으로 에티오피아와 협력해 나일강에 댐을 건설했다.

오사마는 농업 관련 회사는 물론 이탈리아로 양가죽을 수출하는 피혁회사도 보유하고 있었다. 하르툼 근교와 동부의 청나일강 쪽에 대규모 농지를 소유했다. 또한 금융 분야에서도 오사마는 국민이슬람전선과 함께 하르툼에 은행을 설립해 5,000만 달러를 투자했다.

그러나 오사마의 '생활'은 여전히 검소했다. 그의 초청으로 수단을 방문한 오사마의 친구이자 사우디 억만장자 할레드 알 파우히자는 "그의 집과 생활 수준을 본 나는 내 눈을 믿을 수 없었다. 집에는 냉장고와 에어컨도 없었다. 자동차도 없었다. 한마디로 아무것도 없었다."라고 말하면서 그의 검소함에 놀라움을 금치 못했다.

막강한 재산을 보유하던 오사마는 수단을 떠나 아프가니스탄으로 향할 때 자기가 없는 수단의 경제적 타격은 클 것이라고 호언장담을 했다고 한다. 오사마가 정말 이런 말을 했는지 확인할 수 없지만, 그가 소유한 재산을 생각한다면 납득이 가는 측면도 있다. 100여 명에 달하는 회사의 직원들은 대부분 아프가니스탄에서 오사마와 함께 지하드를 벌였던 아랍인 무자헤딘들이었다. 그가 고용한 인원에 대해서는 언급을 피했다. 그는 1993년 「인디펜던트」와의 회견에서 다음과 같이 말했다.

> 나는 나의 동지들을 파키스탄에서 여기 수단으로 데려왔다. 인원수에 대해서는 말하고 싶지 않다. 그러나 그들은 현재 수단에서 일하고 있으며 포트수단으로 연결되는 도로를 만들고 있다.

일부 보도에 따르면 1993년 3월에 파키스탄 정부가 국내의 과격파를 소탕할 때 오사마는 300~480명의 아랍인 무자헤딘을 데리고 수단으로 피신했다. 사람뿐만 아니라 건설자재와 장비도 함께 수단으로 보냈다. 이 시기에 오사마는 수단에 있어야 하는데, 언제 파키스탄으로 입국했는지는 불분명하다. 추정컨대 오사마는 수단에 머물면서도 파키스탄을 왕래한 모양이다.

수많은 젊은 아랍인 무자헤딘들은 자신들이 고국으로부터 응당한 대우를 받지 못한다고 생각했다. 그들은 이슬람의 대의를 위해 싸운 전사들이며, 그 용기와 신앙심을 칭찬받아야 함은 물론 그들이 세운 공적에 상당하는 대접을 받아야 마땅하다고 생각하고 있었다. 그러나 그들을 고용하기에는 사우디아라비아를 비롯한 걸프 국가에도 실업이 사회문제로 대두되고 있었다.

이슬람세계는 무자헤딘의 자긍심, 신앙, 분노, 불만을 받아들이지 못했다. 갈 곳을 잃은 그들의 정신은 사회 속에서 첨예화되고 경우에 따라서는 폭력으로 탈바꿈되거나 정부 비판으로 변질되었다. 아프가니스탄 전쟁이 승자인 아랍세계에게는 마치 미국의 베트남 전쟁처럼 상처뿐인 영광이었다는 것은 바로 그런 의미다. 이러한 무자헤딘의 불만과 고통을 오사마의 경제력이 어느 정도는 도와준 셈이다. 더욱이 그곳에서는 같은 무슬림 동지들 혹은 전우들이 함께 일하고 있다. 어디 그뿐인가. 오랜 기간에 걸친 내란으로 거의 기능이 마비된 수단 국민들은 그들에게 고마움을 느끼고 있었다.

수단에서의 노동이 힘들다고 해도 그들의 자긍심은 충만했다. 다시 말해서 오사마의 사업은 무자헤딘에게도, 또 수단에게도 의미가 있었다. 앞에서 소개한 오사마의 호언장담이 그럴싸해 보이는 이유다. 알 투라비는 오사마에 대해 "그는 비즈니스맨이며 수단에 이익을 가져다주고 있다."라고 고마워했다.

이 시기에 오사마는 그 밖의 다른 나라에서 이미 골치 아픈 존재가 되어 있었다. 그는 1993년 12월에 영국의 「인디펜던트」와 인터뷰를 했는데, 아마 그것이 서방세계 언론의 데뷔였을 것이다. 영국 신문이 느닷없이 수단에서 자선사업(?)을 하고 있는 사우디아라비아 출신의 인물과 인터뷰를 할 리 만무했다. 이 무렵까지 오사마는 적어도 아랍의 미디어, 그중에서도 특히 이집트의 언론매체에서 테러 용의자란 딱지가 붙어 있었다.

예를 들어 1993년 5월 이집트의 무바라크 대통령은 걸프 국가를 순방 중이었다. 그는 이때 걸프 국가 혹은 이집트에서 '무슬림원리주의자에 의한 민간 조직의 자금 공여'에 대해 주의를 기울일 것을 주장했다. 또한 아랍에미리트 연방은 모든 모금 활동에서 자금의 흐름을 파악하기 위해 사전에 정부의 인가가 필요하도록 규정을 변경했다.

무바라크 대통령의 걸프 순방이 있기 얼마 전 이집트 언론매체들은 민간 조직이 이집트에서 사회문제로 대두되고 있던 아랍 아프간에 대해 재정 지원을 하고 있다고 보도했다. 무바라크가 지적한 민간 조직이 오사마 회사를 가르키는 것임은 물론이다. 오사마는 사우디아라비아와 남예멘뿐만 아니라 이집트에서도 위험인물이 되어 있었다.

오사마는 수단의 대외정책에도 큰 영향을 끼쳤다. 그는 단순한 망명자가 아닌 전 이슬람권을 상대로 이슬람주의운동을 벌이는 VIP 인물이었다. 그의 국제적인 사업망 구축은 이를 위한 유효 수단이었다. 그는 이슬람 세계 내 친미 정권이 아니라 미국을 직접 상대해야 한다고 주장했다.

이쯤에서 오사마의 재정 상태에 대해 언급해둘 필요가 있을 것 같다. 그의 재산 규모는 도대체 어느 정도인가? 이에 관해서는 정확한 자료가 전혀 없다. 세간에 떠도는 오사마의 재산 규모는 대부분 억측에 불과할 뿐이다. 언론매체에서는 일반적으로 3억 달러가 정설로 되어 있다. 이 수치는 1996년 「타임스」의 기사에서 비롯된 것이다. 이 기사에서는 오사마가 3억 달러의 자금을 통제할 수 있을 것으로 추정했다. 하지만 「타임스」의 보도 역시 정확한 근거를 제시하지는 못했기 때문에 이 수치 역시 의문부호가 따른다.

그럼에도 불구하고 각종 언론매체에서 3억 달러란 수치는 2001년까지 통용되었다. 이 수치는 늘어나지도 줄어들지도 않았다. 오사마의 종잣돈은 그의 아버지 무함마드가 사망했을 때 유산으로 물려받은 것임이 분명하다. 물론 그 후 오사마가 벌인 사업의 성공과 실패, 혹은 기부 등에 따라 달라졌기 때문에 보유액을 가늠하기 힘들다. 이미 재산을 탕진했을 것이라는 소문도 있었다. 그는 자신의 재산에 대해 일체 입을 열지 않았다. 오사마가 파키스탄 신문기자와의 인터뷰에서 말한 내용은 이렇다.

"당신의 재산 규모는 어느 정도입니까?"
"……. 내 마음은 부자이며 씀씀이도 좋습니다."

결국 자신의 재산에 대해 답변을 회피한 것이다. 오사마는 1996년 다른 언론과의 인터뷰에서는 이렇게 말했다.

신은 우리에게 신앙을 주셨고, 칠흑 같은 어둠으로부터 광명을 베푸셨다. 우리의 의무는 알라가 정해 준 방법으로 빛을 세상에 비춰 밝혀야 한다. 찬양하라! 알라를! 신은 우리에게 이슬람공동체에 대한 잔악한 침략을 격퇴할 만큼의 건강과 부를 주셨다. 그 부를 투쟁에 사용하는 것은 이슬람공동체 전체의 의무다.

영국 런던에서 망명 생활을 하고 있던 사우디아라비아 출신의 무함마드 알마사리는 2001년 오사마가 알려진 만큼 돈이 많지 않다고 주장했다. 그의 증언에 따르면 오사마의 대변인 파우와즈는 전화요금을 낼 돈이 없어 빌리기도 했고, 월 150파운드에 달하는 사무실 임대료가 부담되어 자신의 집 거실을 사무실로 사용했다고 전하면서 "돈이 부족해서 모두 허리띠를 졸라맸다."라고 회고했다.

알 마사리는 오사마의 재산을 3,000만~4,000만 달러로 추산했다. 그는 오사마가 수단에 많은 회사를 거느리고 있지만 그의 재산 가운데 상당수는 부동산과 불도저 등의 물적 자산이라고 밝혔다. 그는 "오사마가 돈을 쓰는 활동은 많이 했지만 돈을 그리 많이 벌지는 못했다."라고 증언했다.

「뉴욕타임스」는 2001년 오사마의 자금을 추적하는 미국 정부의 노력은 실패한 것이나 다름없다고 보도했다. 불법자금을 추적하는 작업은 과거에도 별다른 성과를 내지 못했고, 은행들은 자금 추적에 대해 반발했다. 클린턴 행정부 당시 돈세탁 수사에 비협조적인 외국계 은행을 처벌하는 법안이 제안됐으나 당시 집권당인 공화당 소속 상원의원에 의해 기각되었다.

흔히 오사마의 재산이 9·11테러에 큰 도움이 되었을 것이라고 생각되지만 실제로는 그의 개인재산이 거의 이용되지 않았다는 소문이 더 강했다. 적어도 9·11테러의 경비에 관해서는 오사마의 호주머니에서 지출된 것이 아니라 사우디아라비아 등의 걸프 국가 부자들의 기부금이 중심이라는 것이다. 9·11테러의 모든 경비는 대략 40만~50만 달러일 것으로 추정됐다. 이 금액으로 항공기 4대와 세계무역센터 2개 동, 국방성 건물, 사상자의 생명과 비교할 수 없는 노릇이다.

사우디아라비아 정부는 1992년 말에 사우디 국내에 있던 오사마의 자산을 모두 동결하는 조치를 취했다고 한다. 그런데 어떻게 자신의 자산을 해외로 빼돌릴 수 있었는지 수수께끼가 아닐 수 없다. 그리고 미국은 1993년 수단을 테러 지원국 리스트에 올렸다.

19
국적을 박탈당한 오사마

1994년 2월 19일, 빈라덴 그룹의 회장인 오사마의 이복형 바크르 빈 라덴이 사우디아라비아의 언론매체에 다음과 같은 내용의 팩스를 보냈다.

> 바크르 회장과 빈 라덴 일족은 이제까지 벌여 온 오사마의 행동을 유감으로 생각해 비난하는 동시에 오사마를 결코 용서할 수 없는 인물로 빈 라덴 일족에서 추방한다.

언론을 이용해 빈 라덴 일족이 오사마의 추방을 발표한 것이다. 보도에 따르면 오사마는 수단에 체류하면서 아랍 아프간의 지도적 위치에 올라가 있었다. 오사마 일당은 각기 모국에 돌아가 이슬람 교리의 엄격한 적용을 호소하는 캠페인에 종사하거나 때로는 폭력적인 방법도 가리지 않았다. 그리고 오사마는 1992년 12월에 예멘의 아덴에서 발생한 호텔 폭파사건에 관여했다. 이 사건으로 2명의 오스트리아인 관광객이 사망했다. 물론 오스트리아인 관광객이 아닌 미군이 표적이었지만, 미군은 테러를 면했다.

소말리아는 1991~1992년에 내전과 기근으로 약 30만 명이 사망하고 국민의 절반 이상이 굶어 죽기 직전이었다. 당시 그곳에는 소말리아 구호를 위한 희망회복작전Operation Restore Hope에 참가하기 위해 모인 약 100명의 미국인 병사들이 체류 중이었다. 희망회복작전이란 조지 부시 미국 대통령이 24개국 4만여 명을 파병해 벌인 작전의 명칭이다. 이 작전에서 미군과 다국적 연합군의 목표는 안정적 구호 활동과 치안 확보에 있었다.

수단, 에티오피아, 소말리아 등이 포함된 동아프리카 지역은 이슬람권에 속한다. 수단에 기반을 둔 오사마의 조직 알카에다는 미군의 소말리아 진입을 이슬람세계에 대한 지배전략의 일환으로 보았다. 즉 아라비아반도와 페르시아만 일대에 이어 동아프리카조차 장악하려는 속셈이라고 판단한 것이다. 알카에다의 파트와위원회는 소말리아의 미군을 공격하라는 칙령을 내렸다. 미국과의 첫 번째 대결은 소말리아에서 벌어졌다.

1993년 초 오사마의 지하드 조직 사령관인 아부 하프스는 소말리아인들을 훈련시키고 무기를 제공했다. 1993년 10월 소말리아 수도 모가디슈에서 벌어진 이틀간의 전투에서 미군은 소말리아의 반군 지휘자인 아이디드를 잡으려다가 18명의 전사자를 냈다. 그뿐만 아니라 로켓 발사기로 날아온 수류탄에 블랙호크 헬리콥터 여러 대가 격추당했다. 헬리콥터 격추는 소말리아 부족 병사의 능력으로는 할 수 없는 일이었다.

빌 클린턴으로 정권이 교체되면서 미군은 25,000명 중 1,100명만 후방에 남고 소말리아에서 철수했다. 미군의 철수 후 20여 개국 약 3만 명의 평화유지군이 집결해 반군과 전투를 벌였다. 비전투요원으로 구성된 한국군도 있었다. 이것을 배경으로 미국은 〈블랙호크다운〉을, 한국은 〈모가디슈〉란 영화가 만들어지기도 했다.

미군의 소말리아 철수에 오사마가 어느 정도 관여했는지에 대해서는 여러 주장이 있다. 오사마는 그의 부대가 참전한 것을 언급한 적이 있다. 1998년 파키스탄 언론인에게 그의 측근 하미드 미르를 소개하면서 "소말리아에서 내 부대를 지휘한 사령관이 미군 헬리콥터 1대를 격추했다."라고 말한 것이다. 1999년 알자지라와의 인터뷰에서는 "소말리아에서의 전투를 통해 우리는 그들(미군)의 나약함을 알았다. 겨우 18명이 전사하자 캄캄한 밤에 달아났다."라고도 말했다.

아덴 호텔테러는 오사마가 깊숙이 관여한 사건 가운데 가장 오래전 일이었다. 낙원이란 뜻의 아덴은 과거 남예멘의 수도였던 곳이다. 예멘은 1990년 통일되었지만 그 사건이 발생하기 수년 전까지만 하더라도 남예멘 해방을 위해 싸운 지하드 전사 오사마로서는 인연이 깊은 곳이었다.

오사마가 수단에 체류하던 시절의 활동에는 불분명한 점이 많다. 물론 그의 활동이 순수한 비즈니스뿐이었다면 추방되는 지경까지 이르지 않았을 것이다. 적어도 빈 라덴 일족은 무언가 증거가 있기 때문에 오사마가 수단에서 위험한 활동을 벌이고 있다고 확신한 모양이었다. 당연한 일이지만 오사마가 테러를 인정한 적은 없다. 그렇지만 소말리아에 관해서는 오사마 스스로 언급한 또 하나의 사건이 있었다.

1993년 10월 미군은 소말리아의 수도인 모가디슈 근교에서 매복하고 있던 자들로부터 공격을 받았다. 이 교전에서 20명 가까운 미군 병사가 사망하고 70여 명이 부상당했다. 미국 언론에 따르면 그들은 아이디드 장군이 벌인 기습작전에 동원된 병사들이었다. 오사마는 1996년 런던에서 발행되는 「알-쿠드스 알-아라비」와의 인터뷰에서 이 사건에 대해 흥미로운 발언을 했다.

소말리아인을 제외하고 미군과 싸운 유일한 부대는 아프가니스탄의 아랍

> 무자헤딘 형제들뿐일 것이다. 미국 정부는 우리가 그들과 싸웠던 사실을 잘 알고 있다. 우리는 미군에게 커다란 피해를 입혀 전투를 성공리에 끝냈다. 우리는 모가디슈에서 그들을 미끼로 삼았다. 아이디드는 범행을 부인하고 있지만, 그는 사실을 말하고 있다.

오사마는 에둘러 말했지만, 분명히 '우리'라고 표현한 오사마 일당들이 미군을 공격해 심대한 타격을 입힌 것이다. 또한 1997년 CNN과의 인터뷰에서도 동일한 취지의 발언을 했다.

> 소말리아에서 미군의 침략에 대한 저항운동이 시작됐다. 무슬림은 소말리아를 구하러 파병했다는 미국의 주장을 믿지 않았다. 알라의 가호로 소말리아의 무슬림들은 아프가니스탄에 있던 아랍 무자헤딘과 협력해 다수의 미국 점령군 병사를 살해했다.

아마 오사마의 머릿속에서는 이 사건은 테러 행위가 아닌 무자헤딘이 벌인 순수한 지하드 또는 무자헤딘 대 미군 간의 전투였을 것이다. 따라서 범행을 인정해도 상관없었다. 다만 서방측에서의 소말리아 사건과 오사마를 연결하는 듯한 보도는 적어도 1996년 오사마가 기자회견에서 스스로 인정하기 전까지는 없었을 것이다. 아덴에서의 호텔 폭파사건도 마찬가지였다. 오사마가 사망한 이후인 2022년 8월에는 이슬람 극단주의 무장단체 알샤바브가 모가디슈 시내 호텔에서 인질극을 벌여 최소 20명이 사망하는 테러가 발생했다. 알카에다와 연계된 무장단체인 알샤바브는 샤리아를 엄격하게 지키는 정부를 세우겠다면서 10년 넘게 소말리아 정부 전복을 시도해 왔다.

9·11테러가 발생하기 8년 전, 1993년 2월에 뉴욕 세계무역센터 빌딩에서

발생한 폭탄테러사건에 대해서도 당초엔 오사마의 이름이 보도 수준에서는 다뤄지지 않았다. 즉 서방측 보도기관에서는 그의 역할을 아프가니스탄의 지하드 초기 무렵과 동일하게 오로지 숨은 조역 정도로 간주했다. 오사마의 중심 역할은 알제리와 이집트 등의 이슬람계 과격파에 대한 자금 제공 정도일 것이라고 여긴 것이다. 그러나 실제로는 오사마 스스로 인정한 바와 같이 이 무렵은 이미 미국을 향한 무력투쟁이 시작된 때였다고 생각해도 무방하다. 추방 조치 후에도 사우디아라비아 정부 측의 압력은 끊임없이 지속되었다. 이윽고 사우디아라비아 내무성은 1994년 4월 6일 다음과 같은 성명을 발표했다.

> 사우디아라비아의 국익에 반하고 우방국과의 관계를 해치는 무책임한 오사마의 행동에 대해 경고를 했음에도 불구하고 귀를 기울이지 않기 때문에 사우디아라비아 국적법 제9조의 규정에 따라 오사마의 사우디 국적을 박탈하기로 했다.

이때까지 사우디아라비아 역사상 국적을 박탈당하는 사례가 있었는지 알 수 없지만, 지극히 이례적인 사태임은 분명하다. 가문에서 추방당하고 국적마저 박탈되었음에도 오사마의 활동은 멈추지 않았다. 어느 기자회견에서 오사마는 가문으로부터의 추방에 대한 질문을 받고 "피는 물보다 진하다."라는 의미심장한 말로 대꾸했다. 비록 공식적으로는 추방당했을지라도 어떤 형태로든 가족 간 연락이 있음을 뜻하는 것일지도 모르겠다. 미국 당국자 중 누군가는 그의 일족으로부터 오사마에 대한 자금의 흐름이 지속되고 있음을 주장하기도 했다.

오사마는 수단 무슬림형제단의 지도자인 하산 알 투라비의 비호하에 무자헤딘을 주체로 한 사업을 활발하게 전개해 나갔다. 이와 동시에 배후에서는 미국에 대한 투쟁을 강화하고 국외 이슬람계 조직들에게 재정적 지원을 더하고 있었다.

한편 국익을 침탈당한 사우디아라비아와 이집트 등의 나라들은 오사마에 대한 압력을 강화했다. 모금 활동의 제한, 추방, 국적 박탈 등이 바로 그것이다. 또한 사우디아라비아는 수단을 향해 외교적 압력을 가했고 국내에서도 체제에 불만을 가진 세력에 대한 단속이 강화되었다. 이러한 상황 속에서 오사마는 새로운 활동을 시작했다. 그것은 지금까지 그의 활동 범위에 포함되지 않았던 새로운 분야였다. 다음은 1996년 「알-쿠드스 알-아라비」의 보도 내용이다.

> 사우디 정부가 사우디아라비아의 우라마(종교지식인)를 탄압하고 대학 교수와 모스크 설교사였던 사람들을 해고하며 그들의 설교 테이프의 배포를 금지했다. 그들의 입을 막은 것이다. 이 사건을 보고 나는 스스로 무엇이 옳고 무엇이 틀린지 말하기로 결정했다. 우리는 이슬람공동체를 올바르게 이끌기 위해 진실을 말하고 실상을 밝히는 '충고 및 개혁위원회'를 설치하기로 했다.

충고 및 개혁위원회는 영어로 'Advice and Reform Committee'이며 약자로 'ARC'라고 표기된다. 위에서 소개한 오사마의 발언은 약간 유보해 둘 필요가 있는 내용이 숨어 있다. 사우디아라비아에서 체제 비판적인 종교 세력에 대한 탄압과 단속이 절정에 달했던 것은 1994년 9월의 일이다. 이때 전술한 이슬람학자인 사팔 알-하와리와 알-오우다를 대표한 많은 종교인들이 당국에 의해 체포된 바 있다.

이 무렵에 충고 및 개혁위원회가 결성되었다고 생각할 수 있다. 하지만 충고 및 개혁위원회가 설립된 것은 그보다 훨씬 전의 일임이 분명하다. 사우디 내무성에 의한 국적 박탈 날짜가 4월 6일이며 더욱이 위원회의 성명서 내용이 자신의 국적 박탈에 관한 반론이었던 점을 고려하면 오히려 위원회 설치는 오사마의 국적 박탈 쪽이 큰 계기가 되었을 것이다. 위원회의 명칭에서 알 수 있듯이 '충고'라던가 '개혁'이란 명칭은 모두 사우디아라비아의 이슬람 종파인 와하브파의 신도들이 선호하는 단어다. 이와는 대조적으로 사우디아라비아의 시아파와 같은 반체제파에서는 이슬람 혁명운동 등과 같은 체제전복을 뜻하는 단어를 사용한다. 만약 오사마가 사우드가家를 전복시키기 위해 구체적 시도를 했다면 다른 명칭을 사용했을 가능성이 높다.

ARC는 1994년 7월 11일 영국의 런던에 사무소를 열고 오사마를 의장으로 선출해 자문평의회를 개최했다. 충고 및 개혁위원회 런던 사무소는 오사마의 대변인 역을 맡았던 칼리드 알 파우와즈를 소장으로 임명해 런던을 거점으로 반사우디 정부 캠페인을 전개했다. 사우디아라비아 반체제파인 '법적권리 옹호위원회'에 따르면 런던 사무소는 언론보도 내용에 대한 모니터와 성명서를 배포하는 역할을 맡았다.

이 런던 사무소와 관련해 오사마가 자주 영국에 입국했었다는 소문이 떠돌았고, 나중에는 그가 수단을 떠날 때 영국으로 망명 신청을 할 것이라는 관측마저도 있었다. 파우와즈 대변인은 케냐 및 탄자니아에서 벌인 폭탄테러사건과 관련해 1998년 9월 23일 런던에서 영국 첩보기관에 의해 체포되었다. 그는 체포 전날 사무소를 유지할 여유가 없다면서 런던 사무소를 폐쇄한다고 발표했었다.

법적권리 옹호위원회의 알 마사리 또한 런던으로 피신했는데, 그 이유는 무엇일까. 런던은 이슬람 원리주의의 조직이란 점에서 중동 이상으로 중요한 장소라고 할 수 있다. 왜냐하면 런던에는 셀 수 없을 만큼의 이슬람계 조직이 다수 존재하고 있기 때문이다. 런던은 인도계, 파키스탄계, 방글라데시계와 같은 과거 인도 제국령의 무슬림과 그곳의 이주민들의 중심이다. 또한 영국은 아랍세계에서도 다수의 이주민과 망명자를 받아들였다. 특히 걸프 연안 국가와 이집트, 수단 등은 과거 영국의 종주국이란 점도 있고 관광객을 포함한 수많은 인원을 영국으로 보내고 있다. 이로 인해서 런던과 같은 영국의 대도시에는 '아랍인 타운'이라 불릴 만한 지역이 출현한 바 있다.

런던은 세계 각지의 이민자나 유학생들이 모이는 뉴욕, 도쿄와 더불어 세계 3대 글로벌 도시로, 인구 1만 명 이상의 이주 공동체가 최소 50개 이상 존재하는 거대도시다. 이렇게 세계 각지의 이주민들이 모여 문화를 꽃피우는 런던은 다양한 인종과 영국요리와는 차원이 다른 음식 등 그들만의 특징이 존재한다. 아랍인 타운에는 아랍 레스토랑과 아랍 서점 등이 있고, 부동산중개업소에는 아랍어 간판이 즐비하다.

이렇다 보니 반反이민 성향을 가진 일부 보수주의자들과 극우주의자들에겐 이슬람 공포증을 뜻하는 이슬람포비아Islamophobia와 연관되어 종종 무슬림의 아지트란 뜻의 '런더니스탄Londonistan'이라는 명칭으로도 불린다. 런던의 무슬림 인구는 전체의 약 13~14% 정도로 1950년대부터 파키스탄인을 중심으로 무슬림의 유럽 이주가 본격화되었다. 이들이 영국 인구에서 차지하는 비중이 점점 높아지면서 이슬람 극단주의자들이 언론의 자유가 있는 런던과 여러 영국 도시들에서 엄한 이슬람 교리 해석을 하거나 테러 두둔 발언을 했기 때문에 이런 말이 만들어졌다.

런더니스탄이라는 호칭에 대해서 영국 좌파 측은 영국 내 극소수 이슬람 극단주의자들의 영향력을 과장하고 영국 내 무슬림 전체를 잠재적 테러리스트로 의심하는 맥락에서 만들어진 말이라고 비판했다. 2010년 이후부터는 무슬림 출신의 장관과 런던 시장이 배출되기 시작했다.

영국에는 아랍어 일간지만 하더라도 5개가 있는데, 그만큼 아랍인들이 많다는 것을 의미한다. 문제는 무슬림들이 런던을 중심으로 반정부 활동을 전개한다는 것이다. 물론 여기서 말하는 반정부 활동이란 영국 정부를 가리키는 것이 아니다. 그것은 반사우디아라비아이거나 반이집트이며 반바레인 활동을 의미한다. 그들은 모국에서는 누릴 수 없는 자유를 영국에서 누리고 있다. 그러므로 인권을 보장받으면서 자유롭게 정보를 입수하고 또 그 정보를 자유롭게 흘릴 수 있다.

그들이 흘리는 정보 속에는 각자의 본국 정부를 전복시키려고 시도하는 과격한 호소가 있는가 하면, 때로는 미국과 영국 등에 대한 지하드의 외침도 포함되어 있다. 2001년에 발생한 9·11테러 이후, 미국이 아프가니스탄을 공습했을 때 어차피 공습하려면 테러리스트를 숨기고 있는 런던에도 폭격을 가하라는 소리도 나올 정도였다. 이런 말이 억지스러운 농담으로 들릴지 모르겠지만 여기에는 영국과 이슬람 간의 밀접하고 복잡한 연계가 숨어 있다.

20

수단 추방

미국 국무성은 충고 및 개혁위원회가 1995년 7월까지 350회 이상의 반사우디 성명서 팸플릿을 발행한 것으로 집계했다. 개혁위원회의 런던 사무소에서 발행한 책자를 포함해 모두 수단의 직접 지령으로 제작된 것이었다. 오사마는 1996년 그 사실을 인정한 바 있다.

이러한 오사마의 활동에 대해 당초 그에게 직접적으로 압력을 가한 사우디아라비아 정부는 효력이 없음을 알고 다른 방도를 모색했다. 사우디아라비아는 수단 정부에 압력을 가하기로 방향을 선회했다. 수단은 걸프 위기와 걸프 전쟁 중에 이라크 편을 드는 입장이어서 사우디아라비아와는 별로 좋은 관계가 아니었다.

오사마는 그와 같은 양국 관계를 이용해 수단으로 도피할 수 있었던 것이다. 아무리 그렇다고 할지라도 경제적으로 어려운 수단이 역내의 경제대국인 사우디아라비아와의 관계를 도외시할 수는 없었다. 걸프전이 끝난 후, 수단은 관계 개선을 위해 사우디아라비아에 추파를 던졌지만 무시당하기 일쑤였다.

오사마는 1996년 「알-쿠드스 알-아라비」와의 인터뷰에서 다음과 같이 말했다.

> 사우디아라비아 정부는 그들이 지닌 막강한 영향력을 행사하면 효과가 있을 것이라는 데 착안해 수단 정부와의 대립 원인을 모두 뛰어넘었다. … 사우디아라비아 정부는 수단의 고위층에 연락해 오만하던 자세를 거둬들이고 화해할 것을 요청했다. 조건은 단 하나였다. 나와 동료들을 수단에서 추방해 달라는 것이었다.

결국 수단은 사우디아라비아의 압력에 굴복해 오사마를 추방하기에 이르렀다. 이에 대해 오사마는 이렇게 말했다.

> 수단 정부는 내게 사우디아라비아의 압력에 대해 곤란한 상황을 전하면서 성명서를 내는 것을 중단해 달라고 요청해 왔다. 수단 정부의 통보가 있던 날, 나는 진실을 말할 수 있는 대체지를 찾기 시작했다.

이리하여 수단에서 추방된 오사마는 1996년 5월 다시 아프가니스탄으로 향했다. 그곳은 과거 그들이 소련군과 싸워 승리한 지하드의 땅이었다. 그는 감격스러운 듯 이렇게 말했다.

> 알라의 가호로 우리는 호라산의 땅에 돌아왔다. 그곳에는 안전이 있고 존엄이 있다. 조국에서처럼 우리 형제들에게 가해지는 굴욕은 이곳엔 없을 것이다.

앞에서 호라산이 역사적으로는 이란 동부와 아프가니스탄 서부, 투르크메니스탄의 대부분을 포함하는 지역이며, 마케도니아의 알렉산더 대왕이 페르시아의 다리우스 3세를 죽이고 아케메네스 왕조를 멸망시킨 무대였다는 사실에 대해 설명한 적이 있다. 이와 동시에 호라산은 이슬람문화의 절정기를 이룬 아바스 왕조 탄생의 계기가 된 땅이기도 했다. 오사마는 이를 의식해 호라산이란 지명을 즐겨 사용한 것일까.

한편 막강한 권력을 장악하고 있던 하산 알 투라비는 1996년 오사마의 출국에 대해 런던에 본사를 둔 아랍어 일간지 「아샤르크 알 아우사트」와의 회견에서 미안하다는 듯이 다음과 같이 말했다.

> 오사마 빈 라덴과 그의 동료들은 수단에서 출국했다. 그들은 자신들이 수단에 머무르는 탓에 외국에서 압력을 받게 되자 폐를 끼치게 되는 것을 염려했다.

오사마 일당은 어디까지나 표면적으로는 자신들이 자발적으로 수단을 떠난 셈이었다. 위의 신문보도에 따르면, 오사마는 5월 22일 어느 아랍 국가를 경유해 파키스탄을 향해 출발했다. 사실 그들의 출국 직전 유엔 안전보장이사회는 수단에 대해 무바라크 암살 미수사건의 용의자를 은닉한 혐의로 도항 규제를 내용으로 하는 결의안을 채택할 예정이었다. 또 오사마의 아프가니스탄으로의 출발 시기에도 여러 소문이 있었는데, 5월 22일이란 설 이외에도 5월 18일이란 설이 유력했다. 그 당시 오사마는 이런 일을 예상해 아프가니스탄의 군사캠프를 줄곧 유지하고 있었다. 이런 사실을 입증하는 오사마의 발언이 1996년 「알-쿠드스 알-아라비」에 다음과 같이 보도되었다.

사우디아라비아가 수단에 압력을 가했을 가능성은 항상 있었다. 그래서 우리는 아프가니스탄 등과 같은 다른 선택지를 준비하고 있었다. 우리는 그것에 대비해 아프가니스탄에서 우리의 캠프를 지속시킨 것이다. 우리는 집에 돌아왔다. 이슬람세계 모두가 무슬림의 고국이다.

군사캠프를 유지하기 위해 적지 않은 경비가 소요되었음은 물론일 것이다. 오사마가 수단으로 들어간 1992년경부터 수단에서 쫓겨난 1995년 11월까지 약 3년간 그와 관련된 사건이 여럿 발생했다. 이것을 독자들의 이해를 돕기 위해 시계열적으로 정리해 보면 다음과 같다.

1992년 12월: 아덴에서 미군을 향한 폭탄테러(예멘)
1993년 2월: 뉴욕 세계무역센터 빌딩 폭탄테러(미국)
1993년 10월: 모가디슈에서 미군이 피습(소말리아)
1995년 6월: 아디스아바바에서 무바라크 암살미수사건(에티오피아)
1995년 11월: 리야드 국가방위대 시설에서 폭탄테러(사우디아라비아)
1995년 11월: 이슬라마바드 이집트 대사관 폭탄테러(파키스탄)

위에서 나열한 사건 중 무바라크 대통령 암살미수사건과 이집트 대사관 폭탄테러의 두 건을 제외하고는 모두 미국을 표적으로 벌인 사건이었다. 오사마가 두 사건에 대해 어떤 형태로든 언급한 적은 없다. 또한 그는 모가디슈 테러 이외에는 범행에 가담했는지의 여부에 대해 부인했다. 리야드 테러는 사우디아라비아의 국가방어청의 군사훈련을 위해 방문한 미군 관계자를 노린 것으로, 5명의 미국인과 2명의 인도인이 사망했다.

그 밖에도 1994년경에는 수단 북부에, 이듬해 1995년에는 예멘의 사우디아라비아 국경 근처에 군사훈련캠프를 만들었다. 1993년 「인디펜던트」의 보도에 따르면, 오사마는 테러훈련캠프가 그 이전부터 곳곳에 세워졌다는 의혹과 비난에 대해 이렇게 말했다.

> 그런 의혹들은 언론매체와 대사관에서 만든 가짜 정보에 불과하다. 나는 건설기사이며 농업전문가다. 만약 내가 수단에 군사캠프 등을 갖고 있다면 수단에서 비즈니스를 할 수 없었을 것이다.

또한 1996년 「타임스」와의 기자회견에서는 이집트의 언론매체가 군사캠프로 지목한 농장을 취재진에게 소개하며 얼굴에 미소를 지으면서 다음과 같이 말했다.

> 당신들 마음대로 사진을 찍어도 좋다. 부패한 정권이 그런 생트집을 부리는 것은 내게는 놀랄 일도, 아무것도 아니다.

이러한 기사 내용만으로 오사마에 대한 혐의가 벗겨질 리 만무했다. 1993년에 일어난 세계무역센터 빌딩 폭탄테러는 어떤가. 사건의 공모자로 미국에서 구금 중이던 이집트인 오마르 압둘라흐만과 오사마는 아프가니스탄 체류 시절부터 서로 직접적인 면식이 있었고, 압둘라흐만이 정신적 지도자의 지위에 올랐던 이집트의 이슬람집단은 오사마의 조직인 알카에다와는 아프가니스탄 시절 이래 우호적 관계를 유지하고 있었다. 오사마 자신의 발언 속에도 압둘라흐만 석방 요구가 포함되어 있다.

> 오마르 압둘라흐만은 무슬림 학자이며, 이슬람세계 어디에도 잘 알려져 있다. 체포된 그는 미국의 불의를 상징하는 인물이다. 그는 눈도 보이지

않는 노인임에도 불구하고 그에 대한 근거 없는 사건이 날조되었다.

위의 내용은 1997년 CNN이 보도한 것이다. 1995년에 주범 격으로 체포된 람지 유세프는 파키스탄에서 오사마의 게스트하우스에 머물고 있었던 인물이다. 그에 대해 오사마는 "나는 유세프를 모른다. 미국 정부와 파키스탄 첩보기관의 주장은 전혀 사실무근이다."라고 말했다. 이것 역시 CNN이 보도한 내용이다. 1998년 ABC는 다음과 같이 보도했다.

람지 유세프는 세계무역센터 폭탄테러 후에 유명해진 무슬림이다. 무슬림이라면 누구라도 그에 대해 알고 있다. 유감스럽게도 나는 그 사건 이전에는 그를 알지 못했다. 나는 미국의 침략으로부터 이슬람을 지킨 무슬림으로서 그를 기억할 뿐이다. 그가 범행을 저지른 것은 미국이 이스라엘의 권익을 보호하고 유대인을 지키기 위해 미국 정부가 무슬림들을 공격한다는 사실을 미국인에게 주지시키기 위함이었다. 미국인은 수많은 젊은이들이 유세프의 뒤를 따를 것임을 명심해야 한다.

한편 리야드의 폭탄테러사건의 범인은 오사마가 수단을 떠난 직후였던 1996년 5월에 체포되었다. 범인은 전원 참수형에 처해졌다. 그들은 모두 아프가니스탄이나 보스니아에서 참전한 경험이 있는 사우디아라비아 사람이었다. 그들의 자백에 따르면 그들 가운데에는 오사마가 작성한 성명서와 책자를 읽은 자들이 섞여 있었다. 오사마는 1996년 알자지라 방송과의 인터뷰에서 범행을 지시한 사실이 없다고 주장하면서도 범행에 대해서는 세계무역센터 사건과 똑같이 찬양하는 발언을 했다.

> 리야드 등의 테러사건은 지고한 알라의 만족을 얻기 위해 기꺼이 목숨을 바친 젊은이들에 의한 민중봉기였다. 나는 이처럼 위대한 남자들에게 무한한 경의를 표한다. 리야드에서 테러를 일으킨 이들은 우리가 공동체로부터 받은 굴욕의 낙인을 제거해 준 것이다.

2년 전 CNN과의 회견 내용은 다음과 같다.

> 두 번에 걸친 폭탄테러 때 내가 사우디아라비아에 없었던 사실은 비밀도 아니고 아무것도 아니다. 그러나 나는 이것을 행한 사람들에 대해 깊은 경의를 표한다. 그들이 행한 일은 위대한 명예이며, 나도 그 일에 참가하고 싶었다.

만약 오사마가 리야드 사건에 실제로 관여하지 않았다고 한다면 그의 발언이 시공을 초월해 사우디아라비아의 젊은이들의 마음에 영향력을 끼쳤음을 의미하는 것이다. 여기서 소개한 오사마의 일련의 발언에서 일관된 노선이 무엇인지 도대체 이해하기 어렵다. 테러 그 자체에는 자신의 관여를 부정하지만 테러라는 행위, 더 정확히 표현하면 반미를 위한 테러 행위를 일으킨 젊은 무슬림들에 대한 칭송은 결코 마다하지 않겠다는 식의 말투였다.

21
아프가니스탄으로 회귀한 오사마

오사마가 수단에서 아프가니스탄으로 넘어간 것은 1996년 5월 18일이었다. 당시의 아프가니스탄은 여전히 여러 군벌이 군웅할거하는 전국 시대였다. 잘랄라바드 공항에 도착한 오사마가 가족과 추종자들을 데리고 입국하자 마중 나온 탈레반의 한 고위인사는 다음과 같은 말로 오사마를 환영했다.

> 오! 셰이크(이슬람 종교지도자를 지칭하는 말)시여! 우리 땅은 아프간인만의 땅이 아니라 신의 땅이며 우리의 성전은 아프간인의 성전이 아니라 모든 무슬림의 성전입니다. 전 아프가니스탄 땅에서 당신이 지도한 순교자들이 활동했습니다. 그들의 무덤이 이를 증명합니다. 우리는 당신이 밟은 흙마저 축복합니다.

바로 그 무렵 탈레반이라 불리는 그룹이 급속하게 힘을 키우면서 아프가니스탄 전체를 제압하고 있었다. 탈레반의 기원에는 여러 설이 있다. 공식적으로는 1994년 10월 파키스탄 국내에 있던 이슬람 종교학교에서 공부하던 마드라사Madrasa 학생들로부터 탄생했다는 설이 비교적 유력하다. 탈레반은 파슈툰어로 학생을 의미하는 '탈레브Talib'에서 비롯된 페르시아어계 언어의 복수형 어미 '안'을 붙여 생겨났다. 즉 탈레반은 학생들이란 의미인 셈이다.

아랍어로 해석하면 탈레반은 두 명의 학생이란 뜻이며, 아랍세계에서는 종종 "두 명의 학생이 종교학교에서 만나 아프가니스탄 해방을 맹세하고…." 하는 로맨틱한 이야기가 전개된다. 경우에 따라서는 신학생이라고 번역되기도 하는데, 이는 오해를 불러일으킬 소지가 있다. 왜냐하면 이슬람신학과 일반 종교학교에서 가르치는 종교는 전혀 별개의 것이기 때문이다. 종교학교에서 가르치는 것은 무엇보다 『코란』이며 이슬람 근본주의자의 경전인 『하디스』와 이슬람법이다.

아마 탈레반의 주체가 파키스탄의 종교학교에서 배우던 아프가니스탄 학생이었던 것은 사실일 것이다. 다만 그 후에 여러 가지 이야기가 섞여 복잡해졌다. 일반적인 인식에서는 파키스탄군 첩보부가 미국 CIA와 협력해 탈레반에 군사훈련을 시키고 무기를 제공했으며, 그 자금을 제공한 것은 사우디아라비아라고 알려져 있다. 이는 아프가니스탄에서 소련군을 철수시키기 위해 싸울 때와 완전히 동일한 구도라고 할 수 있다. 탈레반의 배후에 있던 미국, 사우디아라비아, 파키스탄 3국은 모두 아프가니스탄이 안정화하는 데 이해가 일치했던 것이다.

문제는 누가 아프가니스탄을 안정화시킬 것인가에 있었다. 당초 파키스탄의 지원에 주요 디딤돌은 이슬람정당의 굴붓딘 헤크마티야르Gulbuddin Hekmatyar였다. 그는 아프가니스탄에서 극단적 이슬람주의 활동을 주도하면서 정부의 탄압을 받자 파키스탄으로 망명한 바 있다. 그러나 파키스탄은 언제부터인지 헤크마티야르를 단념했다. 여기에 투르크메니스탄에서 아프가니스탄을 경유해 파키스탄에 이르는 파이프라인의 건설에 미국 석유회사와 사우디아라비아 석유회사가 끼어들어 음모설이 나돌았다.

탈레반이 무대 전면에 등장한 것은 1994년경이었는데, 한순간에 아프가니스탄의 각 정파를 격파하고 1996년 9월 11일에는 동부의 요충지 잘랄라바드를 점령, 27일에는 아예 수도 카불까지 제압해버렸다. 서둘러 파키스탄과 사우디아라비아는 탈레반 정권을 승인했다. 여기에 물류의 측면에서 아프가니스탄과 깊은 관계를 맺고 있던 아랍에미리트도 마찬가지였다. 미국 역시 당초에는 긍정적 반응을 보였지만 결국 탈레반 정권을 승인하지 않았다.

한편 오사마의 움직임은 어떠했는가. 이 무렵의 오사마에 대해 상세하게 기술한 자료는 거의 없다. 다만 아랍어 일간지 「알-쿠드스 알-아라비」는 2001년 10월 4일부터 여섯 차례에 걸쳐 오사마의 활동을 소개하는 특집을 꾸몄다.

1996년 5월에 오사마는 수단을 떠나 아프가니스탄에 입국했다. 장소는 아랍어로 '위대한 도시'란 뜻의 잘랄라바드였다. 오사마는 이미 수단을 떠나기 전에 아프가니스탄의 무자헤딘과 연락을 지속하고 있었다고 한다. 아프가니스탄에서는 잘랄라바드의 유력자들이 마중을 나왔다. 9월이 되자 탈레반군이 잘랄라바드로 공격해 들어갔다. 아프가니스탄 무자헤딘의 유력자들은 탈레반 편에 섰다.

오사마는 아프가니스탄의 험준한 산악지대에 사령부를 설치했다. 해발 2,499미터에 위치한 그의 사령부는 지구 어느 곳과도 교신이 가능한 통신장비, 발전기, 컴퓨터, 막대한 정보량을 저장한 데이터 베이스 등을 갖추고 있었다. 아프가니스탄 이주 후 오사마의 활동 폭이 오히려 커졌다.

유력자의 보호 속에 있던 오사마 일당은 그들과 마찬가지로 탈레반의 비호하에 들어갔다. 탈레반은 한창 진격 중에도 아랍 무자헤딘을 토벌한 것으로 알려졌지만, 결국 그 가운데 오사마는 포함되지 않았다. 거꾸로 탈레반의 지도자 무함마드 오마르는 사절단을 파견해 만약 오사마가 탈레반의 비호하에 있다면 그를 아프가니스탄의 전통에 따라 손님으로 간주하겠다고 전해 왔다. 다만 조건이 있었다. 어떤 선전 활동도 벌여서는 안 된다는 것이었다.

그 후 1996년 말에 오사마가 탈레반의 본거지인 카불에서 오마르와 회견했을 때는 위에서 말한 조건이 느닷없이 완화되었다. 그때 오마르 측은 오사마를 손님으로 간주해 그를 보호해 주겠다는 의사를 표시했다. 또 오마르는 선전 활동의 중지요청에 대해 "명령이 아니라면 의무도 아니다."라고 말했고, 이에 대해 오사마가 오마르의 요청이 없어도 선전 활동을 축소 혹은 동결할 것을 결심했다고 말해 오마르를 기쁘게 했다. 여기서 오사마가 아프가니스탄의 땅을 이용해 테러 활동을 하지 않겠다고 약속하는 대신에 오마르는 오사마 일당을 손님으로서 대우하겠다는 합의가 성사되었다.

적어도 탈레반 측은 기회 있을 때마다 그 약속을 되풀이했다. 이와 더불어 오사마는 탈레반군과 다른 아프가니스탄 세력과의 교전에 아랍 무자헤딘을 제공할 것을 약속함을 물론 탈레반의 천적인 아흐마드 샤 마스우드가 이끄는 군벌과의 교전이 합법적인 지하드임을 선언하는 파트와를 발표했다.

오사마를 둘러싼 탈레반, 사우디아라비아, 미국 간의 관계는 매우 복잡하게 얽혀 있었다. 먼저 탈레반과 사우디아라비아는 원만한 관계를 맺고 있었다. 탈레반의 성립에서 카불 점령까지 사우디아라비아의 경제적 지원이 큰 역할을 한 것으로 생각되기 때문이다. 그런데도 그 탈레반이 사우디아라비아에게는 대단히 위험한 인물인 오사마를 손님으로 대우하며 숨겨주고 있었다. 미국과 탈레반의 관계도 당초 경위부터 나쁘지 않았다고 보아야 할 것이다. 그러나 오사마에게는 미국이 불구대천의 원수다. 아마 사우디아라비아와 미국 당국자는 탈레반 측과 협의할 때마다 오사마에 대한 처우에 대해 압력을 가했을 것이 틀림없다.

그렇지만 그때마다 탈레반은 사우디아라비아와 미국의 요구를 들어줄 수 없었다. 오사마는 탈레반의 손님이며, 손님으로 인정한 약속을 지키지 않는 것은 아프가니스탄의 전통에 반하는 것이라고 항변했다. 즉 오사마가 아프가니스탄의 땅에서 테러 활동을 일으키지 않는 한 손님으로서의 윤리에 벗어나지 않기 때문에 체류할 수 있다는 주장이다.

탈레반은 미국이 아프가니스탄으로 들어오려면 육로 또는 공로로 와야 하는데 파키스탄을 거치지 않는 이상 직접적으로 침공할 루트가 없고, 자신들의 후견국인 파키스탄이 영공을 열어주지 않으면 침공은 불가능할 것이라고 오판해서 오사마를 건네달라는 요구를 거절했다. 탈레반과 아프간 부족회의에서는 미국의 요구는 거절하면서도 오사마에게는 아프가니스탄을 떠날 것을 권고했다. 강제 추방이 아니라 권고인 점에서 볼 수 있듯이 탈레반은 이미 미국의 분노를 사기에 충분했다. 그렇더라도 미국이 이 전쟁을 감행할 정당한 명분이 생기는 것은 아니었다. 알카에다는 탈레반 산하단체가 아니었기에 간섭할 수 없었다.

그러나 그렇게 믿고 있던 아프가니스탄의 후견국인 파키스탄도 쓸데없이 버티지 말고 오사마와 알카에다를 순순히 미국에게 내어 주는 쪽이 현명한 판단일 것이라고 필사적으로 탈레반을 설득하려고 했다. 하지만 무자헤딘에서 발족된 탈레반은 소련마저 이겼다는 자부심 때문에 오히려 파키스탄을 겁쟁이라고 비난하면서 거부하고 나섰다. 그러면서도 미국의 공격을 받는 것은 무서웠는지 전쟁을 원치 않는다는 변명을 했지만, 미국의 분노는 수그러들지 않았다.

탈레반이 만약 오사마를 넘겨주면 경제적 이익을 얻을 수 있었을 것이다. 하지만 오사마를 지속적으로 비호하면 이슬람 세력의 지지를 얻을 수 있다. 오사마와 탈레반은 떼려야 뗄 수 없는 관계일지도 모르겠다. 그러나 오사마를 그대로 방치한다면 국제사회로부터 비난받을 것이 확실하다. 국토의 대부분을 지배하면서 정식으로 아프가니스탄 정부로서 공인받지 못하는 탈레반의 초조함은 상당했으리라.

무함마드 오마르와 오사마 간의 개인적 관계도 두 사람 간의 불가사의한 조합의 요인일지도 모르겠다. 오마르가 오사마의 딸 중 하나와 결혼했다는 소문이 있다. 장인의 입장을 사위가 헤아려주는 것은 당연한 일이다. 그러나 오사마는 이 가설을 부인했다.

또 다른 가설이 있다. 그것은 지금까지의 소문을 180도 뒤집는 주장이다. 바로 오사마가 탈레반을 비호하고 있다는 것이다. 그렇다면 왜 탈레반이 오사마를 방출하지 못하는가에 관해 간단히 설명할 수 있다. 즉 오사마가 탈레반을 지배하고 있었던 것이다.

위에서 언급한 두 가지 가설 중 어느 쪽이 맞는지 확신할 수 없다. 1999년 당시 아프가니스탄의 1인당 GDP는 유엔 통계로는 178달러에 불과했다. 오사마의 재산이 3억 달러라고 한다면 단순 통계로 아프가니스탄인 168만 5,393인분에 해당한다. 1996년 당시의 탈레반 병사의 수가 약 5만 명으로 추정되는데, 오사마의 재산으로 전원 경비를 충당할 수 있었을 것이다.

9·11테러가 일어난 지 15일만인 2001년 9월 26일, 7명으로 구성된 CIA 특수작전단이 최초로 아프간 국경을 넘었다. 이들의 임무는 아프간 내 반탈레반 세력인 북부동맹과 접촉해 그들의 협력을 얻고, 탈레반 지도부와 주요 군사거점의 위치를 파악해 곧 다가올 대대적 침공의 밑바탕을 그리는 것이었다. 곧이어 그린베레 5특전단 소속의 두 개의 팀이 합류했고, 이들은 북부동맹의 도움과 정밀 항공 지원에 힘입어 아프가니스탄의 주요 도시들을 상당수 탈환하는 데 성공했다. 소수의 특수부대가 지역 반군 세력과 연합해 한 국가를 거의 전복시켜버린 이 대활약은 세계 특수전사에 길이 남았지만 정작 가장 중요한

목표 중 하나였던 오사마는 놓치고 말았다.

오사마는 2001년 11월 12일 수도 카불이 함락되기 며칠 전 파키스탄 언론인과 인터뷰를 가진 후, 잘랄라바드로 가서 토라보라로 기지를 옮겼다. 토라보라는 그에게 특별한 의미가 있었다. 소련에 대항하는 지하드 기간 동안 토라보라의 산악지대는 오사마의 주요 군사기지였지만, 그 후로는 전투를 계획하고, 긴장을 푸는 장소인 동시에 퇴각 장소로도 이용했다. 이와 비슷한 시기인 2010년 4월 29일 「알 쿠드 아라비」의 기사에는 "오사마가 1996년 여름에 미국에 선전포고 작업을 완료하기 위해 토라보라로 갔다."라고 보도했다. 오사마를 색출하기 위한 산악부대가 2002년 3월 '아나콘다 작전'을 전개해 탈레반 세력을 소탕했지만 오사마를 찾아내지는 못했다.

한편 CIA는 북부동맹의 군사 행동과는 별개로 미군사령부의 직접적인 지시대로 행동하고 지상작전에 큰 지원을 해 줄 아프간 사람을 찾고 있었는데, 마침 반탈레반과 왕정을 되찾자고 외치다가 파키스탄으로 망명을 떠난 하미드

그림 5-3. 토라보라의 산악지대

카르자이라는 사람을 찾아내 조력자로 선택했다. 그는 미국의 지원을 받아 파키스탄에서 아프간 남부 국경으로 몰래 입성해 반탈레반 세력들을 규합하고 소규모 특수부대를 조직했다. 일부 마을 주민들의 협조도 있었는데, 탈레반의 가혹한 통치에 이골이 난 사람들이 대부분이었다.

미국의 공식적인 군사 개입은 2001년 10월 7일 수도 카불을 비롯한 주요 군사거점 및 대도시들이 대규모 총공습을 단행하는 것으로 시작되었다. 단 하루 만에 아프가니스탄의 방공망과 통신망, 공군 세력은 소멸되었다. 공중폭격으로 탈레반 전사 8,000~12,000명이 사살되었고 7,000명의 포로를 획득했다. 이 기간 동안 민간인 피해자는 1,000여 명에 달했으며, 미군은 전사자 16명을 포함해 39명이 희생되었다.

결국 개전 한 달여 만인 2001년 11월 13일, 카불이 미군의 도움을 받은 북부동맹에게 함락되었다. 알카에다의 자폭테러로 암살당한 마스우드의 북부동맹은 그가 죽은 후에도 아프가니스탄 이슬람 공화국 정부의 근원이 된 단체다. 11월 19일 미군과 북부동맹의 공격에 밀려 최후의 저항을 하던 아프가니스탄 북부의 쿤두즈에 할거하던 탈레반군은 항복하느니 차라리 집단 자결을 하겠다는 연출을 보였고, 미군과 북부동맹은 인정사정 볼 것 없이 탈레반군을 사살했다. 결국 11월 19일 밤 쿤두즈의 탈레반은 유엔사무소에 사절을 보내 무조건 항복 의사를 밝혔다.

미군의 훈련을 받은 카르자이의 특수부대는 미 공군의 지원을 받으며 12월 7일 탈레반의 중심지 칸다하르를 함락시켰다. 이 도시는 농산물의 집산지이며 모직공업이 성한 곳으로, 지명은 기원전 4세기 알렉산더 대왕의 페르시아 이름에서 유래되었다. 중심지를 빼앗긴 알카에다와 탈레반 패잔병들이 국경도시인 토라보라에서 재정비를 한다는 첩보를 입수한 미군은 12월 12일부터 5일에 걸친 혈전 끝에 그곳을 점령했지만 오사마를 잡는 데는 또 실패했다.

알카에다를 색출하기 위한 작전에는 특수부대와 CIA가 운용하는 드론만 있는 것이 아니었다. 아프가니스탄 최악의 격전지 '섹터 4'에 침투해 알카에다 수배자 명단 3순위 인물(정확히 아부 함자 라비아인지, 칼리드 셰이크 무함마드인지 불분명)을 제거해달라는 의뢰를 받은 민간 군사업체PMC도 있었다. 섹터 4란 탈레반과 알카에다가 득실거리던 토라보라 일대의 아프가니스탄과 파키스탄 접경지대를 가리킨다. PMC 요원의 활약상을 그린 2019년 할리우드 영화 〈섹터 4〉가 상영된 적이 있다.

6장

탈레반과 지하드

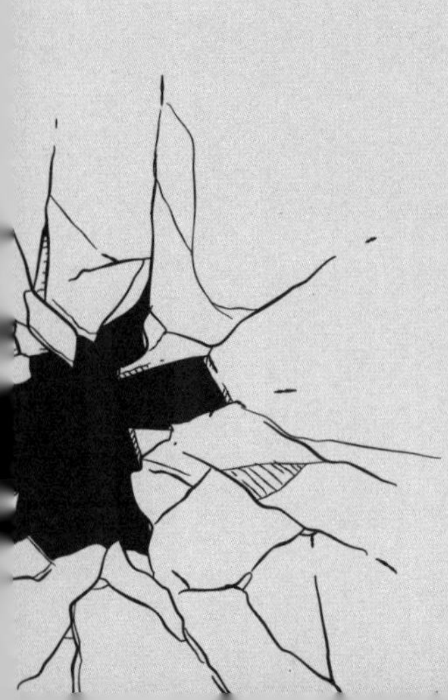

22

탈레반에게 이슬람이란?

탈레반이 이슬람이란 이름으로 다양한 정책을 펴고 그것을 시민들에게 강제하고 있음은 잘 알려져 있다. 그것이 국제사회의 반발을 불러일으키는 것도 빈번하게 보도되었다. 가령 여성이 가정 밖에서 일하는 것을 금하고 있다던가, 여성의 교육을 금한다던가, 또는 외출 시에 히잡Ḥijāb보다 더한 전신을 가리는 니캅과 차도르 등의 베일을 착용하거나 얼굴과 머리카락 등을 가리는 것이 바로 그것이다. 눈까지 가리는 부르카의 경우는 더 가혹하다.

히잡은 '가리다'라는 뜻의 아랍어로 이슬람 여성들이 입거나 두루는 베일과 같은 의복을 가리킨다. 이슬람교가 등장하기 이전에 빈번한 부족 간 전쟁이라는 아라비아반도의 상황에 따라 히잡은 당초의 기후적 요인을 넘어 남성들의 강간과 약탈로부터 여성을 보호하는 수단으로 인식되어 초경이 시작되면 착용하기 시작했다. 이슬람 도래 이후 『코란』의 24장 31절에는 "밖으로 나타내는 것 이외에는 유혹하는 어떤 것도 보여서는 아니 되느니라."라고 언급되어 있는데, 이를 주관하는 사람은 아버지이거나 남편이다.

자신의 몸을 노출시킬 수 있는 상대가 제한되면서 처음에 여성의 보호 목적으로 생겨난 히잡이 시대가 지나며 변질되었다. 이슬람권 여성이 모두 히잡을 착용해야만 하는 것은 아니며 국가, 출신, 지역별로 차이가 있다. 또한 막상 『코란』에는 어디를 가려야 하는지 그 신체 부위에 대해 구체적으로 언급되어 있지 않지만 대부분 부분적 착용, 보편적 착용, 혹은 의무적 착용으로 나뉜다.

그림 6-1에서 알 수 있는 것처럼 파키스탄 여성들의 베일 사용은 '보편적 착용'인 데 비해 사우디아라비아와 아프가니스탄은 '의무적 착용'이다. 그러나 현실적으로는 아프가니스탄 쪽이 더 엄격하다. 탈레반 정권이 장악한 현재 아프가니스탄 여성은 눈까지 가리는 부르카를 착용한다. 탈레반에게 민주화와 성 평등은 필요해 보인다.

마호메트는 히잡 착용을 강요한 적이 없음에도 후대 이슬람 율법학자들은 상기한 『코란』의 24장 31절을 근거 삼아 여성의 머리카락은 성적 욕망의 상징이며 히잡은 그것을 가리는 일종의 베일이라고 규정했다. 이란의 경우는 히

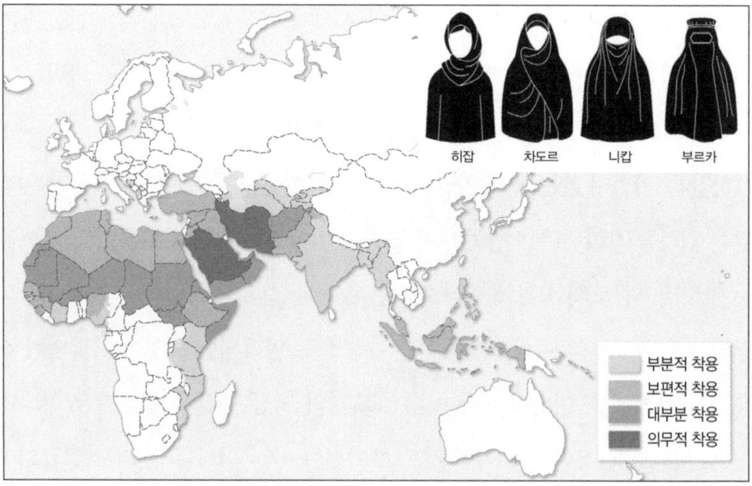

그림 6-1. 베일의 종류와 착용 분포도

잡이 현대적 페미니즘 의미로 정착됐지만, 2022년 9월부터 촉발된 이란 국민의 시위는 히잡을 거부하는 것이 아니라 히잡을 강요하는 권력을 거부하는 것이었다. 그 권력은 물론 종교지도자를 가리킨다. 1979년 이슬람혁명 이전의 이란은 여성들이 거리낌 없이 미니스커트를 입을 만큼 자유로운 나라였다. 튀르키예 국부인 케말 아타튀르크는 1930년대 공공장소에서 히잡 착용을 금지했었다. 오사마의 친모는 히잡을 쓰지 않고 일상생활을 했고, 그의 아내들도 그런 경우가 많았다.

그리고 철저한 우상숭배금지 역시 마찬가지며, 아프가니스탄의 세계유산인 바미안 대불석상을 파괴한 것은 우리들의 기억에도 새롭다. 사람의 모습을 촬영하는 TV, 영화, 사진도 기본적으로는 금지된다. 탈레반의 최고지도자 무함마드 오마르의 영상과 화상을 거의 볼 수 없는 것은 바로 그 때문이며, 오사마를 제외한 테러리스트 리더들의 선명한 사진이 없는 것도 마찬가지 이유다.

춤과 음악과 같은 예술은 물론, 남성이 수염을 면도하는 것도 금지된다. 이러한 행위에는 엄한 처벌이 따른다. 3,770여 년 전의 함무라비법과 같이 동해보복법同害報復法이 적용되어 살인사건인 경우 피해자의 친족이 범인을 똑같이 처형한다. 특히 시아파 소수민족인 하자라족에 대한 박해는 가혹의 극치를 이룬다. 그들은 수니파 극단주의 탈레반과는 견원지간이다.

덧붙여 말하면 오마르는 아프가니스탄의 이슬람 법학자 우라마들로부터 피선되며, 그들은 '아미르 알무미닌Amir al-Mu'minin'이란 최고의 칭호를 부여받게 되어 있다. 아미르 알무미닌이란 아랍어로 '신도의 지도자'라는 의미다. 이 칭호는 역사적으로 예언자 마호메트의 후계자로서 이슬람공동체를 통치한 칼리프를 가리킨다.

사우디아라비아가 이 국명을 정하기 전인 20세기 초에 초대 국왕으로 등극한 이븐 사우드가 형제를 뜻하는 '이크완Ikhwan'이라 불린 반군반농半軍半農의 종교 커뮤니티를 영토 확장에 이용한 적이 있다. 이크완은 아라비아 사우드 왕조의 첫 군대로, 베두인 유목부족들을 와하브파 이슬람주의로 규합해 만들어졌다. 이크완은 이븐 사우드가 아라비아반도 대부분을 석권하고 사우디아라비아 왕국을 세우는 데 중요한 역할을 했다. 1927년 이븐 사우드와 결별하고 반란을 일으켰으나, 이크완의 반란은 진압당하고 그 잔당은 사우디아라비아 국민위병의 전신이 되었다.

이들 이크완의 이슬람이야말로 진정한 의미에서 탈레반의 이슬람과 닮은 꼴이다. 80~90년이란 시간이 흘렀음에도 이 두 공동체가 주장하는 이슬람은 놀라울 정도 상통한다. 원래 아프가니스탄에서는 수피즘, 즉 내면성을 중시하는 이슬람신비주의의 영향이 강하며, 탈레반과 같이 외면을 극단적으로 중시하는 종파는 대세를 이루지 못했다.

오사마는 탈레반을 어떤 시각으로 보았을까? 그는 1997년 미국이 탈레반의 약진에 힘을 보태고 있다는 설에 대해 확실한 견해를 밝히면서 다음과 같은 반론을 펼쳤다.

> 실제로는 파키스탄 정부가 미국을 잘못 인도했다. 당시의 여성총리였던 부토와 내무장관 둘이 파키스탄이 탈레반의 배후에서 조종하고 지배하고 있다는 인상을 미국에 주고 있었다. 이들은 모두 진실과는 정반대다. … 탈레반은 파키스탄과 미국의 괴뢰가 아니다. 파키스탄은 탈레반이 파키스탄의 적과 싸우며, 결코 인도와는 동맹을 맺지 않는다는 것을 알고 있었기 때문에 지원한 것에 지나지 않는다.

이와 같은 논리는 과거 무자헤딘이 미국의 지원을 받고 있었다는 공공연한 비밀에 대한 반박과 비슷하다. 오사마의 논리로는 탈레반이 파키스탄, 하물며 미국에 종속된다고 볼 수 없었다. 파키스탄의 지원을 받았을 굴부딘 헤크마티아르의 이슬람정당조차도 아프가니스탄을 통일할 수 없었다. 그런데 어찌해서 군사전문가도 아닌 평범한 학생집단에 불과한 탈레반이 아프가니스탄의 대부분을 제압할 수 있었던 것일까.

헤크마티아르가 실패한 것은 미국이 헤크마티아르에 의한 통일에 반대했기 때문이라는 국제정치의 논의는 적어도 오사마에게 수긍될 리 만무하다. 그 대신 탈레반, 특히 오마르가 올바르게 지하드 깃발을 내건 사실을 알라가 기뻐했기 때문이라는 해석과 올바른 이슬람 통치를 부정과 부패로 얼룩진 아프가니스탄의 국민들이 이해하고 탈레반 내부에서 인도했기 때문이라는 해석이 차라리 설득력을 가진다. 오사마의 주장에 따르면 탈레반에 반대하는 무자헤딘 군벌들은 산적이거나 공산주의자에 불과하다는 것이다. 오사마에게는 탈레반에 의한 아프가니스탄 지배는 신이 바랐던 결과나 다름없었다. 오사마는 1999년 ABC 방송과의 회견에서 다음과 같이 말했다.

> 신도의 통솔자인 오마르는 아프가니스탄 유일의 합법적 통치자다. 그곳에는 고매한 신이 무슬림의 나아갈 길을 제시해 주고 계신다. 이슬람 국가가 이제 겨우 10년 사이에 처음으로 이슬람의 법체계인 샤리아에 따라 지배하기에 이르렀다. 아프가니스탄 사람들은 수십 년간 없던 치안을 지금 누릴 수 있게 되었다.

오사마에게 아프가니스탄은 유일한 샤리아만이 지배하는 국가였다. 그런 의미에서 당연히 탈레반은 오사마 일당의 이상향이었다. 다만 1997년 인터뷰에서 여자교육에 관한 질문에 대해 오사마는 다음과 같이 말한 바 있다.

당신은 서방측의 반탈레반 선전에 영향을 받고 있다. 그 선전은 탈레반이 여자교육에 반대한다고 주장하고 있다. 예언자 마호메트의 아내 아이샤Aisha는 이슬람 법학자들과의 회합을 주재할 정도로 수준이 높았다. 우리들은 여자교육에 반대할 수 없다. 다만 우리는 저속한 것을 퍼뜨리거나 간음과 누드 등의 비열한 것으로 이슬람 사회를 오염시키는 것에 교육이란 슬로건을 이용하는 것은 반대한다.

또한 2001년 별도의 알자지라 방송과의 회견에서는 오사마와 탈레반의 관계에 대해 다음과 같이 묘사하고 있다.

실제로 우리는 탈레반 정권의 아프가니스탄에서 독립해 활동하고 있지 않다. 오히려 우리는 무슬림의 통솔자가 있는 국가에 있으며, 법적으로는 그들에 복종하지 않으면 안 된다. 그곳에는 대립은 없다. 우리는 이 나라에 따라야 한다.

탈레반 사회가 어떤 사람들과, 특히 사우디아라비아의 어떤 사람들의 이상에 가깝다는 것은 다음과 같은 말에서도 확인할 수 있다. 다음에 인용한 것은 2000년 11월 29일 사우디아라비아의 저명한 종교지도자가 종교적 견해로 언급한 내용이다. 여기서 종교적 견해라고 표현했지만, 형식적으로는 신자의 질문에 답하는 형식이었다. 질문은 "탈레반의 이슬람 율법인 샤리아 시행에 대한 의문을 가진 자도 있지만, 실제로는 어떠한가?"라는 내용이다.

어떤 나라가 샤리아를 시행할지 여부를 정하는 데는 몇 가지 요건이 있다. 하나는 그 입법이 알라의 『코란』과 그 사도(알라가 그에게 기도와 평안을 주는 것)의 순나(이슬람교도 공동체의 전통적인 사회적·법률적 관습)에 따른 것이며, 모든 규정과 현세의 절차에 따른 것이다.

두 번째는 국가의 가장 중요한 요소 중 하나가 그 땅을 지배한다는 점이다. 잘 알려진 바와 같이 탈레반 정부는 아프가니스탄의 95% 이상을 지배하고 있다. 세 번째는 다른 나라와의 관계와 절차가 숭고한 이슬람 종교에 기초해 확립되어 있다는 점이다. 아프가니스탄의 탈레반 정권은 이들 모든 요건을 만족시키고 있음을 증명해 왔다. 따라서 이 정권은 사람이 만든 법률과 인간에 의한 입법 행위가 없는 세계 유일의 국가다. 이 법률은 재판소, 정부부처 및 기관 등의 조직에서 알라와 그 사도의 샤리아에 근거해 있다.

알-슈아이비Al-Shuaibi는 사우디아라비아의 수도 리야드에 본교 캠퍼스를 둔 이맘 무함마드 이븐사우드 이슬람대학의 교수로 저명한 이슬람법학자다. 부라이다Buraidah는 리야드 북쪽에 위치한 약 62만 인구를 가진 카심주의 주도다. 카심은 와하브파의 조상의 근거지이며, 사우디아라비아 농업의 중심지이기 때문에 '영양이 풍부한 바구니'라는 별칭을 갖고 있다.

상기한 이맘 이슬람대학은 종교인을 양성하는 학교라는 색채가 강하다. 즉 알-슈아이비는 종교적으로 엄격한 도시의 종교계 대학에서 신앙을 가르친 교수였다. 그렇기 때문에 탈레반 정권이 세계에서 유일하게 샤리아로 통합된 국가라는 결론이 무게를 지닌다. 당연히 그 논리에 추호의 의심을 갖지 않는 사람들에게는 탈레반이야말로 이상적 이슬람 국가일 것이다.

'알-슈아이비'란 이름은 이제까지 여러 차례 신문에 오르내렸다. 2001년 봄에는 쿠웨이트 출신의 유명한 가수에게 사형을 발표해 일부에서 큰 소동을 일으킨 바 있다. 사형 판결의 이유는 그 가수가 『코란』 첫머리 내용을 가사로 노래했다는 것이었다. 그 후에도 9·11테러로 미국이 아프가니스탄에 대한 공습을 개시했을 때 오사마의 조직 알카에다의 대변인이라 칭하는 쿠웨이트 출신이 미국을 비난하는 성명을 발표했다. 그는 2001년 10월 14일 알-슈아이비가 그 가수에게 내린 사형을 지지한다며 다음과 같이 언급했다.

> 유대인과 기독교도와 협력하는 것은 용서할 수 없다. 그들과 협력하거나 지지하는 견해를 말하거나 행동을 취하는 것은 이슬람의 배신이며, 알라와 예언자의 신앙을 무효화하는 것이 된다.

대변인이 인용한 것은 이 내용뿐이었지만, 사실은 다음과 같은 말 또한 덧붙였다.

> 아프가니스탄 공격을 지지하는 자에 대한 지하드는 우리의 의무다.

알-슈아이비가 내린 정의에서는 이 '지지'라는 것은 '손에 의한, 혀에 의한, 또는 돈에 의한 지원'을 가리킨다. 즉 미국에 의한 아프가니스탄에 대한 보복에 군사적으로 참가하는 것은 물론 지지를 표명하거나 자금을 지원하는 것도 안 된다는 것이다.

오사마는 1996년 8월 23일 금요일에 미군에 대한 선전포고를 발표했다. 금요일은 이슬람에서 가장 중요한 집단예배를 올리는 날이다. 이 선전포고는 장황하고 지루해 비무슬림들에게는 주목을 받지 못했다. 그 내용 속에는 오사마의 지하드 혹은 테러와 관련한 이념, 논리, 구조, 철학이 빽빽하게 응축되어 있었다.

9·11테러 이래 맹렬한 속도로 변하는 현실에 휘둘려 오사마의 철학 속 심

연을 더듬는 노력이 별로 시도되지 않았다. 여기서는 오사마의 선전포고 내용에 대해 살펴보기로 하겠다.

먼저 선전포고의 제목을 보면, "오사마 빈 무함마드 빈 라덴이 세계 중 특히 아라비아반도에 있는 무슬림 형제들에게 고하는 메시지"라고 적시하고 있다. 메시지는 미군도, 서양 국가도 아닌 무슬림, 특히 아라비아반도의 무슬림을 대상으로 하고 있다. 따라서 전편에 걸쳐 이슬람적 내용으로 충만해 있고, 무슬림이 아닌 독자로서는 미처 생각지 못한 내용이 많아 이해하기 힘들다.

'오사마 빈 무함마드 빈 라덴'은 오사마가 공식적인 장소에서 사용하는 이름이다. 그가 발표하는 성명서에 서명할 경우에는 오사마 빈 라덴이 아니라 반드시 '오사마 빈 무함마드 빈 라덴'을 사용한다. 이는 아라비아반도의 무슬림들이 구체적으로 사우디아라비아인임을 적시하기 위함일 것이다. 그 다음에 이슬람의 상투어가 이어지며, 『코란』의 인용문이 들어간다. 『코란』은 모두 114장 6,200여 절로 구성되어 있으며, 대부분 신에 대한 경외심으로 일관하는 구절이 나열되어 있다.

> 자비로우시고 자애로우신 알라의 이름으로 온 우주의 주님이신 알라께 찬미를 드리나이다. 그분은 자애로우시고 자비로우시며 심판의 날을 주관하시도다. 우리는 당신만을 경배하오며 당신에게만 구원을 비노니 저희들을 올바른 길로 인도하여 주시옵소서. 그 길은 당신께서 축복을 내리신 길이며 노여움을 받은 자나 방황하는 자들이 걷지 않는 가장 올바른 길이옵니다.

위에서 소개한 구절은 전 세계의 무슬림이라면 무조건 외우고 있다고 보면 된다. 애초에 하루에 5번에 걸친 예배마다 이 구절을 항상 암송하기 때문에 외울 수밖에 없다. 마치 기독교의 『사도신경』이나 불교의 『반야심경』처럼 말이다. 그러나 『코란』은 원칙적으로 번역되어서는 안 된다.

그런데 한 가지 이상한 점이 있다. 앞 부분에 반드시 들어가야 할 아랍어의 정형구인 '알-바스마라al-basmalah'가 들어가 있지 않다. 알-바스마라란 상기한 "자비로우시고 자애로우신 알라의 이름으로…."라는 구절이다. 무슬림은 뭔가 중요한 일을 행하거나, 말하거나, 쓸 때 먼저 이 알-바스마라를 낭송하고, 그 행위에 대해 알라의 축복을 구한다. 그럼에도 불구하고 오사마의 선전포고에는 이 구절이 빠져 있다. 어찌해서 누락된 것일까? 번역자가 의도적으로 뺀 것일까, 실수로 빠뜨린 것일까? 아니면 원래부터 없었던 것일까?

원래 없었다고 한다면 대단히 흥미로운 일이다. 『코란』에서는 114장 중 9장을 제외하고는 모든 장의 첫머리에 알-바스마라가 붙어 있다. 9장은 「개전改悛의 장」에 해당하는데, 내용적으로는 선전포고에 관한 계시가 중심을 이루고 있다. 9장의 41절은 "자, 돌격하라! 가벼운 것도 무거운 것도 스스로 재산과 생명을 바쳐 알라의 길로 싸우자."라는 말로, 오늘날 과격한 종교학자들은 9장에서 자폭테러의 근거를 찾고 있다.

서남아시아 테러의 역사에서 지금까지 '자폭'이란 방법이 전혀 없었던 것은 아니다. 레바논에서 미국 해병대를 향한 자폭테러와 팔레스타인에서 빈번하게 발생하는 하마스에 의한 이스라엘을 향한 자폭테러 등처럼 수없이 많다. 이것들은 모두 이슬람계 조직이 일으킨 사건이다. 문제는 이것이 분명한 자살행위라는 것이다.

이슬람에서는 종교적으로 자살이 금지되어 있다. 따라서 이슬람계 조직이 저지르는 자폭테러는 자가당착이 된다. 이런 모순을 피하기 위해 팔레스타인에서는 이것을 보통 '순교작전'이라 부른다. 자살이 아니라 이슬람 대의를 위해 순직한 것이거나 이스라엘과의 전투 중에 죽었다는 해석이다. 그런

데 2001년 4월에 이런 문제에 커다란 파란이 일어났다. 사우디아라비아의 종교권위자 압둘아지즈 알샤이프가 하이재킹과 자폭테러는 이슬람에 반한다는 견해를 표명한 것이다. 2001년 하이재킹에 대해 알샤이프는 이렇게 말했다.

> 항공기를 납치하거나 무고한 민간인을 공포에 빠뜨리는 것은 합법적이지 않으며 지하드의 일환도 아니다. 그것은 이슬람법에 위반하는 행위다. … 무슬림은 그런 행위가 지하드와는 무관함을 알아야 한다.

왜냐하면 자폭테러는 이미 팔레스타인의 하마스나 레바논의 헤즈볼라가 상투적으로 저지르며, 이스라엘에 큰 피해를 안기고 일부 사람들 간에는 확고한 지지를 받고 있기 때문이다. 특히 이스라엘에 대항할 수 있는 군사력을 갖지 못한 팔레스타인 사람들에게는 이것이 이스라엘을 공포에 빠뜨릴 수 있는 가장 효과적인 방법이었다. 물론 알샤이프는 지하드 자체에 대해서는 부정하지 않는다. 그것이 지극히 숭고한 행위임을 인정하고 있다. 그러나 지하드는 무슬림의 기치하에 무슬림의 장로인 이맘이 통솔하는 가운데 행해져야 한다. 무슬림은 군비를 갖추고 훈련된 병사와 높은 도덕심을 지녀야 한다. 즉 지하드와 관련한 올바른 교의에 바탕을 두고 있어야 한다는 것이다.

> 적들 가운데 스스로 죽는 방법 혹은 자폭법이라 불리는 행위에 대해 나는 그것에서 합법적인 것을 찾아낼 수 없으며, 알라의 길로 가는 지하드라 생각하지 않는다.

자폭테러라 부르던, 순교작전이라 부르던 자살은 어디까지나 자살이며, 그것은 이슬람에서는 금지되고 있다. 따라서 자폭테러는 지하드가 될 수 없다.

이 발언은 이슬람세계에서 대단히 큰 반향을 일으켰다. 물론 태반은 부정적인 반응이었다. 무슬림의 팔레스타인은 지금도 유대교도의 이스라엘과 대치 중이다. 이는 이미 지하드이며, 팔레스타인인은 이스라엘과 싸워야 한다. 그러나 이스라엘은 강력한 무기를 보유하고 있으며, 팔레스타인인은 맨주먹이다.

가족을 지키며 스스로의 존엄을 지키고 신앙을 지키기 위해 어떻게 싸울 것인가. 알샤이프는 이맘의 통솔하에 지하드를 행하라고 했지만, 국가를 갖지 못한 팔레스타인에게는 종교적으로 통솔할 이맘이 없지 않은가. 그들에게 자폭을 지하드라 하지 못하고 순교라 부르지 못한다면 무엇이 지하드이며 무엇이 순교란 말인가?

사우디아라비아 최고의 종교권위자에 대한 반론은 국내에서부터 불거져 나왔다. 2001년 4월 30일 런던에서 발행되는 아랍어 일간지 「알 하야트」는 무슬림의 적에 대한 순교작전은 합법적이라는 파트와를 보도했다. 이슬람세계에서 영향력이 큰 언론매체가 자폭을 둘러싼 의견을 제시한 것이 매우 흥미롭다.

이 신문기사에는 "무자히드가 지하드를 위해 순교작전에서 자신의 목숨이 위험에 처했을 때는 허용한다. 이교도의 칼과 손에 죽는 것도 무슬림의 칼과 손에 죽는 것과 동일하다."라는 내용이 담겨 있다. 또 이집트 최고의 종교권위자도 이스라엘에 대한 순교작전을 지지하면서 그것이 무슬림의 의무라 말하며 유대인에 대한 공격을 계속하고 배신자의 발밑에 지진을 일으키라는 말까지 했다.

자폭테러는 자살이며 이슬람에 반한다는 대표적인 법학자의 의견은 전혀 지지를 얻지 못했다. 종교인뿐만 아니다. 일반인들에게도 자폭은 지하드이며, 자폭으로 죽는 것은 알라의 길로 가는 순교자가 되는 것이다. 자폭테러와 순교작전은 이슬람세계에서는 이미 확고하게 뿌리를 내렸다. 오사마가 자폭테러를 감행하기까지의 준비는 이미 끝나 있었다.

선전포고와 같은 전쟁이나 전투를 주제로 할 경우에는 『코란』의 선례에 근거해 알-바스마라를 붙일 필요가 없는 것으로 전해지고 있다. 그러므로 오사마의 선전포고에는 처음부터 알-바스마라가 빠져 있을 가능성이 높다.

> 이슬람 백성이 시오니스트(이스라엘의 유대인) 십자군(서양의 기독교도) 연합과 그 동맹군에 의해 가해진 공격, 불법, 부정에 고통을 받은 사실은 밝혀져야 한다. 이윽고 무슬림의 피는 값어치를 잃고, 그들의 부는 적의 손아귀의 전리품이 되기에 이르렀다. 그들의 피는 팔레스타인과 이라크에 흘렀다. 레바논 티레시 남쪽의 카나Qana학살의 무서운 영상은 여전히 우리의 기억에 새롭다. 타지키스탄, 미얀마, 카슈미르, 필리핀, 소말리아, 에리트레아, 체첸, 보스니아, 헤르체고비나에서도 학살이 일어났고, 그들은 신체와 양심을 유린당했다.

강력한 이유는 강력한 행동을 낳는다. 그의 선전포고는 좀 더 고조된다.

> 세계는 이 모든 것을 보고 들으면서 이러한 잔학 행위에 대해 반응을 보이지 않고 있다. 어디 그뿐이랴. 미국과 동맹국들 간의 명백한 음모로 불법적인 유엔의 휘하에 오갈 데 없는 사람들이 스스로를 방어할 무기를 구하는 것조차 금지되어 있다. 이슬람 백성은 각성해 그들이 시오니스트 십자군연합의 공격의 주된 대상임을 알게 되었다. 인권에 관한 모든 허구 주장과 선전은 세계 각지의 무슬림에 대해 자행되는 학살로 여실히 드러나고 있다. … 무슬림이 꿈꿨던 메카와 메디나의 모스크는 미국의 십자군과 동맹국들에 의해 점령되었다. 우리들은 그것에 통탄하고 "알라 이외

에는 어떤 신도 존재하지 않는다."라고 말할 뿐이다.

이것이 선전포고의 핵심적 내용이다. 오사마의 선전포고는 계속된다.

현대사회에서는 무슬림들이 말로 표현할 수 없을 만큼 고난을 겪고 있다. 그것들은 모두 시오니스트 십자군연합과 괴뢰들(사우디아라비아 등)의 업보다. 그리고 그것의 궁극적 원인은 예언자 마호메트가 632년에 메카에서 사망한 이래 발생한 최대의 침략 행위다.

이어서 오사마는 이슬람의 종교지식인과 선교사들이 이슬람공동체를 적에 반대해 선동하는 것이 두려워 미국이 셰이크 아흐마드 야신과 압둘라 유수프 아잠을 살해하고 오마르 압둘라흐만 등을 체포했다며 비난했다. 더욱이 미국의 명령으로 메카와 메디나의 땅에서도 많은 사람들이 체포되었으며, 그중에는 알-오우다와 알-하와리도 포함되어 있었다.

아흐마드 야신은 팔레스타인에서 이스라엘의 점령에 반대해 무장투쟁을 행한 이슬람 조직 하마스의 정신적 지도자였다. 알-오우다는 사우디아라비아의 종교지도자 중 한 사람이다. 그들 역시 알-하와리와 마찬가지로 미군의 사우디아라비아 주둔을 격렬하게 비난하며 사우디 정부에 개혁을 요구하다가 1994년 9월에 체포되었다. 오사마는 1997년 인터뷰에서 "현재 이상적 인물이 누구인가?"라는 질문에 "그런 인물은 알-오우다일 것이다."라고 대답한 적이 있다. 또 그는 이렇게 경고했다.

현재 상태는 올바르지 않다. 이렇게 왜곡된 상태를 초래한 것은 이스라엘과 미국의 시오니스트 십자군연합이다. 이런 상황을 수정하고 바로잡아야 한다. 이미 성지의 땅은 분화 직전의 거대한 화산과 같다. 이 대분화는 불신앙과 부패의 근원을 파괴시켜줄 것이다. 리야드와 코바르에서 발생한 폭탄사건은 그 분화의 경고에 다름없다(코바르는 사우디아라비아 동부 주의 중심도시로 1996년 미군시설에서 폭탄테러가 발생해 미국인 19명이 사망한 바 있다).

오사마는 이어서 이렇게 말했다.

사우디아라비아는 경제적으로도 비참한 상황에 빠져 있다. 사람들은 그 원인을 왕족의 억압적이고 정통성이 없는 행동에 반대하지 않고, 샤리아를 무시하거나 사람들로부터 합법적 권리를 빼앗고, 미군에 성스러운 땅의 점령을 허용하거나 성실한 학자들을 투옥하는 것에 대한 알라의 저주라 생각하기에 이르렀다.

이번에는 화살을 왕가 쪽으로 돌렸다.

국가는 분명 커다란 파국으로 향하고 있다. 많은 왕자들도 다른 사람들과 똑같은 생각을 가지고 있으며, 부정과 억압에 관해 개인적으로 우려를 표하고 있다. 그러나 유력 왕족 간의 개인적인 경쟁이 국가를 파멸의 길로 끌어가고 있다.

여기서부터 오사마는 사우디아라비아의 국가로서의 정통성에 대해 의문을 던지고 있다. 문제는 두 가지로 요약될 수 있다. 하나는 사우디아라비아가 샤리아를 외면한다는 점을 들었다. 샤리아는 신의 법이며 인간의 지혜가 닿지 않는 깊은 이치가 담겨 있다. 그러나 사우디아라비아 정부는 공교롭게도 그것을 인간이 만든 법률로 바꿔 놓았다.

두 번째 문제는 물론 미군의 주둔에 있다. 이것은 사우디아라비아 정부가 자신들의 국가를 자력으로 방어하지 못함을 뜻한다. 막대한 방위비를 쏟아부으면서 여차하면 미군을 불러들이겠다는 것은 도대체 누구를 위한 것일까.

그 영향은 석유산업에도 미쳤다. 석유 생산은 제한되고 석유 가격 역시 사우디아라비아의 경제와는 무관하게 미국경제에 맞춰 조절되었다. 게다가 그 수입으로 비싼 미국제 무기를 사들이고 있다. 사람들은 상황을 바꾸기 위해 다양한 노력을 시도해 왔지만 사우디 당국은 그런 문제에 귀를 기울이지 않았다. 오사마는 그 예로 1991년 이후에 사우디아라비아의 종교인과 지식인들에 의해 제출된 개혁건의서와 1992년 충고각서 등을 열거한 바 있다.

오사마는 그르친 상황을 바로잡기 위해서는 문제의 근원부터 파고들어야 한다고 주장했다. 이슬람공동체를 작은 국가별로 분할해 혼란 상태에 빠뜨린 주된 적을 물리쳐야 할 필요가 있다는 것이다. 물론 오사마가 말하려는 적은 사우디아라비아에 주둔하고 있는 미군이다. 여기서 그는 이븐 타이미야Ibn Taymiyah의 말을 인용했다. 이븐 타이미야는 13세기 와하브파를 탄생시킨 신학자로 이슬람 원리주의의 출발점이 된 시리아의 법학자이기도 하다.

> 이슬람의 백성은 이슬람 국가를 지배하고 있는 주된 불신앙을 제거하기 위해 힘을 합치고 서로 도와야만 한다. 커다란 피해, 즉 커다란 불신앙을 제거하기 위해서는 작은 피해를 견딜 필요가 있다.

이 대목은 그의 성전론聖戰論 가운데 핵심적 부분을 차지한다. 왜 미국이 표적이 되는가에 대한 이론적 근거가 바로 여기에 피력되어 있다. 먼저 실행해

그림 6-2. 와하브파의 시조 이븐 타이미야

야 하는 의무는 두 가지인데, 우선해야 할 것은 신앙이며 다음 의무가 미군을 성지에서 축출해야 하는 것이다. 오사마는 여기서 다시 한번 타이미야의 말을 인용했다.

> 종교와 신앙을 지키기 위한 싸움은 공동체로서의 의무다. 생활과 종교를 부패시키는 적과 싸우는 일은 신앙에 버금가는 의무다. 이 의무에는 어떤 전제 조건도 없다. 적과는 최대한의 힘을 써서 싸워야 한다.
> 무슬림들이 힘을 합치지 않으면 적을 제압할 수 없다. 힘을 합치기 위해서 무슬림들은 서로 간에 존재하는 작은 대립을 무시해야 한다. 거대한 적과 싸우기 위해서는 자신들이 현재 안고 있는 문제를 없애는 것이 중요하다. 물론 서로 차이가 있겠지만, 지금은 일단 유보해 두고 단결하여 공통의 적과 싸우지 않으면 안 된다.

오사마는 한발 더 나아가 타이미야의 말을 다시 인용한다.

알라를 기쁘게 하고 그의 말씀을 찬양하며 알라의 사도에 따르는 궁극적인 목적은 모든 면에서 완벽한 방법으로 적과 싸우는 것이다. 만약 싸움을 회피해 발생하는 종교에 대한 위험이 싸우는 것에서 생기는 위험보다도 크다면, 가령 일부 전사들의 의도가 순수하지 않더라도 싸우는 것은 의무다. 전사들이 권력을 위해 싸우거나 또 이슬람 규정과 명령의 일부를 지키지 못하더라도 싸우는 것은 의무인 것이다.

두 가지 위험 중 작은 위험을 무시하고 큰 위험과 맞서는 것은 이슬람의 원리이며 반드시 지켜야 한다. 올바른 것과 올바르지 않은 것이 함께 더해져 싸우는 것은 순나의 전통이다(순나란 예언자 무함마드의 언행으로 이슬람학의 전문 용어로는 ① 무함마드의 말, ② 그 자신의 행위, ③ 제자들의 행위에 대한 그의 묵인, 이 세 가지 카테고리를 예언자의 언행을 가리킨다).

이번에는 마호메트에 관한 이야기를 말한다.

예언자도 말씀하신 것처럼 알라는 올바른 사람들뿐만 아니라 올바르지 않은 사람들에게도 종교를 지켜주신다. 만약 올바르지 않은 병사와 사령관의 지원 없이 싸울 수 없다면 두 가지 가능성이 있다. 싸움이 무시되고 현세와 종교에 더 큰 위험한 것이 지배하게 되던가, 혹은 올바르지 않은 지배자가 지원하는 두 가지 위험 가운데 더 큰 위험을 몰아내고 작은 위험은 없는 일로 치더라도 이슬람법을 대부분 이행하는 일이 된다. 정통 칼리프 시대 이래로 많은 전투와 정복은 이 유형에 속한다.

위에서 소개한 타이미야의 말은 직설적이 아니라 우회적인 것이어서 이해하기 어렵지만, 요컨대 커다란 문제가 동시다발적으로 생길 경우에는 우선순위를 따르라는 내용이다. 만약 그 문제가 자신들의 힘으로 해결될 수 없는 것이라면 타인의 힘을 빌려야 한다.

이 경우 '타인의 힘'에 약간 문제가 있더라도 상관없다. '약간의 문제'란 전리품을 나누거나 종교적 의무를 지키지 않는 행위를 뜻한다. 더 큰 문제를 방치해 생기는 위험을 생각한다면, 약간의 문제는 작은 일에 불과하다. 이는 사우디아라비아 정부가 자국의 방위라는 더 큰 위험을 해결하기 위해 작은 위험인 미군을 국내에 주둔시킨 것과 동일한 논리다.

오사마는 무슬림 동지가 서로 대립하고 반목을 계속하면 심각한 피해를 초래할 것이라고 경고했다. 무슬림의 인재 낭비, 경제·재정의 피폐, 사회 기반의 파괴, 사회의 분열, 석유산업의 붕괴, 성지의 분열을 대표한 이스라엘의 영토 확장과 이슬람의 내전 등이 오사마가 경고한 것들이다. 이들 가운데 석유에 대해서는 다음과 같이 말했다.

> 아라비아만(페르시아만) 주변국에서 벌어지는 미국 십자군부대의 육해공군의 주둔은 세계 최대의 석유매장지를 위협하는 가장 큰 위험 요소다. 이들 군대의 주둔은 이 지역 백성들로 하여금 침략자에 대한 무장투쟁을 재촉하는 일이다. 이 지역에서 투쟁을 확대하는 것은 석유자원을 위기로 몰아가고 있는 행위다. 그렇게 되면 걸프 국가들과 사우디아라비아의 경제적 권익은 피해를 입고 세계경제에도 큰 타격을 입힌다.

다음으로는 경고하는 발언이 이어진다.

그리하여 나는 우리 형제들, 무자헤딘, 이슬람공동체의 아들들에게 석유를 지키고 전쟁에 휘말리지 않도록 경고한다. 그것은 위대한 이슬람의 자산인 동시에 곧 수립될 것으로 예상되는 이슬람 국가가 필요로 하는 커다란 경제력이기 때문이다. 우리는 또 침략자 미국에도 이슬람의 자산에 손대지 말 것을 경고한다. 그들은 석유자원이 합법적 소유자, 즉 산유국의 손에 넘어갈 것을 방해하고 석유의 주요 소비국인 유럽 국가들과 극동의 일본에 넘겨줄 것이다.

이라크의 사담 후세인 대통령은 1990년 4월 이스라엘의 절반을 불태우겠다고 호언장담했으나, 실제로 불태운 것은 쿠웨이트의 유전이었다. 위에서 소개한 오사마의 발언은 이를 염두에 둔 것이었을까. 아무튼 오사마는 대단히 냉정한 논의를 전개하고 있었다. 가령 페르시아만에서 커다란 사건이 발생했다고 하더라도 그것이 오사마에게 영향을 받은 무리의 소행이라면 석유의 흐름을 방해하지는 않았을 것이다. 사실 1996년의 기자회견에서 그는 "우리는 석유를 마실 생각이 없다."라고 말했다. 이교도에게도 석유를 팔 생각을 했던 것일까. 물론 그것은 무슬림의 이익과 결부된다는 전제에서의 이야기일 것이다.

또 하나 주목할 점은 '성지의 분열'을 운운하는 대목이다. 이는 왜 미국이 이 지역에 개입하려고 드는 것일까에 관한 언급이다. 그 이유에 대해 오사마는 나름의 해석을 내리고 있다. 그에 따르면 메카와 메디나가 있는 성지의 땅을 분열시키려는 것은 시오니스트 십자군연합의 본질적인 요구였다. 이슬람 국가의 지도하에 풍부한 천연자원을 가진 대국이 중동의 땅에 출현하는 것은 팔레스타인의 시오니스트 존재에 있어 큰 위협이 된다. 그러므로 그들에게는 이 지역을 분단시켜 약체화할 필요가 있으며, 그것 때문에 개입하고 있다는 것이 오사마의 견해였다.

이윽고 오사마는 돌연히 호소의 대상을 치안 관계자와 군 관계자로 좁혀 '우리 형제들'로 간주했다. 오사마는 어찌하면 사우디아라비아 정권이 이교도들에게 부여한 반이슬람적 행위를 하고 있는가에 대해 입을 열었다. 특히 초대 국왕인 이븐 사우드의 배반으로 예배의 방향인 제1의 '키블라qiblah'를 빼앗아 그의 아들인 당시의 국왕 파흐드가 미군에게 성지 점령을 용인한 것에 대해 단죄해야 한다고 말했다.

키블라란 예배의 방향을 의미하는 아랍어다. 하루 5회씩 세계의 모든 무슬림이 메카를 향해 예배드리는 것은 잘 알려진 사실이다. 무슬림들은 처음에는 예루살렘을 향해 예배했지만, 도중에 그 방향을 메카의 카바Kaaba 신전으로 변경했다. 따라서 제1의 키블라는 최초의 예배 방향인 예루살렘을 가리킨다. 오사마에 따르면 이슬람의 3대 성지인 메카, 메디나, 예루살렘이 시오니스트 십자군에 점령된 것은 사우드 왕가의 배신 때문이다.

오사마의 선전포고에 따르면 미군의 사우디아라비아 주둔에 관해 파흐드 국왕은 "이 문제는 단순하다. 미국과 그 동맹군은 수개월 내에 역내를 떠날 것이다."라고 말했다. 그런데 이 선전포고가 내려진 1996년 시점에서 이라크의 군사력이 위협이 되지 않을 정도로 파괴되었음에도 불구하고 여전히 미군은 사우디아라비아를 떠나지 않고 있었다. 이에 오사마는 젊은이들을 향해 성지에서 적을 쫓아내기 위해 지하드를 개시해야 한다고 선동했다.

> 우리들의 군대와 적의 군대 간에는 군사력 차이가 너무 크다. 따라서 적절한 전투 방법이 적용되어야 한다. 즉 은밀한 행동으로 기동성을 중시한 전술과 게릴라전을 펴야 한다. 이런 전략이면 군인이 아닌 이슬람공동체의 아들들도 참가할 수 있다. 현 시점에서는 군대가 십자군의 적들과 통상적인 전투를 벌이는 것은 현명하지 못하다. 다만 예외적으로 부대의 이

> 동을 수반하지 않는 개별적 전투는 강력할 수 있다. 개별 전투라면 우리 군대에 대한 강렬한 반격이 불가능할 것이다.

다음은 사우디아라비아 당국을 향해 요청하는 내용이다.

> 이런 싸움으로 적들에게 심대한 손실을 입혀 성지에서 그들을 축출할 수 있을 것이다. 당신들의 형제와 아들들로 구성된 무자헤딘은 당신들이 필요한 정보와 무기를 지원받게 될 것이다. 나는 치안당국에 특히 무자헤딘의 잠복을 지원하고 점령군에 대한 작전을 최대한 도와서 적군에게 공포심을 널리 퍼뜨릴 것을 요청했다.

오사마의 선동은 게릴라전에 있었다. 전술로서는 그럴듯해 보일 것이다. 특히 군 관계자에게 요구하는 것은 단지 무자헤딘에 대한 무기사용법만이 아니다. 오사마의 선동은 와하브파의 시조 무함마드 빈 압둘와하브의 전통을 이어받은 병사들의 DNA를 자극하는 측면이 있었다.

> 알라의 허락으로 당신들이 결정적인 역할을 할 때가 도래할 것이다. 그때 알라의 말씀은 지고한 것이 될 것이며, 이교도들의 말은 폄하될 것이다. 당신들은 침략자에게 철퇴를 내리고 올바른 길을 재건하며, 사람들에게 그 권리를 부여하고, 진정한 이슬람의 의무를 이행하게 될 것이다.

오사마가 주장한 또 하나의 전략은 경제적인 부분이었다. 즉 미국 제품에 대한 보이콧이었다. 그는 이렇게 말했다.

당신들이 미국 제품을 구입한 돈은 팔레스타인의 형제들을 향한 총탄이 될 것이다. 내일은 또 성지의 땅의 아들들에게 향할 총탄으로 바뀔지도 모른다. 미국 제품을 구매함으로써 우리는 미국 경제를 강화시키고, 한편으로는 우리의 재산을 빼앗기고 빈곤만 늘어날 것이다.

오사마가 주장하는 미국 제품의 보이콧은 이중적으로 행해져야만 한다는 의미이다. 하나는 일반적 보이콧으로 미국 제품에 대한 불매운동이다. 이것은 완전히 합법적이며 사우디 당국으로서도 어쩔 수 없다. 여기에는 여성도 참여할 수 있다. 또 하나는 사우디아라비아 정부에 의한 미국 제품 구입의 반대 표명이다. 사우디아라비아는 미국제 무기를 대량 구입하고 있는데, 이에 대해 반대를 표명하는 것으로 정부에게 도덕적 압력을 가할 수 있다는 것이다.

이와 같은 경제적 보이콧 전술과 무자헤딘에 의한 군사작전이 함께 전개되면 적을 무찌르는 것과 다름없다. 다만 미국 제품 불매운동이라는 것은 그렇게 간단한 얘기가 아니다. 아랍 국가 사람들 간에 퍼져 있는 미국 제품에 대한

그림 6-3. 알자지라 방송에 등장한 오사마

출처: 알자지라 방송

애착, 동경, 숭배는 좀처럼 불식되기 어렵기 때문이다. 오사마 역시 미국 제품의 선호에서 자유로울 수 없다.

좌파 중에도 이른바 '강남좌파'가 많은 것처럼 수많은 아랍인들이 입으로는 쉽게 미국에 대한 험담을 하면서도, 한편으로는 미국 제품을 애용하며 미국에 유학하고 싶어 하는 이중적인 태도를 보인다. 가령 걸프 위기가 한창이던 이라크조차도 사람들은 말보로 담배나 라이방 선글라스를 사기 위해 많은 돈을 지불하고 있었다. 말보로 담배는 다른 제품보다 훨씬 고가임에도 불구하고 선호되었다.

그렇다면 오사마는 어떠했는가. 2001년의 9·11테러를 계기로 미국이 아프가니스탄에 대한 공격을 개시했을 때 오사마가 미국을 격렬히 비난하는 비디오 성명이 알자지라 방송을 통해 전 세계로 방영된 적이 있다. 그 당시 미국의 매체는 비디오에 등장한 오사마의 손목에 찬 시계가 미제였음을 보도했다.

23

순교의 논리와 순교의 미학

> 성지를 해방하는 일은 모든 무슬림들의 관심사이며, 이 세계에 살고 있는 모든 무슬림의 의무다. 윌리엄, 이들 젊은이들은 당신이 목숨을 사랑하는 것과 똑같이 죽음을 사랑한다.

여기서 윌리엄은 선전포고가 발표됐을 당시의 미국 국방장관 윌리엄 페리를 가리킨다. 그리고 젊은이들이란 문맥상으로 보면 과거 아프가니스탄에서 소련군과 싸웠고 후에는 보스니아에서 세르비아인, 체첸에서 러시아인과 싸운 사우디아라비아의 젊은이들을 가리킨다. 그들은 미국과의 전투라도 죽음을 두려워하지 않았다. 그들은 사후 천국에 갈 것을 전혀 의심하지 않았으며, 전투에 참가함으로써 그날이 가까워지고 있다고 믿고 있었다.

> 성지를 점령한 미군과 싸우는 것이 지하드이자 모든 무슬림의 의무라면 그 싸움에서 죽는다는 것은 무슬림의 바람이다. 이 싸움에서의 죽음은 순

교이며, 그 죽음은 낙원에 가는 것으로 보답될 것이다. 특히 용감하게 싸운 자는 최고의 순교자이며 최고의 낙원이 약속된다. 자! 너희들, 신앙 없는 자들과 싸울 때는 그들의 목을 잘라 떨어뜨려라!

왜 오사마는 미국인을 그토록 적대시했을까? 그의 마음속 깊은 곳까지 들여다볼 수는 없다. 그렇지만 그는 미군이 성지를 점령한 것뿐만 아니라 미국인이 사우디아라비아의 땅에 존재하는 것조차 용서할 수 없었다. 또한 그들의 만행을 허용하거나 좌시하고 있는 사우디아라비아 정부는 이슬람공동체를 배신하고 불신앙자에게 영혼을 판 것과 다름없다. 아라비아반도에 십자군뿐만 아니라 이교도를 입국시킨 것 역시 예언자 마호메트의 유언에 위반하는 것이며 반이슬람적 행위다. 그 근거가 되는 것이 다음에 소개한 『하디스hadith』다.

신의 사도인 예언자 마호메트는 … 세 가지 유언을 남겼다. 첫째는 다신교도들을 아라비아반도로부터 추방할 것….

예언자 마호메트가 죽음을 앞두고 한 이야기에는 이런 내용이 더 구체적으로 묘사되어 있다.

알라께서 소망하시어 만약 좀 더 살 수 있다면, 나는 아라비아반도에서 유대인과 기독교도를 쫓아낼 것이다.

오사마는 예언자 마호메트가 이루지 못한 유언을 실현했을지도 모른다. 그것이 아라비아반도에 태어난 그의 의무인 것처럼 말이다. 그리고 그 역시 죽음을 두려워하지 않았다. 그는 1999년 「뉴스위크」와의 인터뷰에서 "나는 죽음을 두려워하지 않는다. 나는 죽기 위해 여기(아프가니스탄)에 왔다."라고 말한 바 있다.

알카에다가 이념화되면서 생기는 현상 중 하나는 자생적 이슬람 과격 세력의 등장이다. 알카에다의 홍보 비디오 중에 아프가니스탄 등지에서 사망한 의용병들의 모습을 담은 〈천국의 바람〉이라는 다큐멘터리가 있다. 2009년에 공개된 영상에는 한 쿠웨이트인의 이야기가 나온다. 그는 처자식을 조국에 남겨 둔 채 아프가니스탄으로 가서 자폭테러로 사망했다. 비디오 속 그는 지하드와 무자헤딘을 무척 좋아했다. 이라크와 팔레스타인의 참상에 마음이 아팠던 그는 자폭테러를 순교작전이라 생각하고 준비에 임했다. 비디오에서 그는 순교야말로 그가 바라던 것이었다고 주장했다.

그 후 그는 자기 입으로 가족과의 이별을 고했다. 현세에서 만나는 것보다 천국에서 만나는 편이 행복하다고 말했다. 풍요로운 산유국인 쿠웨이트에서 살던 그에게는 양친부모뿐 아니라 처자식도 있었다. 어쩌면 부러울 게 없어 보이는 그가 왜 자폭테러를 해야만 했을까? 무엇보다 중요한 것은 그가 자폭테러를 결심한 이유로 이라크와 팔레스타인의 참상을 들었다는 점이다. 실제로 같은 아랍인인 쿠웨이트 국민으로서 많은 팔레스타인과 이라크 국민이 매일같이 죽어가는 것을 보는 심경을 이해 못하는 바는 아니다.

하지만 그가 자폭한 곳은 이라크도 아니고 팔레스타인도 아닌 아프가니스탄이었다. 더욱이 이 자폭테러에서는 30명에 달하는 병사가 죽었지만, 사망한 병사는 아프가니스탄을 점령한 기독교도인 미군이나 나토군이 아니었다. 자신과 같은 무슬림, 혹은 아프가니스탄 정부군들이었다. 이것은 도대체 무엇을 의미하는 것이었을까. 왜 그는 이라크와 팔레스타인이 아닌 아프가니스탄에서 그 나라의 정부군을 상대로 죽어야만 했던 것일까?

이 쿠웨이트인만이 예외는 아니다. 과격한 인터넷 게시판에서 관리인을 맡았던 요르단 출신의 의사가 있다. 관리인을 하던 시절 이라크에 관해 미국을 격렬하게 비난하는 글을 자주 올렸었다. 그러나 2009년 12월에 그는 아프가니스탄에 있는 CIA 기지에서 자폭테러로 사망했다. 그는 공개된 유언 비디오에서 자폭의 동기를 파키스탄 탈레반운동의 지도자 살해에 대한 보복의 일환이라 진술했다. 이 비디오에서 적은 미국이라고 일관했지만, 그의 전쟁터는 가상공간인 '이라크로'에서 현실세계인 아프가니스탄과 파키스탄으로 이동했다. 2009년 2월에는 바그람 기지에 주둔한 한국의 다산부대 병사(윤장호 병장)가 자살폭탄테러에 희생되기도 했다.

이처럼 장소와 공격 대상 간의 관계성이 모호한 것 역시 일부 테러리스트, 의용병, 자폭 테러리스트들에게 공통적으로 나타나는 특징 중 하나다. 이것을 어떻게 해석해야 할까? 그 열쇠는 이 요르단 의사가 2009년에 발간한 알카에다의 기관지인 「호라산의 전위대」 속에 담겨 있을지도 모르겠다.

> 일단 지하드에 호감을 갖고 몰입하면 두 번 다시 그곳에서 헤어 나오기 힘들다. 잊으려 해도 병세는 악화될 뿐, 항상 지하드만을 생각게 된다. 자폭테러 뉴스가 흘러나오면 지하드를 떠올리게 되며, 뉴스에서 오사마의 목소리를 듣게 되면 역시 지하드를 생각게 된다. 호화스러운 집을 보아도 떠오르는 것은 천국에 있을 순교자의 집만 보인다. 아내의 아름다움을 사랑하려고 해도 생각나는 것은 순교자를 기다리는 천국의 미녀들만 떠오른다. … 만약 지하드를 회피한다면 탄식하다가 죽게 될 것이며, 만약 지하드의 대열에 가담하면 알라의 길로 인도되어 순교자로 죽게 될 것이다. 남자는 이들 두 가지 죽음 중 어느 한쪽을 선택하지 않으면 안 된다.

지하드 혹은 순교는 다분히 편집증적이라고 할 만큼 무슬림들의 애정이 넘쳐나는 격렬한 단어다. 그들의 머릿속에서는 적이 누구라도, 전쟁터가 어디라도 상관없다. 싸우거나 자폭해 순교하는 것이 목적이므로 그 이외의 일은 부수적인 문제에 지나지 않는다.

이라크와 시리아 국경 근처에서 미군이 압수한 테러 조직 자료 가운데 대량의 '순교 지원 계약서'라는 문서가 발견되었다. 이라크에서 자폭테러를 수행하기 위한 일종의 계약서다. 이 문서는 거의 정형화되어 있어 지원자의 이름만 기입하면 된다. 내용은 "순교작전은 어디까지나 자발적인 의사이며, 이라크 입국 후 그 이상의 것은 하지 않는다."라고 되어 있다. 즉 그들이 이라크에 입국한 목적은 처음부터 자폭뿐이며, 가령 게릴라전에 가담해 미군과 싸우는 것조차 자기 마음대로 하지 않겠다는 내용이다.

요르단 출신 의사가 자폭테러로 CIA 요원을 10명 죽이는 것보다 전투와 테러로 부상당한 일반시민과 의용병을 치료하는 편이 훨씬 지하드에 도움이 될 것이다. 그러나 이런 생각은 그들에게 통하지 않는다. 이교도의 점령군을 이슬람의 땅에서 쫓아내는 것이 그들의 궁극적 목적이기 때문이다. 그러나 실제로는 그들의 목적은 그것이 아니어도 무방하다.

그와 같은 일당들에게 중요한 것은 미국과 싸워 이슬람의 땅을 해방시키는 것이 아니라 단지 강력한 적과 싸우는 일이거나 더 나아가 강력한 적과의 전투 속에서 죽는 일이 아닐까? 지루한 삶 속에서, 자극 없는 인생에서, 분노와 불만이 가득한 인생에서 그들은 죽음에 근접하는 것으로 비로소 자신이 살아 있음을 실감한다. 또한 큰 뜻을 위해 죽는다고 여기면서 자신의 족적을 남기고 목숨을 의미 있게 바쳤다는 사실을 후세에 전하고 싶었던 게 아닐까.

그렇기 때문에 그들은 조직에 가담해 어떤 형태로든 인생의 총결산이 후세에 전해지길 바란다. 그중 한 형태가 인터넷에서 유포하는 순교자의 전기집傳記輯이며, 자폭테러 기록 비디오다. 그리고 인터넷에서 이것을 보고 분노할 젊은이들을 자극함으로써 똑같은 길을 걷게 하는 의도가 내포돼 있다.

현대사회 속에서 수많은 무슬림들은 다양한 고독감에 시달리고 있다. 그 원인을 미국의 이슬람세계에 대한 공격을 두어 분노의 창끝을 미국에 집중시키는 것이 오사마 철학의 진수일지도 모르겠다. 9·11테러 이후의 아프가니스탄과 이라크에는 좌파 붕괴를 포함한 반체제 지식인, 민족주의자, 이슬람주의자에 이르기까지 다양한 계층에 속한 사람들이 포함되어 있지만, 그들 대부분이 반미라는 공동전선을 펼 수 있었던 것은 오사마의 카리스마에서 비롯된 측면이 있다.

그러나 오사마의 철학에는 구체적인 국가관도 없을뿐더러 혁신적인 통치론도 없으며 정교한 이론체계도 없다. 그의 치졸한 이데올로기에 왜 수많은 아랍의 젊은이들이 열광하고 자신들의 목숨을 희생한 것일까. 유감스럽게도 많은 사람들을 납득시킬 수 있는 해답은 떠오르지 않는다. 다만 한 가지 말할 수 있는 것은 오사마와 다른 부류의 이데올로기들이 산발적으로 발표하는 성명서 속에 언제나 죽음의 그림자가 어른거리고 있을 뿐이다.

"내 영혼이 수중에 있는 알라께 나는 신의 길에서 죽음을 당한 후 살아나, 또 죽음을 당한 후에 다시 살아나고 싶다."라는 예언자 마호메트의 전승은 설교 비디오 속에 담겨 있는 것을 오사마가 인용한 것이다. 여기서 "신의 길에서 죽음을 당한다."라는 문구는 지하드에서의 순교를 의미한다. 오사마는 지지자들을 향해 신의 최고 피조물인 예언자 스스로가 순교자의 지위를 바라던 사실을 소개하며 이 짧은 말 속에 긴 인생이 요약되어 있고, 알라에 의해 순교를 받아들인 것이야말로 행복이라고 주장했다.

죽음, 더 정확히 표현하면 순교가 하나의 이상적인 인생의 최후로 자리매김이 된다면 오사마의 동조자들 중 그것만을 목표로 인생을 단순화하는 자가 나오더라도 전혀 이상할 게 없다. 자폭한 요르단 의사와 이라크에서 자폭계약을 맺은 젊은이들은 모두 미리 정해진 죽음을 향해 인생을 마감한 것이라고 표현할 수도 있다.

요르단 의사는 자폭 후에 공개된 비디오에서 의사를 하면서 인터넷 게시판에 반미에 관한 글을 투고하는 자신을 '껍데기 속의 나'라고 불렀다. 즉 현세의 의사라는 엘리트로서의 지위를 향유하면서 인터넷상에 분노를 폭발시키는 자신은 위선의 자신이며 견고한 껍데기를 깨고 진짜 자신을 찾아내려면 모든 것을 버리고 새로운 별개의 장소로 이동해야 한다는 것이다.

'이동'은 많은 무슬림들에게 622년 예언자 마호메트가 이끌던 이슬람공동체가 메카에서 메디나로 이주한 이른바 헤지라Hegira를 연상시키므로, 그것만으로 커다란 의미를 갖는다. 오사마의 경우 이따금 이동 장소가 아프가니스탄이었던 것이다. 만약 기회가 주어진다면 그는 이라크라도, 또 체첸이라도 장소를 가리지 않고 갔을 것이다.

죽음은 그들에게 있어서 언제나 양면성을 지닌다. 테러 조직의 성명서 속에는 자주 시신 사진이 등장한다. 적의 죽음은 비참하게 묘사되지만, 순교자의 시신은 통상 아름답게 화장化粧하고 많은 꽃으로 장식한다. 순교자의 죽음은 실태가 어떻든 간에 최대한 연출해서 아름답게 보이도록 꾸며야 한다.

이처럼 죽음이 아름답다는 관념은 아랍의 전통적인 풍습으로 어디서나 볼 수 있다. 예를 들면 이슬람 이전의 6세기경 유명한 시인 안타라 이븐 샤다드Antarah ibn Shaddad는 유력한 부족의 아버지와 에티오피아인 어머니 사이에 태어나 노예로 자라났다. 그는 적대시하던 부족과의 전투에서 유례를 찾아볼 수 없는 용기를 보인 전사로 두각을 나타냈지만 라이벌 부족과의 전투에서 전사했다. 하지만 그의 용기는 최고로 평가받아 아랍 부족의 영웅이 되었다.

그의 전사와 그가 남긴 시 속에는 피비린내가 나는 폭력이 묘사되어 있다. 오늘날 지하드주의자들의 말에 숨겨진 죽음과 폭력을 찬미하는 부족적 가치관이 여기서 비롯된 것처럼 보인다. 안타라 시인이 민중문학 속에서 이란과 비잔티움, 에티오피아의 이교도와 싸우는 영웅으로 변모해 가는 것에서 이승과 저승의 세계는 서로 교환 가능한 것이라 여겼음을 알 수 있다.

9·11테러 후 테러 조직의 지도부에 엘리트층이 아닌 전투파가 많아진 것은 이미 설명했다. 알-자르카위의 사례에서 전형적으로 볼 수 있는 것처럼 이라크 전쟁 후의 이라크에서는 깡패라 부를 수밖에 없는 유괴와 은행 강도 등을 저지르는 그룹도 적지 않았다. 이러한 깡패집단들도 지하드를 구실로 '신의 길'에서 죽었다고 하면, 그들은 순교자 또는 영웅으로 특진했다. 그것을 용인하는 문화적 배경에는 진정으로 폭력을 수긍하고 죽음을 미화하는 부족의 전통적 가치관이 작용한 것이 아닐까.

이와 같은 가치관은 아마 영국의 『로빈 후드』나 중국 『수호전』의 양산박처럼 의적들에게나 통용될 것이다. 그들은 부패로 타락하고 무능한 정부 대신 백성과 사회를 지키기 위해 세상을 바꾸겠다는 명분으로 반사회적 행위를 정당화하려고 시도했다. 법을 위반하면서까지 강력한 억압자를 공격하면서 박수갈채를 받아도 되는 것인지 의문이다.

그들은 깡패 혹은 조직폭력배에 불과하다. 알-자르카위가 반미와 반시아파의 대의를 세우려 한다고 해도 그들에게 이라크의 장래에 행복과 풍요를 기약해 주지 못한다면 아무런 의미가 없다. 그들의 목적은 오직 지하드를 지속하는 것이며 현실사회 속에 그들과 같은 테러리스트들에게 공간을 마련해 주는 것이다. 그들이 말하는 지하드는 무장투쟁 외에는 어떤 의미도 찾아볼 수 없다. 온건파 이슬람교도들이 비행기 납치나 자폭테러와 같은 과격한 지하드주의자들을 비난하는 것은 너무나 당연하다.

물론 아프가니스탄과 이라크에 올바른 저항과 반정부운동이 있었던 사실을 부정하는 것은 아니다. 오히려 그쪽에 속한 사람들이 다수파를 차지했을

람지 유세프　　알-자르카위　　압둘라 유수프 아잠　　오마르 압둘라흐만

그림 6-4. 주요 테러리스트들

출처: 알자지라 방송

것이다. 그렇지만 아프가니스탄에서의 아랍인과 이라크에서의 비이라크인 등과 같이 이질적인 사람들에 의해 제시된 한방의 인생역전 스토리가 많은 불량배들을 전쟁터로 내모는 것은 분명하다.

그들이 생각할 때 이슬람 사회는 사악한 이교도의 공격을 받아 고생하고 있다. 위정자들 역시 이교도에 합세해 사람들을 억압하고 있다. 그곳에서 사람들이 들고일어나 적과 싸우지만, 강력한 적 앞에서는 고전을 면치 못해 전사자들이 속출하고 있다. 그러나 마지막에는 영웅이 나타나 이슬람 사회와 이슬람교도가 구원을 받게 된다는 대단원은 현실적으로 다양한 문제를 안고 있음에도 불구하고 많은 무슬림들이 공유한 스토리의 줄거리다.

어제까지 길거리의 불량배로, 방 안에 틀어박혀 컴퓨터와 씨름하는 철없던 학생으로 지냈던 젊은이들이 일기당천하여 전쟁터에 나가 약자를 위해 싸우지만 힘이 미치지 않아 쓰러져간다. 이들과 비교해 보아도 오사마의 죽음은 작은 사건에 불과하다. 하지만 그는 대부호의 자식으로 태어나 전재산을 버리고 미국이라는 적과 싸워 큰 타격을 입힌 후 타국에서 살해되었다. 오사마의 이야기는 어떤 사건보다도 매력적일 수밖에 없다.

아랍 국가에서는 오사마가 살해된 시기에 전혀 다른 새로운 이야기가 만들어지기 시작했다. 북아프리카의 튀니지와 이집트에서 무명의 사람들이 거의 맨주먹으로 들고 일어나 장기독재정권을 타도한 것이다. 그들은 '아랍의 봄'이라 불리는 국민봉기로 새로 주목할 만한 이야기를 만들어 냈다. 적어도 많은 민중들은 그렇게 믿었다. 중동에서의 혁명은 테러라는 비합법적인 수단을 사용하지 않고도 사람들이 행동할 수 있다는 것을 보여 주었다.

지금까지 사람들은 비민주적인 독재정권하에 기댈 만한 수단마저 제한되어 별수 없이 오사마와 알-자르카위의 피비린내 나는 이야기에 만족해 왔다. 이 이야기에 열광적으로 반응하는 계층이 있었던 것은 부인할 수 없지만, 새로운 현상은 더 많은 계층에게 받아들여지기 쉬웠다. 오사마의 죽음이라는 낡은 이야기의 완결과 민중의 힘으로 만든 체제 타도라는 새로운 이야기의 탄생이 시기적으로 겹친 것은 상징적이었다.

금후에도 새롭게 등장하는 현상이 매력과 의미를 갖는다면 머지않아 오사마의 폭력적인 이야기를 대신할지도 모른다. 그러나 혁명의 이야기가 실패로 끝난다면 또다시 낡은 이야기가 고개를 들 수도 있다. 우리는 새로운 테러리스트를 만들어 내지 않기 위해서라도 중동과 아랍 국가의 동향을 주시할 필요가 있다.

이미 인터넷상에는 오사마 일당의 과격한 발언들이 흘러넘치고 있다. 얄궂은 이야기지만, 사우디아라비아를 떠나 수단과 아프가니스탄으로 옮겨 파키스탄에서 최후를 맞이한 오사마의 유일한 안식의 땅은 현실의 이슬람세계가 아니라 그가 혐오하던 인터넷 서버였다. 그는 그곳에서 서구민주주의의 근간인 표현의 자유로 인해 인터넷 가상공간상의 디지털 존재로 영원히 살아갈 것이다. 디지털 정보는 지뢰와 시한폭탄이다. 중동 혹은 이슬람세계의 젊은이들이 이 지뢰밭에 발을 들여 폭발해 버린다면, 새로운 테러리스트를 낳는 결과를 초래할지도 모른다. 이미 이 세계에서는 오사마와 같은 인물을 필요로 하지 않는다.

9·11테러가 발생한 2개월이 지난 2001년 11월 11일, 카타르의 알자지라 방송에 등장한 오사마는 백발이 희끗희끗한 모습을 보였다. 그는 열변을 토하면서 오른쪽을 힐끔힐끔 쳐다보았다. 아마 물이 담긴 컵을 쳐다본 것 같았다. 아니나 다를까. 그가 물을 마시는 장면이 보였다. 그는 목이 좋지 않아 많은 물을 자주 마신다고 알려져 있고, 허리도 좋지 않아 걸을 때는 지팡이를 사용했다. 아마 아프가니스탄에서 지하드를 벌일 때 부상당한 것으로 추정된다.

CNN 방송은 오사마가 아프가니스탄 동부의 산악지대에서 벌어진 토라보라 전투에서 부상당했다는 알카에다 포로의 진술이 나왔다고 보도했다. CNN은 대테러 임무를 수행하는 고위급 정보소식통을 인용해 오사마가 부상 후 자신의 부관들에게 동부 산악지대의 여러 방향으로 흩어져 피신할 것을 명령했다고 전했다. 그러나 알카에다 포로들은 오사마의 부상 여부와 소재에 대해 각각 심문을 받을 때 이를 부인했다.

그럼에도 불구하고 CNN은 오사마가 출연한 비디오에서 그가 왼쪽 팔에 부상을 입었을 가능성을 충분히 보여 준다고 보도했다. FBI의 웹사이트에 따르면 오사마는 왼손잡이로 알려져 있지만 문제의 비디오에서 오른팔로 모든 제스처를 취하고 있었다. 왼쪽 팔은 비디오에 잘 잡히지도 않았다. 미군 관리들은 개별적으로 심문을 받은 알카에다 조직의 포로들이 한결같이 오사마가 토라보라 산악지대에 은신해 있었으며 현지 동조자들의 도움을 받아 그 지역을 빠져나갔다는 식의 동일한 진술을 했다고 증언했다.

부상과 피로가 누적된 오사마는 아프가니스탄을 떠나기로 결심했다. 그가 향한 곳은 그의 조국인 사우디아라비아가 아니라 인접국 파키스탄이었다. 인도와 냉전을 벌이고 만약 전세가 불리해지면 국경을 넘어 아프가니스탄으로 피신할 수 있는 바로 그 파키스탄이다.

24

테러의 의미

팔레스타인의 자폭테러는 기본적으로 이스라엘이 표적이며 이스라엘 땅을 넘어 자행되지 않았다. 레바논에서도 마찬가지였다. 헤즈볼라는 레바논 남부를 점령한 이스라엘에 대한 교전단체이므로 그들을 테러리스트라 부를 수는 없을 것이다. 오사마 일당의 논리로는 미군에 의해 이슬람 성지(사우디아라비아)가 점령되었으며 미국은 모든 악의 근원이다. 따라서 미국에 대한 군사적 공격은 그들에게 있어서는 순수한 저항운동이자 군사 활동이다. 무엇보다도 오사마는 테러란 말에 별로 부정적이지 않았던 것 같다. 그는 1996년「알-쿠드스 알-아라비」에서 다음과 같이 주장했다.

> 범죄자와 강도, 산적에 대한 테러는 합법적이며 모든 국가에 의해 어떤 시대에도 취해졌던 조처다. 비난받아야 할 테러는 산적이 국가 혹은 민족에 대해 저지르는 것이다. 리야드와 코바르에서 발생한 사건은 찬양받아야 할 테러다.

이와 같은 생각은 오사마의 스승인 압둘라 유수프 아잠으로부터 물려받은 것일지도 모른다. 아잠은 다음과 같이 말한 바 있다.

> 우리는 테러리스트이며, 테러리스트는 우리의 친구이고 같은 편이다. 우리가 테러리스트임을 동서에 알려라! 우리는 알라의 적을 공포에 몰아넣기 위해 전력을 다할 것이다. 테러리즘은 알라의 종교에서는 의무다!

백번 양보하여 오사마 일당이 생각하는 것처럼 미국이 공격 대상이 되는 것을 이해할지라도 다수의 무고한 민간인을 무차별 공격 대상으로 삼는 행위가 용서받을 수 있을까? 이는 이스라엘에 대한 테러도 해당한다. 이런 테러로 살상된 사람들 중에는 어린이를 포함한 일반 이스라엘 민간인들이 다수 포함돼 있다.

이슬람은 원래 무력을 부정하는 종교가 아니다. 예언자 마호메트가 스스로 무기를 쥐고 이슬람공동체를 이끌며 마호메트를 핍박한 메카의 크라이슈족과 싸운 바 있다. 크라이슈족과 교역을 하던 메디나의 유대교도 중 일부가 마호메트를 배신하면서 그는 유대교도에 대한 적대감을 키우게 되었다. 예배의 방향인 키블라를 예루살렘에서 메카로 바꾼 것은 유대교도의 배신이 원인이었다. 그러한 역사적 사실 자체를 부정하는 것은 무의미하다.

그러나 그것이 무고한 민간인을 무차별적으로 죽인다는 것은 아니었다. 2001년 9·11테러가 일어난 직후부터 여러 이슬람 학자들이 다양한 성명서와 파트와를 발표했다. 카타르에 살고 있는 유명한 이슬람 종교학자 유수프 카라다위는 미국의 대이스라엘 정책에는 강하게 반대하면서도 2001년 9월 13일 다음과 같이 말했다.

> 이슬람은 관용의 종교이며 인간의 목숨을 존중한다. 무고한 민간인에 대한 공격은 중대한 범죄라 간주된다. 나는 무슬림의 그와 같은 공격 행위를 결단코 반대한다. … 이슬람은 결코 무고한 민간인이나 무력한 민간인을 죽이는 행위를 허용하지 않는다. 만약 그와 같은 공격이 일부 편향된 조직이 주장하는 것처럼 무슬림에 의해 자행된다면, 우리들은 우리 종교의 이름으로 그 행위를 부정하고 그 짓을 범한 자를 단죄할 것이다.

종교권위자 압둘아지즈 알샤이프도 2001년 9월 15일 "타인이 범한 과오와 범죄를 다른 사람의 책임으로 돌리는 것은 올바른 판단이 아니다."라고 지적하면서 "혐오와 원망이 침략과 부정을 정당화할 수 없다"고 말했다. 이집트의 최고위원회 의장이면서 국방장관이었던 무함마드 후세인 탄타위 원수 역시 9월 17일 무수한 남녀와 어린이에 대한 공격은 테러 행위이며 옳지 않다고 규정하면서 그런 공격을 막는 일은 국가의 권리라고 역설했다. 그렇지만 팔레스타인인들의 이스라엘에 대한 공격과 9·11테러는 커다란 차이가 있다고 못박았다.

오사마의 경호원으로 3년간 일했으며 2000년 예멘 보안당국에 붙잡혀 수감생활을 한 알-바리는 2010년 4월 23일 AFP 통신과의 인터뷰에서 자신의 자서전『빈 라덴의 그림자』를 출간한 목적에 대해 다음과 같이 회고했다.

> 나는 젊은이들에게 알카에다와 같은 극단주의 세력에 '노(No)'라고 말하는 법을 가르치고 싶다. 또한 젊은이들에게 너무 성급하지 말라고 충고하고 싶다. 온건한 자세로 다른 사람의 말에 귀 기울여야 한다. 서구와 이념 차이가 있는 것은 사실이지만, 우리는 대화를 나눠야 한다.

어떤 권위자라도 테러를 일으켜 무고한 민간인을 학살하는 행위는 비난받아야 하지만, 동시에 예외를 두는 것은 주목할 만하다. 알샤이프가 말한 "타인이 범한 과오와 범죄를 다른 사람에게 전가하는 행위" 역시 이스라엘이 저지른 것을 미국 탓으로 돌린다는 의미일 것이다.

오사마의 발언을 시계열적으로 음미해 보면 테러 장소가 서서히 작은 곳에서 큰 곳으로 바뀌어 가고 있음을 알 수 있다. 오사마의 발언이 과격해지면서 그에 비례해 팔레스타인이 부각된다. 미국과 영국의 아프가니스탄에 대한 공격이 시작된 직후인 2001년 10월 7일에 카타르의 알자지라 방송국이 보도한 비디오 성명에서 오사마는 다음과 같이 주장했다.

> 미국이 지금 경험하는 것은 우리가 수십 년에 걸쳐 겪은 것과 비교할 수 없다. 우리의 공동체는 이 굴욕과 몰락을 80년 이상 맛보았다. …수백 년 동안 무고한 어린이들이 죽었다. 그들은 이라크에서 어떤 죄도 범하지 않았음에도 살육당했다. … 탱크가 팔레스타인의 이슬람 땅을 유린하고 있다. 그럼에도 불구하고 어느 누구도 목소리를 높이거나 행동에 나서는 자가 없다.

이슬람공동체가 80년 동안 도대체 어떤 굴욕을 당한 것일까? 80년이란 무엇을 뜻하는가. 80년 전은 서력으로 1년 길이가 10일 정도 짧은 이슬람력인 헤지라력으로 계산하면 1923년이나 1924년쯤에 해당한다. 이때가 어떤 의미를 갖고 있는지 따져볼 필요가 있다. 케냐와 탄자니아 사건이 발생한 8월 7일은 사우디아라비아에 미군이 주둔을 발표한 날과 같다.

만약 오사마가 날짜에 민감하다고 가정한다면, 9월 11일에 어떤 의미가 있는지 궁금하다. 약 80년 전 이날 팔레스타인에 대한 영국의 위임통치가 발효

되었다. 이상하게도 10월 7일에 오사마가 발표한 성명서에서 그토록 집착했던 미군의 사우디아라비아 주둔을 비난하는 소리가 자취를 감췄다. 10월 7일의 비디오 성명서에는 다음과 같은 구절이 눈에 띈다.

> 수만 명에 달하는 사람들이, 늙은이도 젊은이도 극동의 땅 일본에서 살해됐다. 미국은 이것이 범죄가 아니라고 했다.

이 말은 제2차 세계대전에서 미국이 히로시마와 나가사키에 투하한 원자폭탄에 관한 언급일 것이다. 사실 오사마는 지금까지의 회견에서 미국이 일본을 곤란에 빠뜨리려고 걸프 지역의 유전에 불을 붙일 가능성이 있다고 말한 적이 있다. 그는 1996년 미국이 남녀노소를 불문하고 계획적으로 1945년 나가사키와 히로시마에 원자폭탄을 투하한 것을 두고 비난했다. 유대인 십자군연합이 벌인 팔레스타인, 레바논, 이라크, 보스니아에서의 학살과 동일선상에서 비난한 것이다. 회견의 문맥상 히로시마와 나가사키를 미국이 범한 비인도적 행위의 사례 중 하나로 꼽은 것이었지만 1998년 ABC와의 회견에서는 별개의 논리로 바꿨다.

> 미국의 정책은 민간인과 군인, 어린이와 동물을 구별하지 않았다. 미국은 나가사키와 히로시마에서는 모든 인간을 말살하려고 했다.

위의 내용은 민간인에 대한 공격이 테러가 아니냐는 질문에 대한 대답이었다. 여기서는 "미국이 무슬림에 대해 잔학한 행위를 범하고 있다."라는 종전의 문맥과 미묘한 차이를 보인다. 민간인에 대한 테러를 범한 것은 미국 쪽이며, 똑같은 행위를 범한 오사마 일당에 대해서만 나쁘다고 비난할 일이 아니라는 것이다. 오사마는 전쟁을 일으킨 전범국 일본이 피해자 코스프레를 하는 것에 대해서는 외면했다.

1999년의 알자지라 방송과의 회견에서는 오사마의 논리가 더욱더 교묘해졌다. 그는 이라크와 이스라엘의 대량살상무기 보유량을 비교했다. 이스라엘은 대량살상무기를 보유하고 있는데, 어째서 이라크는 보유하면 안 되냐는 것이다. 하지만 이스라엘은 그 무기를 사용하지 않았고, 이라크는 실제로 사용했다.

지하드를 벌이는 가운데 죄 없는 민간인에 대한 공격이 허용되어야 한다는 오사마 나름대로의 도의적, 논리적 귀결에 히로시마와 나가사키를 이용한 것이다. 제2차 세계대전에서 벌어진 미국과 일본 간의 전쟁은 이슬람과는 아무런 관계가 없음에도 불구하고 억지를 부리고 있다. 이와 동시에 이 문제는 더 위험한 방향으로 비화했다. 오사마는 1999년 ABC와의 회견에서 다음과 같이 주장했다.

> 이교도의 무기에 대항할 수 있는 무기 획득은 종교적 의무다. 만약 내가 실제로 이들 무기를 입수했다면 그것은 내가 실행한 의무다. 나는 그것을 가능하게 해 준 신께 감사드린다. 만약 내가 무기를 획득한다면 나는 의무를 다한 것이나 다름없다. 이교도가 무슬림에 위해를 가하는 것을 막기 위해 무기를 손에 넣는 일을 태만히 하는 것은 죄악이다. 그러나 만약 우리가 무기를 입수한다면 그것을 여하히 사용할 것인가는 우리들 하기 나름이다.

오사마에게 있어 핵무기와 화학무기 등의 대량살상무기는 이슬람을 방어하기 위한 필요악이며, 이스라엘이 핵무기를 소유하고 서방측 십자군연합국이 핵무기를 대량 소유하고 있는 상황 속에서 자신들이 그러한 무기를 소유하려고 하는 것은 비난받을 일이 아니라고 주장했다. 즉 핵무기를 소유하는 것은 '우리의 권리'이며, '무슬림의 권리'라는 논리다.

오사마는 2001년 알자지라 방송과의 회견에서 "파키스탄이 개발한 핵무기는 파키스탄의 핵이 아니라 무슬림의 핵이다. 전쟁 억지력으로서의 대량살상무기를 소지하고 있는 것이다."라고 주장한 바 있다.

25

서방측 TV에 데뷔한 오사마

오사마와 아랍 무자헤딘의 일부는 1996년 5월 수단에서 아프가니스탄으로 활동 무대를 옮겼다. 5월 말에는 1995년 11월에 발생한 리야드 폭탄테러사건의 범인이 리야드에서 참수형에 처해졌다. 4명과 함께 특정 조직에 속해 있지는 않았지만, 몇 명은 오사마의 저서와 성명서의 영향을 받았다고 자백했다.

1996년 6월에는 이미 앞서 언급한 것처럼 사우디아라비아 동부에 위치한 코바르에서 미군시설이 폭파되어 19명의 미국인이 사망하고 500여 명이 부상당하는 사건이 발생했다. 코바르는 바레인과 가까운 중심도시로, 테러가 발생한 곳은 코바르의 서쪽에 인접한 다란 근처의 미군 공군기지가 위치한 소도시였다. 이 사건이 발생했을 때도 당초 오사마가 관여했다는 소문이 나돌았다. 체포된 범인은 사우디아라비아 출신의 시아파였다. 이 사건은 그 후에도 미해결인 채로 남아 있다.

당국이 범인은 시아파라고 발표했지만, 시아파의 범행이 아닐 가능성도 높았다. 시아파라고 발표한 이유는 만약 수니파의 범행일 경우 국내에 미칠 충격이 너무 크기 때문이다. 시아파 범행설은 당국이 날조한 허구라는 주장이 대두됐는데, 오사마의 주장 역시 그것에 속한다.

1993년 가을에 사우디아라비아의 시아파와 사우디 당국은 모종의 손을 썼고, 그 후부터 국외에 있던 시아파의 반체제파가 속속 귀국하기 시작했다. 이를 계기로 사우디아라비아와 이란의 관계가 극적으로 개선되기 시작했다. 이런 상황 속에서 시아파가 일으킨 폭탄테러라는 사건은 앞뒤가 맞지 않는 감이 있었다.

코바르 사건의 직후였다는 이유도 있지만, 오사마의 선전포고는 표적으로 삼은 미국과 서방측 국가들에 큰 영향을 미쳤다. 미국 국무성은 그에 관한 상세한 요약문을 발표하고 주의를 환기시켰다. 1997년에 발행된 국무성의 『테러백서』에서는 테러 지원국과 테러 조직을 포함한 개인 이름이 등장했다. 또한 오사마의 언론매체에 대한 출현빈도가 비약적으로 증가했다. 다만 1996년까지는 신문매체의 노출에만 국한되어 있었다. 그가 서방측 TV에 처음 주역으로 등장한 시기는 1997년 2월이었다.

오사마는 영국의 채널 5 방송국에 출연해 인터뷰에 응했는데, 그가 이 방송국을 택한 이유는 불분명했고 카메라 방향을 바꾸는 것조차 허용되지 않았다. 이 프로그램에서 오사마의 발언은 기본적으로 선전포고와 다를 게 없었다. 그러나 몇 가지 흥미진진한 내용도 포함되어 있었다.

가령 코바르에서의 테러에 대해서는 "사우디아라비아 정부는 국내 모든 것이 안정되어 있는 것처럼 호도하고 있다. 시아파와 이란을 비난하는 것으로 국내 문제를 외면하고 있다."라고 말하며, 그 사건이 수니파의 범행이었음을 시사했다.

또 하나 매우 중요한 진전이 있었다. 그는 말을 빙빙 돌려가며 우회적인 발언으로 알아듣기 어렵게 말했지만, 선전포고에서는 공격 대상이 기본적으로 성지를 점령한 미군임을 밝혔다. 이 프로그램에서 오사마는 다음과 같이 말했다.

> 미군만을 공격하려는 게 아니다. 미국 민간인의 추방도 요구할 것이다.

이어서 그는 또 이렇게 말했다.

> 나는 이 전쟁이 성지의 백성들과 미국인들 사이뿐만 아니라 이슬람세계와 미국인과 그 동맹국 간의 싸움임을 강조하고 싶다. 이 전쟁은 이슬람 백성에 대한 미국 주도의 새로운 십자군 전쟁인 것이다. 모든 젊은이와 모든 백성이 그 노력을 미국인과 시오니스트에 기울여야 함을 확인했다. 그들은 이슬람공동체에 들이댄 창이나 다름없다. 모든 노력을 미국인과 시오니스트에 기울인다면 직접적이고 적극적인 결과가 빚어질 것이다.

이 다음 발언이 결정적이다.

> 미국인을 죽일 수 있다면 어떤 일보다 우선시되어야 한다.

오사마는 채널 5 방송국에서 제작한 프로그램이 마음에 들었는지 그로부터 3개월 후인 1997년 5월에는 미국 CNN에도 등장했다. 미국의 언론매체로서는 1996년의 「타임스」 이래 첫 등장이었다.

채널 5가 영국의 지방 방송국에 불과한 것에 비해, CNN은 미국의 뉴스 전문 방송국이자 세계를 대상으로 하는 글로벌 언론이다. 선전매체로서는 이것만큼 영향력이 큰 것이 없다. 더욱이 인터뷰는 퓰리처상을 수상한 적 있는 세계적 명성을 가진 피터 아네트 기자였으니 오사마는 내심 기분이 좋았을 것이다. 그렇지만 화면 속의 오사마는 전혀 그런 내색을 하지 않았다. 그는 절제된 표준 아랍어로 흥분한 기색도 없이 담담한 어조로 말을 이어 나갔다.

TV에 등장하는 아랍인 정치가와 종교인의 대부분이 소리를 높여 빠른 속도로 제스처를 써 가며 열정적으로 이스라엘을 매도하는 장면에 익숙한 사람들에게는 오사마의 차분한 연설은 오히려 낯설었을 것이다. 영국의 「인디펜던트」가 서방측 언론으로서 처음 그와 회견했을 때 그는 부끄러워하는 모습이 역력했지만, CNN에서의 어투는 사뭇 달랐다. 자세와 말투는 내버려 두더라도 영국의 채널 5와 미국의 CNN 사이에는 방송 날짜가 겨우 3개월밖에 차이가 나지 않았음에도 내용에 미묘한 차이가 있었다. 예를 들면 "미국에 대해 왜 지하드를 선언했는가?"라는 아네트 기자의 질문에 대해 오사마는 다음과 같이 대답했다.

> 미국 정부는 이스라엘의 팔레스타인 점령을 지원함으로써 지극히 부정하고 기만적인 범죄 행위를 벌이고 있다. 우리는 미국이 팔레스타인, 레바논, 이라크에서 벌인 살육 행위에 대해 직접적인 책임이 있다고 생각한다. 미국 현 정권(클린턴 정부)의 오만함은 유대인에 종속해 오늘날 10억이 넘는 무슬림의 성스러운 땅인 아라비아를 점령하기에 이르렀다. 이에 우리는 미국에 대해 지하드를 선언한 것이다.

위의 내용과 선전포고 및 채널 5의 내용을 비교해 보면, 팔레스타인 문제의 비중이 약간 늘어났다는 것을 간파할 수 있다. 하지만 이 자료만으로는 양자의 차이를 확실하게 판단할 수 없다. 결론적으로는 미국이 이슬람의 가장 성스러운 땅을 점령했다는 점을 적시하고 싶었을 것이다. 문제는 그다음이다.

아네트 기자는 "지하드가 미국 정부를 향하고 있는가, 아니면 아라비아의 미군을 향해 있는가? 아라비아에 있는 미국의 민간인과 미국에 살고 있는 사람들은 어떤가?"라는 거듭된 질문에 대해 오사마는 다음과 같이 대답했다.

> 우리의 지하드 선언은 아랍 내, 즉 메카와 메디나의 성지 내에 있는 미군 병사를 공격하는 것에 초점을 맞추고 있다. 우리의 종교에서는 비무슬림은 누구라도 아라비아에 있는 것이 허용되지 않는다. 따라서 가령 우리의 계획으로는 표적이 아닐지라도 그들은 사우디아라비아를 떠나야 한다. 우리는 그들의 안전을 보장하지 않는다.

정리해 보면 처음 선전포고에서는 사우디 국내에 체류하는 미국 민간인에 대해서는 직접 언급하지 않았고, 채널 5에서는 민간인도 모두 사우디아라비아에서 나가야 한다고 말했다. 그렇지만 그들에 대한 위해에 대해서는 말하지 않았다. 그리고 CNN에서는 민간인은 공격 대상이 아니지만 안전은 보장할 수 없다고 단언했다. 경고의 강도로 볼 때 점차 수위가 높아졌다는 것을 알 수 있다. 가령 민간인이라도 이교도는 사우디아라비아에서 나가야 한다는 것은 선전포고에서 인용한 예언자 마호메트의 유언에서 비롯된 것이다. 오늘날에도 이교도는 메카와 메디나에 들어갈 수 없다.

26

새로운 세계 이슬람 통일전선의 결성

오사마의 연설 강도가 점차 높아짐에 따라 이슬람세계를 둘러싼 정세 또한 한층 더 악화되었다. 거듭된 경고에도 불구하고 미군은 사우디아라비아를 떠날 기미를 보이지 않았다. 이에 분노한 오사마는 더 대담하게 행동했다.

1998년 2월 오사마는 지하드단체의 아이만 알-자와히리 일당과 함께 새로운 조직인 '유대인과 십자군과의 성전을 위한 세계이슬람전선'을 결성해 성명을 발표했다. 이 성명서에는 이슬람 포고인 파트와가 담겨 있어 물의를 일으켰다. 후에 파트와는 매우 유명해졌고, 처음 보도한 언론매체는 런던에서 발행되는 아랍어 일간지「알-쿠드스 알-아라비」였다. 여기서 '알-쿠드스 알-아라비'란 '아랍의 예루살렘'이란 의미를 가진다. 이 신문은 이름에서 알 수 있는 것처럼 팔레스타인계 신문이며 항상 사우디아라비아에 비판적 논조를 띠는 언론이었기 때문에 사우디 정부에 반대하는 단체가 성명을 발표할 때 자주 이용된다.

걸프 전쟁 후에 제출된 건의서의 일부는「알-쿠드스 알-아라비」에 게재되는 정도였다. 1998년 2월 23일자의 기사에 따르면 팩스로 이 신문사에 오사마의 성명서가 발송되었다고 한다. 성명서 내용이라 통일전선이 언제 결성됐으며 파트와가 언제 나왔는지는 일절 언급되어 있지 않았고 추후의 기사가 거의 없다.

서방측 주요 매체에서 25일자 「뉴욕타임스」가 로이터 통신을 인용해 보도하는 정도가 아니었을까. 아무튼 적어도 이 시점에서는 큰 반향을 일으킨 기사는 아니었다. 보도 수준에서는 이 성명서의 중요성을 파악할 수 없었다. 그렇지만 그 내용은 지극히 위험한 것이었다. 「알-쿠드스 알-아라비」에 따르면 성명서는 다음과 같은 구절로 시작된다.

> 알라를 찬양하라! 『코란』을 물려주신 분, 구름을 지배하고 분열을 결정하는 분, 알라는 『코란』 속에서 말씀하셨다. 신성월神聖月이 열리면 다신교도는 발견하는 즉시 죽여 버리는 게 좋다. 붙잡아 쫓아내고 곳곳에 복병을 두어 매복하라! 또 우리들의 예언자 마호메트 빈 압둘라에 평안을 기도하라! 그는 우리를 양손에 칼을 쥐어 보냈다. 알라만이 숭배받을지어다. 알라는 우리가 날마다 일용할 양식을 방패 뒤에 놓고 우리 명령에 따르지 않는 자들에게 굴욕과 능멸을 내릴 것이다.

선전포고 때와 마찬가지로 여기에도 무슬림의 말씀에서 빼놓을 수 없는 "자비로우시고 자애로우신 알라의 이름으로"라는 구절의 알바스마라가 생략되어 있다. 여기서 알바스마라가 생략된 것은 다분히 의도적인 조치일 것이다. 알바스마라는 어떤 행동을 시작할 경우 알라의 축복을 구하기 위해 취하는 행위다. 그럼에도 불구하고 내용이 전투와 관련이 있는 경우에는 알라의 축복과 어울리지 않는 것으로 여겨 생략하는 경우가 있다. 『코란』의 114개 장 가운데 1장 「개전의 장」에만 알바스마라가 빠져 있는데, 그것은 1장이 선전포고와 관련이 있기 때문임을 앞서 설명한 바 있다. 즉 성명서의 첫머리에 배치한 『코란』의 "다신교도는 발견하는 즉시 죽여 버리는 게 좋다. 붙잡아 쫓아내고 곳곳에 복병을 두어 매복하라!"라는 구절은 「개전의 장」에서 인용한 것이다. 이미 처음부터 성명서의 의도가 자명하게 표출되어 있었다.

이와 같은 사실에 비춰보면, 9·11테러 이후에 여러 매체에 보낸 일련의 오사마의 성명서는 본인 스스로 출연한 비디오를 제외하고는 모두 수상쩍다. 팩스로 보낸 성명서 모두 지하드와 관련한 것임에도 알바스마라가 첫머리에 배치됐기 때문이다.

오사마 일당은 이 성명서를 파트와라는 형식을 빌려 발표했다. 과연 오사마 일당이 파트와를 낼 만한 자격이 있는지 여부는 차치하더라도 정서적 언사가 넘쳐나는 선전포고에 비해 파트와는 일반적인 형식에 가깝고, 단순하고 알기 쉽게 만들어져 있었다.

남발되는 파트와에 대해 2002년경 쿠웨이트 신학대학의 한 교수가 강의 도중에 "파트와를 남발하면서 정작 이슬람을 세계적으로 망신시키는 자들을 향하지 않는 것이 문제다. 이러면서도 이슬람 이름을 내세우며 큰소리칠 것인지 제군들은 저런 쓰레기들처럼 되지 말도록 해라."라는 발언을 해 화제가 되기도 했다. 이에 대해 이란에서는 우리가 쓰레기라는 말이냐며 울분을 토했었다.

아라비아반도는 신에 의해 창조된 이래로 십자군과 같은 군대에 유린된 적이 없다. 그런데 지금은 여러 민족이 무슬림을 공격하고 있다. 무슬림은 도와주는 이 하나 없는 심각한 상황에 처해 있기 때문에 사태를 타개할 해결책에 대해 의논하고 합의를 이끌어 내야 한다. 무슬림을 둘러싼 정세는 다음과 같은 세 가지로 집약될 수 있다.

첫 번째, 미국은 7년을 걸쳐 이슬람의 가장 신성한 땅을 점령해 부를 수탈하고 지배자들에 명령하며 국민을 모독하고 주변국을 공포에 몰아넣어 아라비아반도 기지 주변의 무슬림과 싸우려고 창을 들이대고 있다.
두 번째, 십자군 시오니스트연합에 의해 이라크 국민에게 가해진 심대한 황폐와 대량살상에도 불구하고 미국인은 또다시 무서운 잔학 행위를 되풀이하려고 한다.
세 번째, 이러한 전쟁의 배후에 숨겨진 미국의 목적이 종교적, 경제적인 것이라면, 그것은 유대인의 작은 나라 이스라엘을 돕고 예루살렘 점령과 무슬림의 살해에 대한 주의를 다른 곳으로 돌리기 위함이다.

위의 내용은 종래 오사마가 미군 주둔을 첫 번째로 꼽은 것과 다르지 않은 주장이다. 성명서는 미국이 저지른 범죄가 신과 그 사도는 물론 무슬림들에 대한 선전포고나 다름없다는 내용이다. 만약 적이 무슬림 국가를 침략한다면 그것을 물리치기 위한 지하드는 각 무슬림의 의무다. 이것은 동서고금을 막론하고 종교지식인인 우라마의 일치된 견해다. 여기서 오사마 일당은 모든 무슬림들을 향해 다음과 같은 결론을 도출했다.

민간인이건 군인이건 미국인을 살해한다는 규정은 어느 나라라 할지라도 가능하다면 모든 무슬림에게 주어진 각자의 목표다. 그것은 예루살렘의 알 아크사 모스크와 메카의 알-하람 모스크를 미국인으로부터 해방시키고 그 군대를 모두 이슬람의 땅에서 쫓아내 무슬림을 위협하는 일이 없도록 하기 위함이다.

이 말은 구체적으로 모든 무슬림이 미국인을 무차별적으로 죽여야만 한다는 메시지다. 처음에는 아라비아반도에 주둔하는 미국인이 대상이었다. 뒤이어 미국인은 민간인도 나가달라는 것이며, 그 다음으로 공격 대상은 미군이지만 민간인의 안전도 보장할 수 없다는 것이다. 그리고 이 결론에 덧붙여 미국인이라면 군인이건 민간인이건 살해 대상이 된다는 지경까지 확대시킨 것이다. 오사마는 『코란』에서 몇 개의 인용문을 나열했다.

> 소란이 말끔하게 없어질 때까지, 종교가 완전히 알라의 한 조목이 될 때까지 그들을 상대로 싸워나가라.

이 구절은 이것만으로 끝나는 것이 아니지만 오사마는 생략했다. 생략된 부분은 다음과 같다.

> 그러나 만약 행선지가 막혀 있다면, 너희들도 해치려는 마음을 버려야 하며, 참을성이 있는 자들은 별개로….

27

왜 케냐와 탄자니아였을까?

'유대인과 십자군과의 성전을 위한 세계이슬람전선'의 성명서는 사용한 매체가 좋지 않은 탓인지 별로 주목을 끌지 못했다. 이것으로는 경고의 의미가 없다고 판단한 것인지, 오사마는 다시 한번 미국 매체에 등장한다. 바로 1998년 6월 10일, ABC TV방송국의 〈나이트라인〉이라는 프로그램이다. 여기서 말한 내용은 그의 선전포고와 세계이슬람전선의 성명서와 동일한 것으로, 특별하게 새로운 내용은 없었다. 그러나 언론매체가 달랐다. 이 방송국은 미국 3대 네트워크 중 하나로 그 영향력은 런던의 작은 아랍어 일간지와는 비교가 되지 않았다. 게다가 그는 그 프로그램에서 다음과 같은 말을 쏟아냈다.

우리들은 군복을 입고 있는 자와 민간인을 구별하지 않는다. 그들은 전원 파트와의 대상이다.

그로부터 2개월 후 1998년 8월 7일 아프리카의 케냐와 탄자니아에 있는 미국 대사관이 거의 동시에 폭파되었다. 케냐에서는 213명이 사망하고(그중 미국인은 12명) 4,500명 이상이 부상당했다. 탄자니아에서는 11명이 사망하고 85명의 부상자가 나왔다. 미국인 사망자는 없었다.

알카에다 조직은 대테러 요원들이 약 20여 척의 선박으로 구성된 '알카에다 해군'이라 불리는 선단을 통솔하고 있었다. 이 선박들은 시멘트나 콩자루와 같은 화물을 싣고 바다를 누비며 합법적인 사업을 하고 있었다. 이 선박 중 한 척에서 아프리카로 실어 나른 폭발물이 케냐와 탄자니아의 미국 대사관을 폭파하는 데 쓰였다. 그러나 이 선박은 그 즉시 평범한 상선으로 되돌아가 평범한 비즈니스를 수행했기 때문에 전혀 눈에 띄지 않았다.

이 사건에서 오사마의 이름은 어떤 증거에서도 나오지 않았다. 하지만 8월 7일은 1990년에 미군이 사우디아라비아 주둔을 발표한 날이며 피해를 입은 것은 미국 대사관이었다. 미군의 주둔에 가장 강력한 반대를 하던 오사마의 이름이 가장 먼저 떠오르는 것은 당연했다. 이윽고 용의자가 체포되기 시작하자 수사 과정에서도 오사마의 이름이 등장했다. 미군은 오사마를 진범이라 단정해 8월 20일 보복으로 아프가니스탄과 수단에 있는 오사마의 군사시설을 향해 수십 발의 순항미사일을 퍼부었다.

오사마의 목숨은 끈질겼다. 미군의 미사일 공격에도 죽지 않고 살아남았다. 그 이전부터 그의 이름은 이슬람세계에서 상당히 유명했지만 그 밖의 지역에서의 지명도는 그리 높지 않았다. 당시만 하더라도 일부 전문가와 치안관계자 이외에는 그의 이름을 기억하고 있는 사람이 거의 없었다. 그러나 연이어 발생한 두 사건으로 그의 이름은 순식간에 퍼져 나갔다. 오사마는 이슬람세계 일부에서는 영웅이 되었고, 그 밖의 지역에서는 극악무도한 인물이 되었다.

이 사건을 계기로 오사마의 과거 발언이 다시 한번 주목을 받았다. 세계이슬람전선의 파트와와 ABC 방송에서 발언한 미국인 무차별 공격선언도 재음

미되어 오사마가 사건의 진범임을 뒷받침하는 보강자료가 되었다. 오사마와 관련이 있다고 생각되는 많은 사건들 가운데 지금까지 이집트 관련의 2건을 제외하면 전부 미군이 표적이었다.

미국 대사관을 표적으로 한 이번 사건은 그런 의미에서 분명히 색다르다. 그렇지만 그것도 "군복을 입은 자와 민간인을 구별하지 않겠다."라던 오사마 자신의 발언을 복선으로 깐다면 납득이 간다. 하지만 왜 공격 대상이 왜 케냐의 나이로비와 탄자니아의 다르에스살람Dar es Salaam인가? 더욱이 사망한 사람들의 대부분이 미국인이 아니라 아프리카인들이었다.

케냐와 탄자니아에서 발생한 대미테러는 전혀 예상치 못한 사건이었다. 실은 ABC와의 회견에서 오사마 스스로 "알라가 원한다면 다음 승리는 사우디아라비아의 헤자즈 또는 나지드가 될 것이다. 미군은 베트남과 베이루트의 비극을 잊을 정도로 참담함을 맛보게 될 것이다."라고 말했다. 이는 다음 표적이 사우디아라비아 국내에 있음을 시사한 것이었다.

그러나 지금까지의 오사마 행동을 보면 동아프리카가 제외 대상이었던 것은 아니었다. 소말리에서의 사건에서 알 수 있는 것처럼 동아프리카는 그들의 행동반경 속에 포함되어 있었다. 또한 이들 지역은 역사적으로나 문화적으로도 특히 아라비아반도와는 밀접한 관계를 갖고 있다. 페르시아만에서 다우선dhow으로 이어지는 교역로는 매우 중요한 루트다.

'다우선'이란 300~500톤 정도 크기의 아랍 범선으로 아랍과 인도, 동아프리카 지역에서 사용하던 범선을 가리킨다. 가령 계절풍을 이용해 쿠웨이트→두바이→카라치(하드라마우트)→뭄바이→아덴(예멘), 또는 홍해의 지다→바브엘만데브 해협→인도양의 모가디슈를 경유하면 동아프리카에 다다르게 된다. 그러나 홍해의 긴 수로를 항해하는 일은 쉽지 않았다. 홍해의 해안지역에는 물밑에 숨어 있는 모래톱이 많아 항해할 때 늘 위험이 따랐고, 뜨거운 열기는 혹독했기 때문이다. 양안에 펼쳐진 광대한 사막과 함께 극단적으로 건조한 이곳에는 민물 공급원이 거의 없고 해초 때문에 붉은 색을 띠어 오래 전부터 히브리어의 '얌 수프Yam Suph'에서 유래한 홍해라 불렸다.

『아라비안나이트』라 알려진 『천일야화』 중 「신드바드의 모험」이 바로 이 교역로에서 나왔다. 바브엘만데브 해협은 '위험한 문' 또는 '눈물의 문'이라는 아랍어에서 유래되었다. 이 해협은 지금으로부터 85,000년 전 현생인류가 아프리카를 탈출해 이곳과 호르무즈 해협을 건너 아시아로 이동한 통로였다. 수에즈 운하의 개통으로 더 중요해진 이 해협은 매일 500만 배럴의 석유가 지나는 곳으로 페르시아만의 호르무즈 해협과 더불어 전략적 가치가 높다. 예멘의 후티 반군은 바브엘만데브 해협을, 이란은 호르무즈 해협을 위협한 바 있다. 예멘 정부군의 뒤에는 사우디아라비아와 미국이 있듯이, 후티 반군 뒤에는 이란과 러시아가 있다.

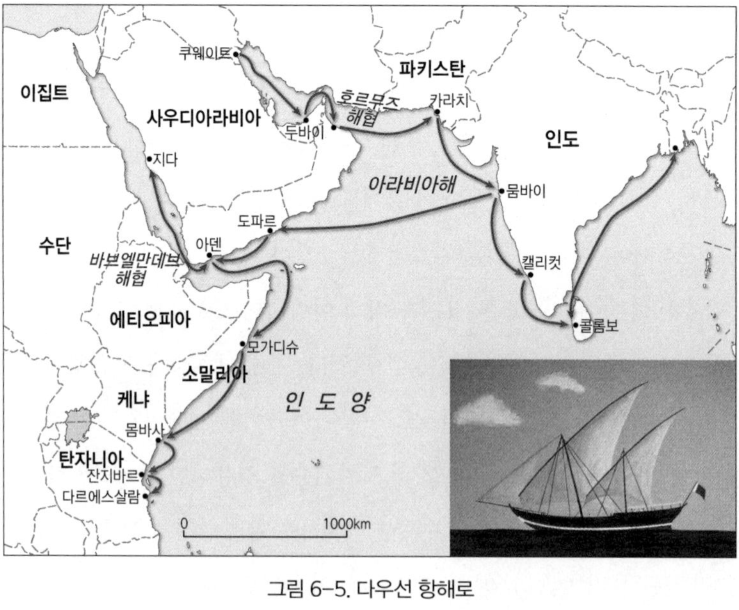

그림 6-5. 다우선 항해로

탄자니아의 다르에스살람은 아랍어로 '평화의 집'을 뜻하며 교역로의 종착점 중 하나다. 그리고 아덴은 19세기 중엽부터 매우 중요한 전략적 가치를 지닌 항구도시였다. 이 항구는 수에즈 운하와 아라비아해의 뭄바이, 동아프리카의 잔지바르에서 거의 비슷한 거리에 위치해 있다. 그 당시 이 일대는 모두 영국이 지배하고 있었다. 증기선이 전성기를 누리는 동안 아덴은 선박에 필요한 석탄과 물을 공급받기 위해 들러야 하는 중요한 기항지였다. 아무튼 다우선은 알카에다의 무기를 실어 나르는 데 이용되었다.

기독교는 이슬람보다 6세기 먼저 시작되었지만 식민지 시대가 도래할 때까지 아프리카에 영향을 미치지 못했다. 7세기부터 아랍 대상들의 낙타 행렬과의 접촉을 통해 아프리카 일부의 이슬람화가 시작되었다. 아랍의 북아프리카 정복은 언어를 통한 아랍화와 종교를 통한 이슬람화, 두 과정이 주도했다. 이슬람전선은 북아프리카를 서진해 이베리아반도까지 확산되었고, 동쪽으로는 '아프리카의 뿔'로 불리는 소말리아를 지나 다시 남쪽을 향했다.

무슬림이 주류를 이루는 에티오피아 동부는 역사적으로 소말리아인들의 근거지이며, 사실상 국민의 100%가가 무슬림인 지부티와 국경을 맞대고 있다. 무슬림 소말리아인들에게 국경선은 생활을 좌우하는 것이 아니라 씨족에 대한 충성과 씨족 간의 구분이었다. 소말리아의 목축민들은 지난 수백 년간 그래왔듯이 계절이 바뀔 때마다 비를 쫓아 가축 떼를 몰고 국경선을 건너다녔고, 소말리아에서 자기들끼리 영향력과 우위를 다투었다.

그러나 에티오피아의 이슬람전선보다는 소말리아-케냐 국경을 따라 놓인 전선이 더욱 중요하다. 소말리아는 오랜 기간 국가로서의 기능을 상실했고, 무슬림 에티오피아보다 테러 활동이 발생할 가능성이 훨씬 크기 때문이다. 케냐는 소말리아가 이슬람 테러 세력과 결부되기 전부터 이슬람전선의 무슬림 쪽 지역을 근거지로 한 테러 활동의 피해를 받아 왔다.

1990년대에는 알카에다가 나이로비와 다르에스살람의 미국 대사관을 공격하고, 케냐의 몸바사에서 출발한 이스라엘 항공기를 습격하면서 동아프리카가 테러의 무대로 떠오른 적이 있다. 동아프리카 도시에 위치한 서구의 시설물들은 파키스탄의 와지리스탄만큼이나 부족사회의 특징을 지닌 지역과 가까운 거리에 있었다.

동아프리카만이 테러에서 자유롭지 못한 것은 아니었다. 2002년에 알제리 내전이 종식되자 '이슬람 마그레브 알카에다'가 등장했고, 2019년과 2020년에 니제르와 차드에서도 각각 71명과 89명이 사망하는 최악의 사태가 발생했다. 오사마가 사망하고 세계가 온통 코로나 팬데믹으로 고통받을 때 보코하람이 92명의 정부군을 사살하는 사건이 발생했다.

서아프리카에서는 이슬람전선의 접경지역인 코트디부아르가 식민통치로부터 독립한 후, 인접국에서 무슬림 목축민과 농경민들이 대거 유입되면서 2004년부터 분쟁이 발생했다. 이로 인해 코코아에 기반한 국가 경제가 파괴되자 프랑스가 개입했으나 북부인들과 달리 남부인들은 프랑스가 무슬림 편을 들었다며 폭동을 일으켰다. 한때 번성하던 항구도시 아비장은 폭력으로 물들었다. 이슬람전선의 영향이 해안까지 미친 것이다.

사하라 사막의 남쪽부터 열대우림 사이의 동서로 뻗은 6천여 킬로미터의 지역을 사헬Sahel지대라 부르는데, 서쪽의 모리타니, 동쪽의 수단 등의 나라가 있다. 사헬이란 단어는 해안 또는 해변을 뜻하는 아랍어에서 유래된 것으로, 사하라 사막을 건너는 초창기 여행자들이 이 지역을 어떻게 인식했는지 보여 주는 말이다. 이 지대는 최근 가장 빠른 속도로 폭력이 증가하고 있다. 8~19세기에 여러 제국과 왕국이 출현했고 8세기 초반에 사헬지대에 이슬람이 전파되었다. 1884~1894년, 베를린 회담에서 유럽 열강들은 제멋대로 국경을 그으며 잔학 행위를 자행했었다.

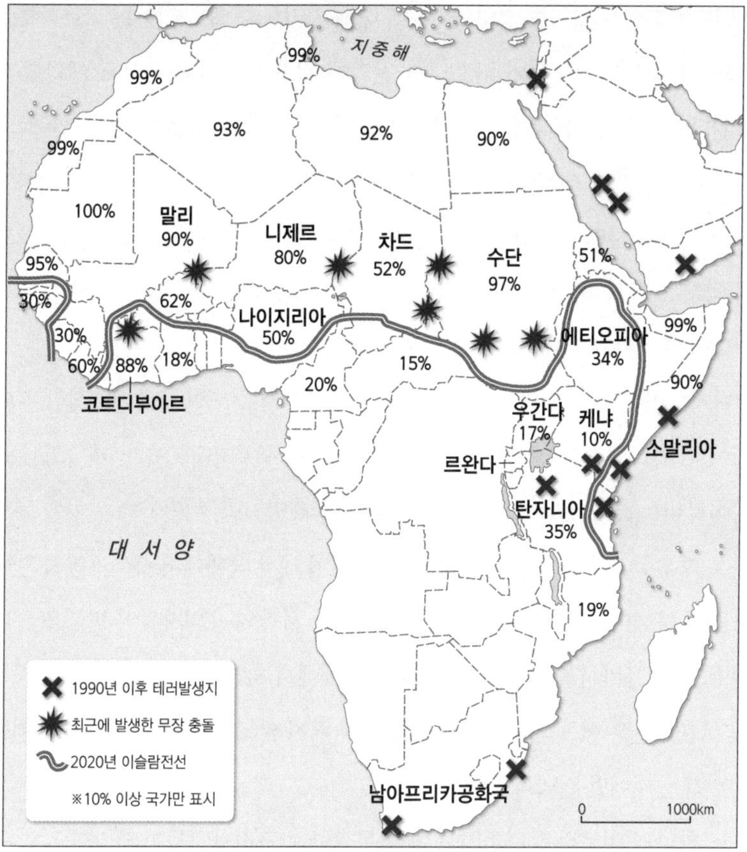

그림 6-6. 아프리카의 이슬람전선과 무슬림 비율

이슬람전선은 낙타 대상 덕분에 사하라 사막 남쪽 끝의 사헬지대까지 비교적 수월하게 남하했으며, 나귀 덕분에 체체파리가 서식하는 북방한계선까지 전진할 수 있었다. 대상들은 짐승의 천적인 체체파리가 우글거리는 곳으로 낙타를 들이고 싶지 않았을 것이다. 그럼에도 이슬람전선은 케냐를 지나 탄자니아까지 남하해 '갈등의 시대'를 만들었는데, 그것은 후술할 케냐의 몸바사와 탄자니아의 다르에스살람의 특수성 때문이었다.

이슬람전선은 정지한 것일까? 이에 대해 지리학자 데 블레이는 코트디부아르와 케냐의 사례를 들어 아프리카 전역에 걸쳐 남하할 것이라고 예견했다. 르완다와 콩고 등과 같이 국가 기능을 상실한 국가의 국민들이 이미 기독교의 만행을 경험했기 때문이다. 예컨대 수많은 르완다인들이 목사들의 묵인하에 교회 안으로 끌려가 집단적으로 살해된 적이 있다. 르완다는 오늘날 기독교도가 약 77%인 데 비해 이슬람교도는 겨우 1%에 불과하다. 이를 지켜본 아프리카인들은 기독교의 대안으로 이슬람을 떠올렸다.

탄자니아는 이슬람 국가이며, 이 나라의 실질적 수도인 다르에스살람은 아랍어로 '평화의 항구'란 뜻으로 1,350만 명에 달하는 거대도시다. 케냐와 수도 나이로비는 분명 기독교도가 다수를 차지하고 있지만, 해안가에 위치한 몸바사는 다우선 교역의 거점 중 하나로 손꼽히며 케냐 국내에서도 이곳만큼은 이슬람의 땅이다. 그리고 나이로비에서 발생한 사건의 용의자들이 범행을 준비하기 위해 몸바사를 이용한 것은 수사 단계에서 밝혀졌다. 즉 용의자로 지목된 무슬림들은 이들 지역에서만큼은 눈에 띄지 않고 비교적 자유롭게 범행을 준비하는 것에만 전념할 수 있었다.

또 하나의 의문점은 미국인이 아닌 무고한 아프리카인들이 사망한 것인데, 이에 대한 오사마 측의 변명에 대해서는 후술하기로 하겠다.

7장

오사마의 정신세계

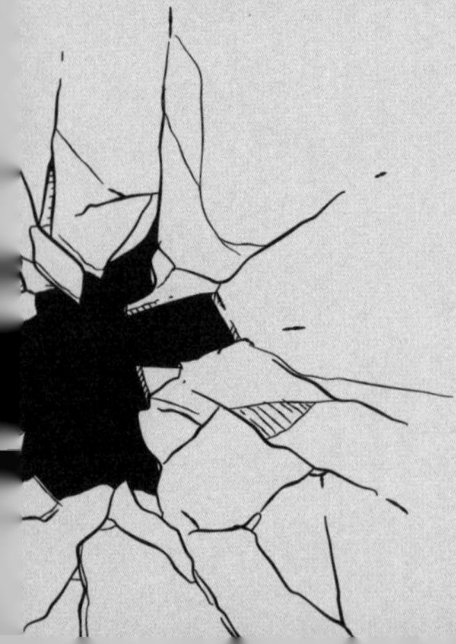

28

이븐 타이미야의 영향을 받은 오사마

이 책에서는 지금까지 수차례에 걸쳐 '이븐 타이미야'라는 이름을 언급했다. 그것은 오사마를 생각할 때 이 사람의 존재를 빼놓을 수 없기 때문이다. 오늘날의 튀르키예 남동부에 위치한 하란 태생의 타이미야는 13~14세기에 활약한 일 칸국과 대치하던 맘루크 왕조의 한발리파 신학자 중 한 명이었다. 한발리파는 정통 수니파 4대 학파 중 하나다. 그는 이런 측면에서 사우디아라비아의 와하브파에게도 대단히 큰 의미를 지닌다. 와하브파의 시조인 무함마드 빈 압둘와하브 역시 한발리파 법학자이며, 특히 타이미야와 그의 제자들에게 지대한 영향을 미쳤다.

현대적 관점에서 타이미야의 중요한 사상은 두 가지다. 하나는 순수한 이슬람으로의 회귀를 부르짖었다는 점이다. 당시의 종교지식인들이던 우라마들은 관료화되고 부패해 타락했기 때문에 타이미야는 그들을 격렬하게 공격했다. 또한 당시의 이슬람이 이슬람신비주의 등과 같은 불순한 요소의 영향을 받고 있다 하여 막강한 힘을 가진 이슬람신비주의자들을 탄핵했다. 타이미야에게 두 번째로 중요했던 것은 바로 지하드였다. 13세기의 이슬람세계는 몽골군의 침입으로 혼란이 극에 달해 있었다.

바그다드Baghdad는 1258년 몽골군의 침략과 1401년 티무르군의 침략을 받았다. 바그다드라는 지명은 페르시아어로 '신이 주신 땅'이라는 이름에서 유래되었다. 당시 티무르는 "이제부터 내 말발굽이 닿는 곳은 우리 땅이다. 다른 사람들이 남긴 흔적을 모조리 부숴버려라! 아무것도 남기지 말라!"라고 명령했다. 몽골군은 그림 7-1에서 보는 것처럼 튀르키예부터 남하해 파죽지세로 시리아를 거쳐 바그다드로 진군했다. 몽골군은 결국 아름다운 도시 바그다드를 공격하기 위해 티그리스 강변의 성곽을 공격해 함락시켰다.

티무르군은 바그다드를 함락한 후 2만 명을 학살하고 불태웠다. 바그다드

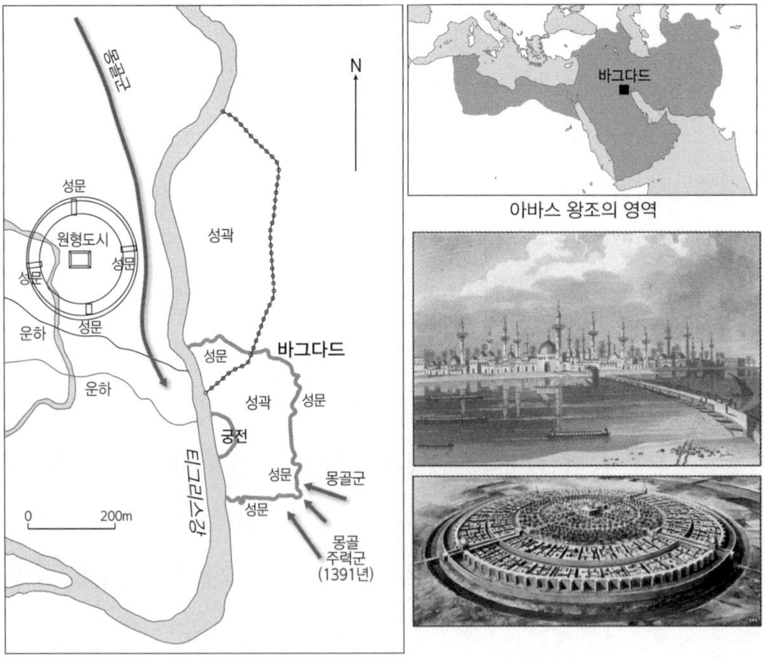

그림 7-1. 몽골군의 공격 루트와 바그다드 복원도

거리에는 몇 날 며칠에 걸쳐 약탈과 방화가 이어졌으며 수만 명의 시체가 나뒹굴었다. 아바스 왕조 치하의 바그다드는 명실상부한 이슬람세계의 중심지로서 화려한 문명을 꽃피웠으며, 당시 바그다드와 맞먹는 규모의 도시는 당나라의 수도인 장안과 동로마 제국의 수도인 콘스탄티노플뿐이었다.

1258년에는 바그다드가 몽골군에 유린되고 영광의 아바스 왕조는 와해되고 말았다. 타이미야는 당시 시리아와 이집트에 있으면서 몽골군에 대한 지하드를 민중과 지배자들을 향해 외쳤다. 내적으로는 불순한 요소에 오염된 이슬람을 순화시켜야 함을 주장했고, 외적으로는 이교도인 몽골군을 이슬람세계에서 축출할 것을 부르짖었다.

몽골은 이윽고 이슬람화되었지만, 타이미야는 그것이 가면에 지나지 않으며 실상은 이교도 그대로라고 주장했다. 그들이 이슬람의 성스러운 율법을 무시하고 몽골 고유의 법률을 우선시했다는 것이다. 몽골, 즉 일 칸국은 여전히 적일 뿐이며 지하드의 대상이었다.

타이미야의 몽골에 대한 해석은 후대에 종교 당국자의 허락 없이도 개인적인 지하드 명목의 폭력 행위가 가능하다는 교리로 오용되었다. 오늘날 세계의 골칫거리인 무슬림 출신 '외로운 늑대' 테러리스트들이 타이미야의 해석을 적극적으로 악용해 자율적으로 테러를 벌이고 있다. 대표적인 외로운 늑대형 테러리스트로는 1995년 미국 오클라호마시티 연방청사 테러사건 범인과 2012년 프랑스 툴루즈에 위치한 유대인 학교 총기 난사사건 범인, 2013년 보스턴 마라톤 테러를 자행한 형제 범인 등을 꼽을 수 있다.

타이미야는 이슬람의 초기 유적과 메디나의 예언자 모스크까지 우상숭배의 장소가 된다는 이유로 없애야 한다고 주장했다. 그의 제자들도 이 주장이 문제가 된다는 것을 알고 있었기 때문에 이 부분에 있어서는 동의하지 못하고 얼버무리는 경우가 적지 않았다. 반튀르크 아랍 우월주의를 드러내던 타이미야는 몽골의 침략과 레바논 산악지대의 알라위파 토벌 문제가 일단락되자 당대 지배층과 대립했다.

맘루크 왕조의 통치자 나시르 무함마드가 예루살렘을 순례하자 타이미야는 "예루살렘의 알 아크사 모스크를 방문하는 것은 경건한 방문의 지위만을 가질 뿐이며 메카를 방문하는 것과 동등한 것이 아니다."라고 직언했다가 감옥에 투옥되었다. 당대 예루살렘은 맘루크 왕조의 통치의 정당성을 부여해 주었을 뿐만 아니라 예루살렘으로 향하던 성지순례 사업으로 짭짤한 수입을 얻었는데, 타이미야가 이를 비판하자 맘루크 왕조의 심기가 크게 거슬렸던 것이다. 타이미야는 다마스쿠스 옥중에서 약 40여 권에 달하는 『코란』 주해서를 저술한 이후 죽음을 맞았다.

오사마가 선전포고 속 이븐 타이미야를 인용하고 있는 이유는 분명할 것이다. 오사마는 스스로를 타이미야에 빗대어 미군이 몽골군에 해당한다고 생각했다. 이러한 오사마의 논리는 오늘날 다양한 이슬람계 과격파 조직들이 차용하고 있다. 오사마의 조직과 밀접한 관련이 있는 지하드단체가 1981년에 이집트의 사다트 대통령을 암살했을 때 그들이 주장한 논리가 바로 이것이었다. 사다트는 자신이 경건한 무슬림임을 주장했지만, 실제로는 샤리아를 무시하고 서양으로부터 수입한 법을 도입하지 않았던가.

사다트는 이슬람을 받아들였지만 실제로는 몽골 고유의 법률을 우선시킨 몽골군과 아무것도 다를 게 없다는 것이 암살범들의 주장이었다. 그뿐만이 아니다. 입으로는 이슬람을 존중한다면서 실제로는 억압했다는 것이다. 이런 행위는 이교도가 저지른 무슬림 억압보다 더 죄가 무거우며, 몽골이 이슬람으로 개종한 후에도 계속해서 주변의 무슬림 국가를 침략한 일 칸국과 동일하다고 말한다. 따라서 사다트를 암살한 것은 어디까지나 지하드이며 무슬림의 의무라는 주장이다.

오사마는 실제로 테러를 범한 것이 아니라 그것을 민중에게 설득하고 고무하는 것을 자신의 책무라 주장했다. 그러므로 자신이 행한 것은 테러가 아니라 지하드라는 것이다. 그가 타이미야를 인용하는 것은 그것을 이른바 '악의 평범성'으로 듣기 좋게 포장하기 위한 것일는지도 모른다. 오사마가 말하는 안전과 자유란 개념은 두루 쓰이는 것이 아니라 자기중심적 개념일 뿐이다. 그의 연설 내용을 보면 알 수 있다.

> 우선 나는 안전이 인간의 삶에 없어서는 안 될 대들보이며, 나는 부시 행정부가 주장하는 것처럼 우리가 자유를 증오한다는 주장과는 반대로 진정한 자유인은 안전을 박탈하지 않는다는 걸 말하고 싶다. 우리는 핍박 아래 잠들지 않는 자유인이기에 싸운다. 당신이 우리 조국을 공격하기에 우리는 조국의 자유를 되찾고 싶다. 그러므로 우리는 당신의 조국을 공격할 것이다.

과연 오사마는 자유와 자유인을 어떻게 생각하고 있는 것일까.

29
오사마 철학의 뿌리

오사마 정치학의 중심에는 우리의 세계와 그들의 세계, 무슬림과 비무슬림, 신앙인과 비신앙인, 사우디와 비사우디의 구분이 있을 뿐이다. '우리'와 '그들' 간의 구별은 오사마 철학의 뿌리이며 근본이라고 해도 과언이 아니다. 이것은 단지 오사마뿐만 아니라 다른 사우디아라비아의 사상가와 종교인에도 관찰되는 요소이긴 하다. 가장 바깥쪽에 무슬림과 비무슬림이라는 대전제가 있고, 그 안쪽에 사우디인과 비사우디인, 아랍인과 비아랍인, 적과 아군 등과 같은 이원론이 중층적으로 구조화되어 있다.

통상적으로는 이들은 때와 장소에 따라 구별해 사용되며, 오사마의 경우는 무슬림과 비무슬림이라는 대전제를 그대로 적과 우리 편으로 직결시켜 비무슬림은 적으로 단순화시켜 버린다. 이와 같은 단순함이 많은 젊은이들의 마음을 사로잡아 열광적 지지를 얻는 요인으로 작용했다. 따라서 그들은 이슬람교를 제외한 기독교와 유대교뿐만 아니라 여타 모든 종교를 부정하고 있다.

오사마의 생각은 타자를 항상 배제하려는 의도가 담겨 있다. 그의 편협한 생각은 글로벌하지 못하지만 역설적이게도 오사마의 활동 범위는 대단히 글로벌하다. 오사마가 속한 와하브파는 항상 불순한 요소를 제거함으로써 군더더기를 최대한 없애려고 하는 배타적 요소가 다분하다.

그러나 군더더기 살이 없이 근육만으로 이루어진 몸은 경우에 따라서는 위험해지기 십상이다. 오사마의 철학에서도 당초에는 근육만의 세계를 지향하고 있으며, 그 틀 속에서 논리적으로 완결된 구조가 수립되도록 시도하고 있다. 이때는 사우디아라비아에 주둔한 미군을 비난하고 미군을 공격의 표적으로 삼아야 한다고 부르짖던 시대였다.

그 이후에는 오사마의 철학 속에서 팔레스타인 문제를 비롯해 이라크 문제라던가 레바논, 보스니아, 체첸, 카슈미르 등처럼 본래 주변적 이슈에 불과했던 요소가 서서히 커다란 문제로 부각되기 시작했다. 2001년 9월 11일 이후에 발표된 성명서 속 "성지를 점령한 미군"이란 말은 완전히 이중적인 것이 되어 버렸다. 이는 본래 그가 지향했던 세계는 아니었을 것이다.

초기 오사마의 철학에 '나'는 작은 핵심적 부분에 존재했다. 그 이외는 적이거나 적어도 '내가 아닌 자'였다. 그런데 점차 '나'는 비대해지고, 이윽고 세계를 양분하는 데까지 비화되고 말았다. 이러한 지경에 이르자 자기 자신을 제어하는 것이 불가능해졌을 것이다. 오사마는 이미 오사마가 아닌 존재가 되어 버린 것이다. 한편 오사마의 테러를 지지하는 자들이 생기고, 또 한편으로는 그것을 비난하는 사람들이 생겼다. 지지하는 자는 우군이며 비난하는 자는 적군이 되었다. 우군의 세계는 진실한 신앙의 세계이며, 적군의 세계는 불신앙의 세계였다.

이슬람법에 의하면 세계는 이슬람법이 지배하는 '다르 알-이슬람dār al-Islām'과 이도교의 법이 지배하는 '다르 알-하르브dār al-harb'로 이분되며, 후자를 정복에 의해서 전자로 만드는 것이 지하드의 목적이다. 다르 알-이슬람은 아랍어로 '이슬람의 집'이란 의미이며, 다르 알-하르브는 '전쟁의 집'이란 뜻이다. 따라서 후자는 이교도의 세계를 나타낸다. 다르 알-이슬람의 백성은 언젠가 다르 알-하르브의 백성을 제압해 전 세계를 다르 알-이슬람으로 변화시켜야 한다. 이것이 바로 지하드다.

그러나 현실적으로는 그렇게 간단한 문제가 아니다. 두 세계 사이에는 단층이 생겨 결국 충돌의 장소가 생기고 만다. 아프가니스탄과 보스니아, 체첸 등지에서 지하드가 전개되는 것은 그 땅들이 다르 알-이슬람과 다르 알-하르브의 경계이며 단층의 땅이나 다름없기 때문이다. 오사마의 테러를 계기로 이 단층과 균열은 세계로 확대되고 말았다. 세계는 오사마 편에 서거나, 그 반대편에 서거나 둘 중 하나를 택해야 했다. 과연 이것이 오사마 자신이 바랐던 세계이며, 그가 추구한 결과였을까? 알 수 없는 일이다.

오사마의 정신세계와 철학은 미군의 사우디 주둔에서부터 뿌리를 내리며

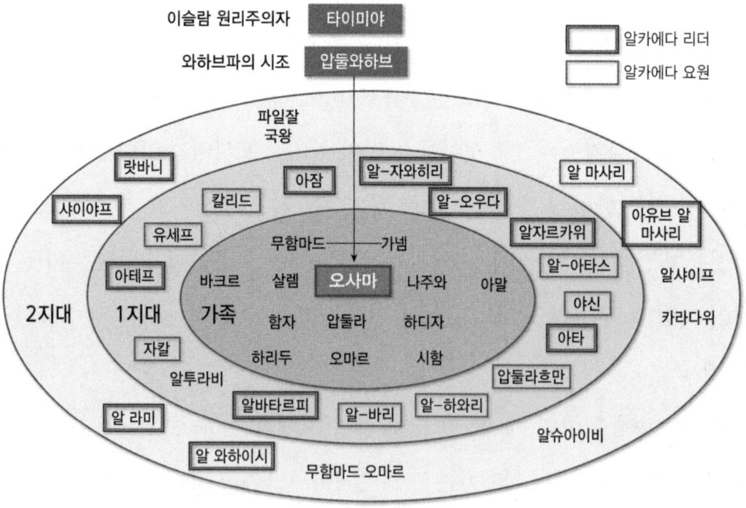

그림 7-2. 오사마를 둘러싼 인물들

고착화되었다. 그의 정신세계는 성장 과정에서 이슬람을 공부하며 이슬람 원리주의자였던 타이미야와 와하브파의 시조인 압둘와하브의 영향을 받으면서 점점 외골수로 좁아졌다. 그림 7-2에서 보는 것처럼 그의 가족 외곽의 1지대에 속한 인물들은 대부분 테러리스트가 되어 알카에다의 요원이거나 리더가 된 자들이었다. 그러나 알카에다의 지하드 활동에 참여한 가족보다 거부한 쪽이 더 많았다. 특히 오마르는 한때 알카에다와 함께 활동했지만, 거듭되는 학살 전쟁에 염증을 느껴 자유세계로 탈출한 바 있다.

30

재생산되는 오사마들

사우디아라비아의 이른바 보수 본류의 관점에서 보면, 오사마의 정치철학 중심에는 우리의 세계와 그들만의 세계라던가 무슬림과 비무슬림 또는 사우디와 비사우디라는 이분법적 사고에서 사우디의 반체제파 지도자 대부분이 본류에서 벗어나 있어 어딘가 이상하다는 지적이 있다. 이것이 사상이나 철학의 초점이 맞지 않는다는 의미는 결코 아니다.

가령 오사마 일족은 예멘 출신이다. 앞서 설명한 것처럼 이슬람 학자인 사팔 알-하와리는 예멘과 국경을 접하는 곳에서 나지드 지방으로 온 인물이란 이유로 본류에서 벗어나 있다. 사우디아라비아의 보수 본류가 나지드 출신의 종교인이라고 한다면 이 책에서 몇 번이고 인용한 종교권위자 압둘아지즈 알샤이프는 그야말로 보수 본류 중의 본류에 속한다('알샤이프'란 뜻은 장로의 일족이란 의미로, 여기서 말하는 알샤이프가 실은 무함마드 빈 압둘와하브를 가리킨다). 즉 오늘날 사우디아라비아의 최고 무프티Mufti는 와하브운동의 시조 압둘와하브의 자손이다. 아랍어 무프티는 샤리아의 해설자이자 통역자에 해당하는 이슬람교의 학자를 뜻한다. 이래서는 본류에서 벗어날 수도 없다.

런던에서 '아라비아반도 이슬람개혁운동'이란 조직을 운영하는 책임자는 이라크에서 성장했고, 오사마의 조직인 충고 및 개혁위원회의 런던 사무소장은 쿠웨이트 태생이다. 법적권리 옹호위원회의 알 마사리는 사우디아라비아의 수도 리야드에서 태어났다. 그의 아버지는 장관을 지낸 종교계의 거물이었다. 이것만 보면 그들도 보수 본류의 유자격자다. 그의 어머니는 이집트인이었는데, 이들도 본류에서 벗어나 있다.

그런 의미에서 가장 보수 본류에 가까운 인물은 오사마가 이상적 인물로 꼽은 알-오우다일 것이다. 그는 보수 본류라 해도 부라이다에서 태어났다. 리야드 북쪽에 위치한 부라이다는 와하브파의 시조가 태어난 엄격한 관습이 유지되고 있는 곳으로 지나칠 정도의 보수 본류에 속한다.

이른바 주변성이론을 끌어들일 필요도 없겠지만, 주변부에 위치한 사람이 중심부를 지향하려면 종종 지나칠 만큼 '중심성'을 몸에 익혀야 한다. "촌놈이 출세했다."라는 말과 "개천에서 용 났다."란 우리말 속담에서 알 수 있듯이 성공을 거둔 사람은 그동안 치열하게 살아왔음을 시사한다. 그들은 진짜 이상으로 진짜스럽게 보이지 않으면 진짜로 인정받을 수 없었다.

소비에트 전체주의의 최고 설계자인 스탈린은 러시아가 아닌 조지아 공화국의 고리시 출생으로 유년시절 그를 무자비하게 구타하던 술주정꾼 아버지 슬하에서 자라났다. 그는 러시아의 중앙 정치 무대에 등단하면서 본심을 감추기 위해 고향을 탄압했고, 제2차 세계대전 중 독일군에게 포로로 잡혔을 때 스탈린은 그의 아들을 교환 조건으로 삼자는 독일의 제의를 거절하면서까지 진짜 볼셰비키 당원처럼 행동했다.

어디 그뿐인가. 일본 아베 전 총리는 한류 팬이며 한국을 좋아하면서도 조선인의 피가 섞인 것을 감추고 진짜 일본인처럼 행동하기 위해 한일 양국의 친선을 외면했다. 그의 조상은 임진왜란 때 일본으로 건너간 도래인渡來人으로 알려져 있다. 일본 국민들도 그 영향을 받아 일본의 서점가에는 혐한서적 코너가 마련되어 있을 정도다. 일본 대중가요인 엔카계演歌界의 정상에서 활약한 미소라 히바리와 미야코 하루미 등의 한국계 여가수들은 '자이니치*' 신분을 감추기 위해 항상 기모노를 입고 대중들 앞에서 노래한 서글픈 사연이 있다.

스탈린을 포함한 자이니치 모두 주변적 존재로서 중심부를 지향하는 욕구를 강하게 간직했던 것은 아닐까. 특히 오사마의 경우 빈 라덴 일족이 이주해 온 사우디 사회 속에서 주변적 존재였던 점과 더불어 그 자신이 유년시절부터 집안에서 주변적 존재였음을 염두에 둘 필요가 있다. 오사마는 이중적 의미로 주변성을 지니고 살았다.

또 하나, 사우디아라비아에 국한하지 하지 않고 이른바 이슬람운동의 지도자 대부분에 해당하는 특징이 있다. 이름을 거명한 반체제 중 알-하와리와 알-오우다는 종교학자(이슬람 법학자)지만, 의사와 물리학자도 있고 오사마와 같은 재벌 아들도 있었다. 이들은 기본적으로 반체제파 지도자이면서도 사우디 사회에서 상당한 엘리트층에 속한다. 오사마의 측근 중 이집트인 아이만 알-자와히리 역시 본인은 외과의사며 그의 가족도 이집트에서는 최고 명문가에 속한다. 우리나라에서 일컬어지는 소위 '강남좌파'를 떠올리면 이해가 빠를지도 모르겠다.

미국의 바이든 대통령은 알카에다 2대 수장 알-자와히리가 2022년 7월 31일 대테러 작전을 수행 중이던 CIA가 주도하는 드론 공격으로 아프가니스탄의 수도 카불에서 사살되었다고 발표했다. 미국 당국은 안전 가옥의 발코니에

---

* 재일교포를 뜻하는 재일在日의 일본어 발음.

그림 7-3. 오사마와 알-자와히리

출처: 알자지라 방송

있던 알-자와히리에게 드론으로 미사일 2발을 발사했다고 당시 상황을 전했다. 그러면서 함께 있던 다른 가족 중 부상자는 없으며, 사망자는 알-자와히리뿐이라고 밝혔다.

「뉴욕타임스」 등의 언론매체는 알-자와히리의 사망으로 알카에다에 새로운 지도자가 나타날 것이고, 새 지도자는 알-자와히리보다도 훨씬 영향력이 적을 것으로 보인다고 보도했다. 2020년 미국과의 평화 협정에서 탈레반은 자신들이 통제하는 지역에서 알카에다와 같은 극단주의 단체의 활동을 허용하지 않겠다고 합의한 바 있다. 그러나 탈레반과 알카에다는 오랫동안 동맹관계를 유지해 왔으며, 탈레반 또한 알-자와히리가 카불에 머물고 있었다는 사실을 알고 있었다는 것이 미국 측의 설명이다. 그는 다른 알카에다 요원들과 달리 산악지대 출신은 아니었다.

2022년 초 CIA는 알-자와히리가 그의 가족과 함께 아프가니스탄 카불에 위치한 집으로 이사했다는 정보를 입수했다. CIA는 알-자와히리가 탈레반의 고위 지도자의 보좌관이 소유하고 있던 주택에 머물고 있다는 사실을 확인했

그림 7-4. 현상수배범 알-자와히리

출처: FBI

다. 7월 1일 CIA 국장과 국가정보국장, 국가대테러센터 소장 등이 바이든 대통령과 사살작전 계획에 대해 논의했다. 「뉴욕타임스」에 따르면 바이든 대통령은 알-자와히리가 머물고 있는 주택 모형을 보면서 날씨와 주택의 건축 자재, 민간인이 부상당할 위험을 포함한 여러 요인들을 검토한 후 실행에 옮겼다. FBI는 그에게 2,500만 달러의 현상금을 걸었었다.

서남아시아, 특히 중동에서 이슬람운동의 발흥을 빈곤과 결부시키는 경우가 많다. 가난한 젊은이가 엘리트와 부유층의 부정과 부패에 분노해 이슬람운동에 가담하거나 의분을 참지 못해 반정부운동에 매진하는 이가 많다는 것이다. 그 증거로 이슬람세계에서는 대부분 일부 특권층만이 훌륭한 생각을 가지고 있고 일반 민중은 빈곤에 찌들어 있음을 든다. 분명 그런 현상이 있다는 것은 부인할 수 없다.

그러나 그것만으로는 오사마의 사례에서 밝혀진 것처럼 사우디아라비아와 쿠웨이트 등 예외적으로 풍요로운 사회에서 이슬람운동이 활발하게 일어나는 것을 설명할 수 없다. 애초에 오사마의 주장 속에는 부의 불공평에 대한 불만이나 엘리트 타도라는 내용은 전혀 포함되어 있지 않다.

역사적으로 보아도 빈곤과 소득불균형 등의 경제적인 이유를 계기로 이슬람운동이 발생한 사례가 없다. 이븐 타이미야의 적은 과거 몽골군이었고, 압둘 와하브의 적은 이슬람신비주의였다. 19세기 이슬람운동의 선구자들의 경우에는 서양의 식민지주의였다. 오사마 일당은 아프가니스탄을 풍요롭게 하기 위해 지하드에 나선 것이 아니다. 경제적으로 풍요로워지면 이슬람운동이나 이슬람에 의한 테러리즘을 없앨 수 있다는 논리는 너무 순진해 보인다. 경제적 풍요로움이 이슬람운동의 파도를 어느 정도 억제하거나 컨트롤하는 완충 역할을 할 수 있는지는 모르겠다. 그렇지만 그 이상으로는 기대할 수 없다.

팔레스타인 문제가 오사마의 운동 속에서 중요한 지위를 차지한다는 것은 올바른 견해가 아니다. 오늘날 중동의 평화가 진행되고 팔레스타인 국가가 건설되며 이스라엘이 주변국들과 국교를 맺는다고 할지라도 오사마의 운동은 멈추지 않을 것이다. 가까운 장래에 그와 같은 희망이 도래할 것이라고 상상하기조차 어렵다. 설사 그런 상태에 이르렀다 할지라도, 아랍세계와 이스라엘이 사이좋게 손을 잡을 때가 온다고 할지라도 이스라엘에서의 자폭테러가 멈출 리 없다.

그와 같은 사실은 '아브라함 협정'에서도 알 수 있다. 2020년 9월 15일 미국의 중재로 이스라엘이 바레인 및 아랍에미리트와 정식 외교 관계를 수립하는 협정을 체결했다. 이 협정의 명칭은 유대교, 이슬람교, 기독교가 공통의 조상으로 여기는 아브라함의 이름에서 따온 것이다. 이는 실사구시實事求是를 둘러싼 아랍권의 균열이 생기고 있다는 신호일 것이다. 왜냐하면 아랍세계의 국가들 중 팔레스타인 문제에 피로감을 느껴 언제까지 그들의 편에 서야 하는가에 대한 회의가 생겨나고 있기 때문이다. 시대가 바뀌고 있는 것이다. 그럼에도 불구하고 이스라엘과 이슬람 국가 간의 평화는 여전히 불투명하다.

평화의 불안정성은 오사마가 중동평화 자체에 반대하며 이스라엘 존재 자체를 인정하지 않기 때문이다. 가령 이스라엘이 멸망했다고 하더라도 과연 오사마의 지하드 운동이 소멸될까? 천만의 말씀이다. 오사마는 팔레스타인 자치 정부의 초대 수반이었던 아라파트를 포함한 세속주의자의 정권에도 반대하고 있다. 가령 팔레스타인에 이슬람 국가가 건설된다면 어떨까? 그렇게 된다면 오사마의 운동은 동력을 상실할 것이다. 그럼에도 불구하고 완전히 소멸하지는 않을 것이다. 그 다음에는 전술한 다르 알-이슬람과 다르 알-하르브의 구분이 제기되어 또 다른 지하드가 계속될 것이다.

아프가니스탄을 비롯한 보스니아, 체첸, 팔레스타인, 사우디아라비아는 지리적인 프런티어였다. 그곳에서 무슬림들은 소련, 세르비아, 이스라엘, 미국과 대치했다. 그러나 관념적인 의미에서의 프런티어도 존재한다. 그것이 바로 서구 문명이다. 서양의 문화, 경제, 과학은 이슬람세계에 압도적인 존재감을 드러낸다. 그곳의 엘리트층은 국내건 유학대상국이건 서구 문명을 선호하는 지위에 있다. 그것이 그들의 프런티어다. 미국의 헌팅턴 교수는 서구 문명과 이슬람 문명 간의 접촉으로 일어나는 것을 '문명의 충돌'이라고 표현했다.

그들 간의 교류와 접촉은 그들의 정체성을 크게 흔들 것이다. 만약 그 접촉이 플러스로 작용하면 그는 유능한 관료나 훌륭한 학자가 될지도 모른다. 이와 반대로 마이너스로 작용하면 그들의 이슬람은 공격적인 방향으로 각성을 불러일으켜 저항심을 갖게 할지도 모른다. 이슬람운동에 참가하는 것을 엘리트라 간주하는 것은 엘리트가 아니면 이 접촉과 관념적인 프런티어를 향유할 수 없기 때문이다.

수많은 이슬람 국가 중 특히 사우디아라비아는 과격한 이슬람주의자를 지속적으로 재생산하는 시스템을 체제 속에 내포하고 있다. 철저한 종교교육과 권선징악위원회(종교경찰)는 국가제도 속에 존재하는 확실한 종교방어시스템이 있음에도 불구하고 사회적 압력으로서 사회 구석구석까지 스며들어 있다. 견고한 가족제도와 '네지드적 관습'이 바로 그것이다.

예컨대 여성이 외출할 때 검은 베일을 착용해야 한다는 것은 이슬람 교리도 아니며 사우디아라비아의 법률도 아니지만 네지드의 관습임이 분명하다. 네지드 혹은 나지드는 아라비아반도의 중앙부에 있는 고원지대를 가리킨다. 중앙부는 주변부를 따르게 하는 기능이 있으므로, 네지드의 관습은 영향력이 강할 수밖에 없다. 사람들은 언제나 이 시스템 속에서 바람직한 행동을 취하며 서로의 행동을 감시해야 한다.

만약 폐쇄된 시스템 속에 이물질이 섞이면 즉시 면역작용이 기능해 그것을 제거하려 한다. 그러나 그 항체는 대단히 강력한 힘을 가지며, 사회가 병들어 충분한 체력이 뒷받침되지 않을 때는 역으로 사회 자체를 파괴하게 된다. 이 항체가 이슬람주의자들이다. 그들은 이슬람 사회를 지키기 위해 존재하지만, 그 내부에는 사회를 자멸시킬 만큼의 부작용을 가진 강력한 에너지를 숨기고 있다.

오사마는 1996년 「인디펜던트」와의 회견에서 어떤 이슬람 국가의 수립을 원하는가에 대한 질문에 "모든 무슬림이 진정한 샤리아에 따라 행동할 것을 바라고 있다."라고 대답했다. 이는 매우 모호한 답변이다. 가장 중요한 부분이라 할 수 있는 장래의 국가상이라든가 이상적 이슬람 국가란 무엇인가에 대한 문제에 대해 오사마는 구체적인 그림을 제시하지 못했다. 하지만 그의 추종자들의 눈에는 그런 맹점이 들어오지 않았다. 또한 오사마는 1996년 사우디아라비아의 현 정권이 취해야 할 조건으로 "이슬람법을 부활시켜 진정한 이슬람적 민주주의와 슈라shūrā를 실현하는 것"을 들었다. 슈라란 아랍어로 자문 혹은 상담을 뜻하는 것으로 어떤 일도 서로 상담하는 사람들을 포함하는 단어다. 현대적 의미로는 민주주의의 절차를 내포하고 있다.

오사마의 조직인 알카에다와 충고 및 개혁위원회의 최고의사결정기관도

이 명칭을 사용하고 있었다. 역사적으로는 예언자 마호메트의 사망 후에 신도의 유력자 사이에 슈라제도가 만들어진 것으로 전해지고 있다. 그들은 서로 상담하면서 후임 칼리프를 선출하는 등 중요한 사안을 결정했다. 이것이야말로 이슬람 민주주의가 정통 칼리프 시대에 구현된 것이었다고 일컬어지고 있다. 그런데도 오사마는 1996년 다음과 같이 말했다.

> 무슬림들은 그들을 한데 모아 정통 칼리프제도를 부활시킬 지도자를 필요로 하고 있다. 나는 정통 칼리프제도가 아프가니스탄에서 만들어질 것이라고 믿고 있다.

> 현대 민주주의 가운데 가장 무서운 일은 민주적인 의회에 알라와 관계없이 입법권이 부여된 사실이다.

이와 같은 그의 인터뷰 내용에서 오사마가 자유민주주의와 의회민주주의를 정면으로 거부하고 있음을 엿볼 수 있다. 이라크 전쟁이 종료된 후의 혼란은 중동 및 이슬람세계에 커다란 영향을 미쳤다. 하지만 유감스럽게도 부정적인 영향이었다. 하나는 아랍인 의용병에게 아프가니스탄 이외에 이라크라는 새롭고 가까운 전쟁터를 제공했다는 것이다. 이교도 국가인 미국이 이슬람 국가를 점령한다는 전제는 이라크와 아프가니스탄에서는 동일하다.

수많은 젊은 아랍인들이 이교도로부터 이라크를 해방시킨다는 지하드의 전제에 끌려 이라크로 몰려들었다. 그런데 막상 이라크에 들어가 보니 그곳에는 비록 이교도는 아니지만 시아파와 세속파, 쿠르드족 등과 같은 이질적인 이슬람교도들이 미국과 더불어 싸우고 있는 것이 아닌가. 경우에 따라서는 미국보다 더한 적들이 기다리고 있었다.

알-자르카위 일당의 테러 조직의 리더와 이데올로기들은 시아파와 이라크에 자유민주주의 국가를 수립하려는 세속주의자가 위험한 존재라는 선전을 되풀이하고 있다. 이렇게 새로운 뜻에 따라 시아파와 이라크의 새로운 정권 관계자를 공격하는 무리들은 자신들의 행동에 대해 아무런 의문도 느끼지 못하는 것 같지만, 일반 이라크인과 기타 아랍인과 무슬림들은 이런 상황에 당혹감을 감추지 못했다. 그들이 미국만을 공격하고 있을 때는 지원과 묵인이 가능해도 같은 편까지 희생되자 알-자르카위 일당의 뜻에 의혹을 품게 되었다. 그 무리들은 도대체 무엇을 위해, 누구를 위해 싸우고 있는 것일까?

알-자르카위의 대의는 그가 오사마에 충성을 서약한 후 알카에다의 대의가 되기도 했다. 따라서 이라크 폭력의 대의는 그대로 많은 무슬림들에게 알카에다의 이데올로기와 동일시되기에 이르렀다. 그럼에도 알카에다 간부들은 반드시 알-자르카위의 수법을 수긍하지 않았다는 소문도 나돌았다. 알카에다의 반미테러에 신물이 난 사람들은 폭력적 이데올로기에 거부감을 갖고 그 조직을 떠나버렸다.

알-자르카위는 이라크에서 테러를 활성화했고 외국인을 표적으로 한 잔학한 테러사건이 이웃 사우디아라비아에서도 빈번해졌다. 범인은 '아라비아반도 알카에다 지하드 조직'이라는 명칭을 사용했다. 이는 알카에다의 사우디아라비아 지부임을 드러낸 것이다. 이라크의 알카에다가 프랜차이즈, 즉 가맹점이었던 것에 비해 이쪽은 오사마의 고향이란 것과 아프가니스탄에서 오사마의 휘하에 모여든 젊은 사우디 출신들을 중심으로 구성되어 있다는 의미에서 직계라 해도 무방한 존재였다. 이처럼 많은 젊은이들이 오사마를 오마주하며 테러리스트가 되었다.

사우디아라비아에서 본격적인 테러가 시작된 것은 2003년 5월부터이다. 이제까지 사우디아라비아 국내에서 테러가 전혀 없었던 것은 아니었다.

9·11테러 이전인 1995년에는 수도 리야드에서, 1996년에는 동부의 코바르에서 전례를 찾아볼 수 있다. 그 사건 모두 미국을 표적으로 한 대규모 폭탄테러였다. 이들 사건에 알카에다가 직접 관련됐는지는 불분명하다. 후자의 테러는 시아파가 저지른 것으로 알려졌다. 그러나 2003년 이후 사우디아라비아에서 발생한 테러는 확실히 종래의 테러와 9·11을 포함한 알카에다의 테러와는 다른 성격이었다. 그 특징은 전보다 악랄해졌다는 데 있다.

2003년 5월에는 서구인이 주로 거주하는 주택가, 같은 해 11월에는 주로 아랍인 무슬림이 살고 있는 주택가가 연달아 습격을 받았다. 그 수법은 5월에 발생한 사건의 경우 폭탄을 실은 자동차에 테러리스트가 동승해 그대로 주택가로 돌진해 총을 난사하면서 경비소를 돌파해 폭탄을 터뜨리는 것이었다. 무모한 자폭테러였다. 11월에 벌어진 사건도 자폭테러였고, 살해당한 사람은 무고한 이슬람교도뿐이었다.

그 후 치안당국에 의한 검거와 단속이 강화됨에 따라 그들의 작전은 더욱 폭력화·잔학화되는 양상을 보였다. 총을 난사하고 인질을 잡아 대치하거나 기독교도만을 살해했다. 그리고 2004년 6월에는 사우디아라비아 주재 미국 민간인을 유괴해 체포된 테러범의 석방을 요구하거나 그들의 요구가 관철되지 않으면 인질을 살해하겠다고 인터넷을 통해 경고했다. 결국 인질이던 미국인의 머리가 잘려 살해된 모습이 비디오에 담겨 인터넷으로 공개되었다.

전술한 것처럼 2004년은 이라크에서도 참수사건이 연속적으로 일어난 해였다. 이처럼 사우디아라비아와 이라크에서 잔학무도한 사건으로 희생된 것은 단지 실제로 살해된 사람들만이 아니다. 특히 비이슬람세계에서 이슬람 종교에 대한 이미지는 엄청나게 손상을 입었다. 유럽에 뿌리 깊게 남아 있는 이슬람공포증, 즉 이슬람포비아가 다시 한번 위세를 떨치게 되었음을 지적해 두고 싶다.

31
지하드 2세대의 배출

요르단 산악지대의 자르카 지방 출신인 알-자르카위와 사우디아라비아의 알카에다 우두머리들에게는 공통점이 있다. 그들 대부분은 세대적으로는 오사마보다 조금 어리고 오사마 일당과 마찬가지로 아프가니스탄에 가 본 적이 있지만, 실제로는 그곳에서의 전투 경험은 거의 없는 자들이었다. 요르단의 정치범 수용소에서 알-자르카위와 함께 수용돼 있던 학자 유세프 라바바는 자르카위는 다른 수감자들이 무서워할 정도로 매우 강한 성격의 터프한 리더였다고 회고한 바 있다.

명성을 떨친 1세대에 비해, 2세대들이 아프가니스탄에 갔을 때는 이미 적이었던 소련군이 거의 자취를 감춘 뒤였으므로 그들이 할 수 있는 일은 겨우 군사훈련 정도였다. 지하드의 신세대라 할 수 있는 2세대가 폭력 에너지를 주체하지 못하고 있던 중에도 미국이라는 새롭고 강력한 적을 만난 사람도 1세대에 속하는 오사마이며, 그가 지휘해 완성한 최악의 사건이 '9·11'이었다. 알-자르카위 일당의 2세대는 1세대가 거둔 거대한 성과를 거두기 위해 아프가니스탄에서 그들만의 '9·11'을 창출해야만 했다.

그러나 유감스럽게도 그들에게는 9·11테러에 필적할 만한 창조성 있는 테러를 실행할 능력이 없었다. 그들이 할 수 있는 일은 기껏해야 기존의 폭력을 더욱 극렬화하는 것이었다. 핵심적 지하드 추종자라면 그것으로 만족할지는 모르겠다. 또한 알-자르카위 일당이 퍼뜨린 공포로 일시적으로는 그들의 힘이 강해지거나 강해진 것처럼 보였을지도 모른다. 하지만 폭력을 추구하는 데는 한계가 있으며 아무리 잔학해지더라도 새로운 지지자가 모여들 리 없다. 오히려 지나친 폭력으로 기존의 지지층이 이탈하고 일반 민중의 응원도 잃게 되었다. 결과적으로는 조직의 힘이 지리멸렬해졌다.

또한 출신 계층의 입장에서 볼 때도 1세대와 2세대의 리더들 간에는 큰 차이가 있었다. 오사마와 알-자와히리를 포함한 기존의 리더들은 부유층이거나 지적 엘리트층 출신자가 많았던 것에 비해, 2세대 리더들의 대부분은 고등교육을 받지 못했고 빈곤층 출신이 많았다. 특히 알-자르카위와 사우디아라비아에서 잔혹한 테러를 지휘한 유세프 압둘아지즈 무그린 일당은 사회 경험이 별로 없고 인생 대부분을 아프가니스탄과 교도소에서 지낸 인물들이었다.

그들은 말 그대로 '전투파'였다. 아니 단순한 전투파가 아니다. 그들은 인터넷에서 많은 저서와 성명서를 남긴 바 있다. 그들은 자동소총과 폭탄으로 무장한 것뿐만 아니라 교도소의 수감경험과 군사훈련으로 종교적 지식을 몸에 익혀 그것으로 이론무장을 하고 있었다. 그들의 저서를 읽거나 성명서를 들어보면 난해함에 그저 놀랄 뿐이다. 도대체 이렇게 어려운 아랍어를 어디서 찾아낸 것인지 감탄사가 절로 나온다. 단순히 생각나는 대로 쓰거나 말하는 게 아니었다.

그러나 유감스럽게도 그들의 문장 대부분은 장래의 구체적인 이슬람 국가 상과 이상적 정치체제를 말하는 것이 아니라 지하드를 지속할 방편과 어떻게 적을 죽일 수 있는지에 관한 기술적 이론으로 채워져 있다. 그런 의미에서 본다면 그들의 저서는 단지 싸워서 죽기 위한 매뉴얼에 불과하다.

알-자와히리는 어느 성명서에서 전쟁의 절반은 미디어라고 말하며 선전전宣傳戰의 중요성을 강조한 바 있다. 분명히 인터넷상에는 지하드를 찬양하고 종용하는 다양한 종류의 비디오와 텍스트가 넘쳐 흐른다. 인터넷의 아랍어 게시판에는 오사마와 알-자와히리가 간헐적으로 발표하는 성명서가 투고될 뿐만 아니라 모든 테러 조직이 전과보고 또는 범행성명서를 내거나 기관지를 발행하고 사망한 '순교자'의 평전과 자폭테러범의 유언 비디오를 투고한다.

그 가운데에서도 평전과 유언 비디오는 테러리스트들의 심리를 분석하는 데 중요한 자료가 되고 있으며 흥미로운 정보를 제공해 준다. 특히 가장 중요한 범행 동기에 주목할 만하다. 왜 그들은 싸우는가? 왜 그들은 스스로 목숨을 바치는가? 테러리스트의 관점에서 보면 이슬람세계를 점령한 미국에 대한 공격이라는 논리는 이해할 수 있는 일면이 있다.

오사마는 군사적 공격뿐만 아니라 과장이 심한 언어로 반미 공격을 퍼붓는 한편, 세계 각지에 알카에다의 존재를 알리고 지속적인 지지를 구축하기 위해 언론 캠페인을 전개했다. 그의 구체적인 목표는 탈레반, 아프가니스탄과 파키스탄 국민, 파키스탄 군대, 카슈미르 반란군, 학생, 아프가니스탄과 파키스탄 신학자였다. 9·11테러가 발생할 때까지 알카에다의 미디어 운영자들은 이러한 청중들에게 연설할 수 있는 가능한 모든 기회를 잡았다.

팔레스타인에서 이스라엘에 대한 자폭공격을 자행한 테러리스트들 대부분이 범행 전에 이스라엘 당국에 체포되어 고문을 받은 경험이 있거나 이스라엘의 공격으로 친족이 살해된 경우가 많다. 그러므로 그들이 죽이고 싶을 정도로 이스라엘을 증오하는 것은 이해가 간다. 또한 정부나 기업 등의 비윤리적 행위와 관련된 비밀문서를 공개하는 웹사이트인 '위키리크스Wikileaks'에서 폭로한 것처럼 이라크와 아프가니스탄에 주둔하는 미군이 일반 시민을 무차별적으로 살해하거나 교도소 등에서 비인도적인 취급을 하는 것으로 이라크인과 아프가니스탄인이 분노해 미군을 증오하는 것도 이해할 수 있다. 그렇다면 그런 것들이 사건의 본질일까? 인터넷상에 게시된 내용을 분석해 보면 '본질'로 꼽히는 부분에 많은 모순이 내재되어 있다.

앞에서 9·11테러의 입안자와 실행범인 함부르크 세포 조직이 사실은 체첸에 가고 싶었지만 가지 못했기 때문에 아프가니스탄으로 목적지를 바꾼 이야기를 소개한 바 있다. 그들은 죽이고 싶도록 미운 적을 그리 간단히 바꿀 수 있는 것일까? 테러의 노마드Nomad들을 이해하는 데 한계를 느낀다.

아무튼 오사마는 사망했다. 그의 디아스포라는 파키스탄의 아보타바드에서 멈췄다. 그가 사망하자 동정론과 음모론이 함께 고개를 들었다. 우리는 오사마의 죽음이 승자인 자유진영에 편승하는 밴드왜건 효과 대신 약자를 편드는 언더독 효과가 나타나는 것을 경계할 필요가 있다. 특히 빌런이 되어야 할 오사마가 테러 노마드들의 선망의 대상인 셀럽이 되어 더욱 그러하다. 데브그루의 팀 리더로 넵튠 스피어 작전에 참가했던 마크 오언이 아무런 저항 한번 못하고 죽은 오사마를 알카에다 리더답지 못했다고 한 말이 생각나는 대목이다.

우리는 지금까지 여러 유형의 테러리스트를 봤다. 어떤 계기로 신념을 가지고 지하드에 가담한 부유층과 엘리트층을 비롯해 빈곤층으로 무위도식하며 우연한 기회에 세뇌되어 부화뇌동한 생계형 전투파, 사회경험이 부족하고 편향된 종교적 지식만으로 저항정신에 몰입된 종교적 광신자파, 가족 또는 본인이 이스라엘이나 미국으로부터 피해를 본 경험으로 테러리스트가 된 이교도 증오파, 지루하고 불만으로 가득한 인생에서 죽음을 택하면서 비로소 자신이 살아 있음을 실감하는 영웅 심리의 과대망상파, 전문 테러단체 조직원이 아닌 은둔형 외톨이라 할 수 있는 자생적 테러리스트인 외로운 늑대파, 유괴와 은행강도 등의 범죄를 저질러 범죄자와 구별이 되지 않는 조직폭력파 등의 여러 유형이 있다. 이들 중 어떤 유형도 인류에게 희망을 주지 못했다.

2022년 8월 13일, 『악마의 시』의 저자 살만 루슈디가 목과 복부 등을 흉기로 찔리는 사건이 발생했다. 그는 이 책에서 이슬람 창시자 마호메트를 장사꾼으로 비하하고 그의 부인들을 창부로 묘사했다. 1988년 이 책이 출간된 후 이슬람세계는 격렬한 분노로 폭발했다. 중동의 국가를 중심으로 이슬람권에서 반서방 시위와 폭동이 일어났다.

이 와중에 개입한 사람이 바로 당시 이란의 최고지도자였던 호메이니였다. 그는 처음에는 『악마의 시』를 읽고 격분했으나 그냥 무시하기로 했다. 그러나 이슬람세계의 분노가 폭발하는 것을 보고 이를 잘 이용하면 정치적 이득을 얻을 수 있다고 판단했다. 호메이니는 1989년 2월 14일 루슈디와 이 책의 출판에 관여된 모든 사람들을 살해하라는 파트와를 선포했다. 10여 년간 수십만 달러의 현상금이 목에 걸린 채로 고달픈 도피생활을 한 루슈디는 결국 1998년 이란 대통령이 사형선고를 철회했음에도 불구하고 광신도의 무슬림에게 테러를 당했다.

FBI는 미국 캘리포니아주 출신 레바논 이민자 가정에서 태어난 범인의 휴대전화와 SNS 계정 등을 분석한 결과 그가 시아파 극단주의와 이란 혁명수비대에 심정적으로 동조한 자라고 설명했다. 그의 휴대전화에서 미군의 공격으로 살해된 이란 혁명수비대 사령관과 친이란 시아파 민병대 부사령관의 사진이 발견되었다. 아마 테러리스트 유형 중 종교적 광신자파에 속하는 사람으로 생각된다.

만유인력을 발견한 영국의 물리학자이자 천문학자였던 아이작 뉴턴은 "나

는 별들의 움직임을 계산할 수는 있지만, 인간의 광기는 계산할 수 없다."라
말했다. 인간의 광기의 끝은 어디까지인가?

8장

에필로그

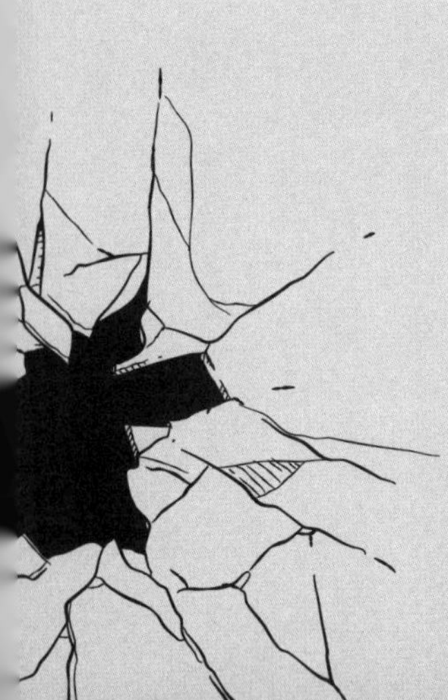

지금까지 우리는 지리적 관점에서 금세기 최악의 테러리스트 우두머리 오사마 빈 라덴을 살펴보았다. 이 이야기를 지리적 관점에서 풀어나간 이유는 저자가 지리학자이기 때문에 '테러리즘의 지리학'이란 새로운 관점에서 스토리를 전개하면 새로운 지평을 여는 듯한 느낌을 받을 수 있을 것 같았기 때문이다.

대부분의 테러사건은 문명의 발상지에서 전개되었다. 이라크, 시리아, 이스라엘, 사우디아라비아, 예멘, 파키스탄, 아프가니스탄은 고대와 중세에 메소포타미아 문명, 레반트 문명, 인더스 문명, 아라비아 페릭스 문명, 이슬람 문명 등이 번성했던 땅이었다. 문명의 땅에서 야만의 역사가 전개된 셈이다.

9·11테러를 미국이 제2의 진주만 공습으로 여기며 분노하자 평소 미국의 심기를 거스르며 도발을 일삼던 북한을 비롯한 반미·반서방 국가들마저도 이 시기만큼은 미국의 눈치를 살피며 유감을 표하기에 바빴다. 이란의 최고지

도자 호메이니마저도 "테러는 나쁜 짓이지만 그렇다고 복수는 옳지 않다."라고 표명한 정도가 그나마 유화적인 입장이었다.

인도네시아를 비롯한 이슬람권 국가의 일부 국민은 반미 시위를 벌였지만, 시위는 젊은 학생들과 이슬람 근본주의 성향을 가진 민간단체들에 국한되었으며, 각국의 정부는 미국의 분노가 자신들에게 미칠 것을 두려워했다. 뒤이어 아프가니스탄 북쪽에 있는 우즈베키스탄, 투르크메니스탄 등의 중앙아시아 국가들이 미국에 자국 영토 및 기지 사용 권한을 선뜻 내줬다. 또한 아프가니스탄 서쪽의 시아파 국가로서 탈레반과 적대적인 수니파 세력의 이란마저도 탈레반을 비난했고, 오직 파키스탄만이 일방적인 공습에 항의하며 사과를 요구했지만 미국은 그것에 응하지 않았다.

오사마 사살작전의 성공으로 큰 타격을 받은 인물은 트럼프였다. 당시 트럼프는 2012년 미국 대통령 선거의 공화당 경선 후보로 부상했다. 이때 트럼프는 오바마가 케냐에서 태어났으므로 대통령 피선거권이 없다고 주장하며 출생기록을 공개하라고 요구하는 등의 부정적인 공세를 펼쳤다. 오바마는 자신의 출생기록을 공개하고 대단히 중요할 일들이 남아 있다며 역공을 펼쳤다.

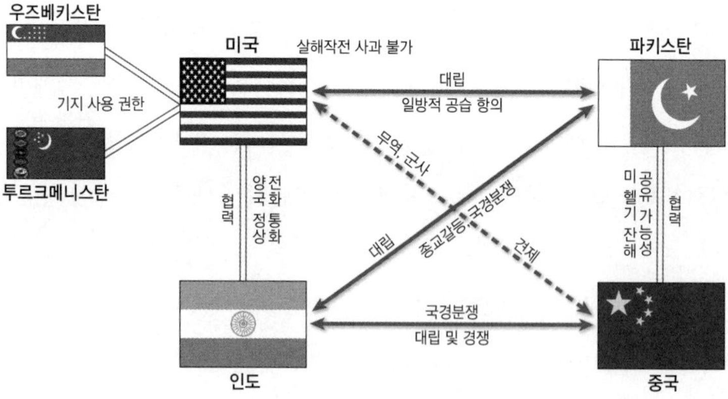

그림 8-1. 9·11테러와 주변국 관계

그리고 오사마 사살작전을 발표하면서 자신의 말을 입증했다. 트럼프는 엄청난 정치적 타격을 입었고, 결국 경선을 포기해야만 했다.

이라크와 아프가니스탄 전쟁을 치르면서 록히드마틴, 보잉 등과 같은 미국의 5대 무기기업과 이들에게 투자한 월가의 금융기업들이 전쟁의 이익을 독점하자 금융위기가 일어났고, 지독한 불평등에 분노한 백인 저소득층의 분노가 '샤이 트럼프 현상'을 일으켜 트럼프를 당선시켰다.

9·11테러 이후 65만 명의 미군이 이라크와 아프가니스탄에서 싸웠다. 일정 수준의 병력 유지를 위해 그들 중 상당수 장병의 전역이 강제로 중단되는 스톱로스Stop-Loss가 발생해 많은 국민을 곤혹스럽게 만들었다. 베트남 전쟁 이후에 징병제가 모병제로 바뀐 탓이었다. 오사마와 알카에다가 미국에 거둔 승리(?)는 미국을 거대한 빚더미와 불평등의 늪에 빠뜨림으로써 미국의 사회와 경제, 정치를 망가뜨렸다. 지리학자들의 의견은 무시되고 새뮤얼 헌팅턴 Samuel Huntington과 같은 곡학아세하던 정치학자들의 제언을 중시한 미국의 국제정치는 베트남, 아프가니스탄, 이라크 등지에서 보는 것처럼 실패로 얼룩졌다.

중국은 미국이 늪에 빠진 기회를 기민하게 활용했다. 9·11테러 이후 중국은 테러와의 전쟁에 협력하는 대가로 신장위구르 자치구의 분리, 독립을 주장하는 '동투르키스탄 이슬람운동'을 미국과 유엔이 테러단체로 지정하도록 만들었다. 이를 이용해 중국은 위구르인들의 중국 통치에 대한 비판과 저항을 테러리즘으로 몰아 탄압할 수 있었다.

아프가니스탄 북동부의 와칸 회랑으로 연결된 중국은 미국과 무역수지와 군비 문제로 견제하고 있는 입장이었다. 그들은 신장위구르 자치구에 거주하는 수니파 무슬림의 대중국 무장투쟁을 테러로 규정할 수 있게 된 대신에 미군의 아프가니스탄 침공을 인정했다. 결국 탈레반 치하의 아프가니스탄은 완전히 포위된 상황에 놓이게 되었다.

미국과 패권경쟁을 추구하고 있는 중국이 아프가니스탄에 발을 담글 경우 중국은 전 세계 수니파 무슬림을 상대로 끝없는 싸움을 계속해야 하며 돌이킬 수 없는 수렁에 빠질 공산이 크다. 결과적으로 9·11테러로 인한 미국의 아프간 침공과 철군은 세계 질서와 역학 관계가 재편되는 계기가 되었다.

이슬람교를 신봉하는 무슬림들은 테러를 어떻게 생각하고 있을까. 알자지라 방송이 2006년 11월에 실시한 설문조사에서는 테러를 지지하는 응답자가 3%에도 미치지 않는다는 사실이 보도되었다. 아랍계 일간지 「샤르크 알 아우사트」는 흥미로운 통계를 내놓았다. 40여 개 이슬람 국가를 대상으로 한 조사에 따르면, 온건파보다 이슬람 극단주의자의 생활수준이 더 높게 나타났다.

이 신문과 공동조사를 실시한 '갤럽 인터내셔널'은 먼저 극단주의자와 온건파를 구분하기 위해 9·11테러를 정당화할 수 있다는 응답자를 극단주의자로, 이에 반대하는 응답자를 온건파로 분류했다. 이 설문조사의 결과, 극단주의자로 분류되는 무슬림은 7%에 불과했다. 그러나 전체 응답자를 학력별로 보면 극단주의자의 경우 대학 졸업 이상의 고학력자가 44%에 달한 반면, 온건파 중에서는 고학력자가 38%에 그쳤다. 이 밖에도 여러 항목을 조사하자 테러는 극소수에 의해 정치적 목적으로 이용될 뿐, 정작 서민들에게는 안정되고 일상적 삶이 더 중요하다는 결론이 나왔다.

2002년 이란의 법정에서 이슬람의 계몽에 관한 논문을 발표한 대학교수에게 사형이 선고되었을 때 수천 명의 대학생들이 거리로 나와 항의한 바 있다. 사형선고가 내려질 수 있다는 것 자체가 역사가 깊고 문명화된 사회에서 교리와 이성 간의 간극이 얼마나 큰지를 보여 준다. 그러므로 이슬람의 이름으로 저지르는 테러 행위에 대해 혐오나 거부를 표현하는 것에는 어떤 온건파 무슬림도 감당할 수 없으며 위험이 따른다는 것을 알 수 있다.

그럼에도 불구하고 무슬림 테러리스트를 같은 무슬림이 앞장서 막는 모습을 비무슬림들에게 보여줌으로써 그들을 안심시켜야 한다. 2019년 3월 15일 뉴질랜드 크라이스트처치의 모스크와 거리에서 50명을 살해한 테러범과 아프가니스탄 난민 출신인 압둘 아지즈가 맞서 싸운 것처럼 말이다. 무슬림들은 대부분이 테러리스트로 오해를 받는 경향이 있지만, 테러리스트의 다수가 무슬림이란 사실도 인정할 수밖에 없는 것 또한 사실이다.

미국의 국제정치학자 헌팅턴은 『문명의 충돌』에서 "1990년대 초반 무슬림들은 비무슬림보다 집단 간 폭력에 더 많이 휩쓸렸다. 그리고 문명 전쟁의 2/3~3/4은 무슬림과 비무슬림 사이에서 벌어졌다. 이슬람세계의 경계는 피로 물들어 있으며, 그 내부 또한 그러하다."라고 강조했다. 물론 헌팅턴의 주장이 선동적이며 과장된 측면이 있긴 하지만, 테러리즘이 전 세계에 퍼지면서 그런 경향이 더 확실해진 것은 사실이다.

1991년 유고연방의 해체 과정에서 보스니아 분쟁이 발생했다. 헤르체고비나와 크로아티아가 처음에는 같은 편으로 유고슬라비아 인민군에 대항해 싸웠지만, 1992년 말부터 두 나라 간 긴장이 높아지면서 결국 1993년 초에는 크로아티아-보스니아 전쟁으로 확대되었다.

모스타르 다리를 중심으로 서쪽은 크로아티아의 기독교 세력이, 동쪽은 보스니아 헤르체고비나의 이슬람 세력이 대치하며 싸웠다. 동일한 생활권에서 친한 이웃이었던 그들이 단지 종교가 다르다는 이유로 목숨을 걸고 치열하게 싸우게 된 것이다. 유명한 모스타리 다리는 1993년 11월 9일 파괴되었고, 크로아티아 군대의 장교는 다리의 파괴를 명령한 혐의로 국제형사재판소에서 재판을 받았다. 1995년 12월 평화협정에 따라 보스니아 헤르체고비나는 이슬람계-크로아티아계 연방과 세르비아계 공화국으로 분할되고 말았다. 종교라는 것은 인류평화를 위해 존재하는 것이 아닌 경우가 허다하다.

이와 같은 시각과 달리 바칸Bakan이 1990년 『지그문트 프로이트와 유대의 불가사의한 전통』에서 지적한 것처럼, 프로이트는 종교가 자행한 것보다 훨씬 잔혹한 일들이 문명과 이성이란 미명하에 얼마든지 자행될 수 있음을 깊이 인식했다. 우리가 자명하다고 생각하고 있는 문명, 신, 인간, 이성과 같은 그 어떤 것도 당연하지는 않은 것이다.

마틴 하이데거의 제자이자 독일 출신 미국의 정치철학자 한나 아렌트Hannah Arendt는 1963년 『예루살렘의 아이히만』에서 '악의 평범성'에 대해 이렇게 논했다. 수많은 학살을 자행한 나치의 아이히만은 개인적으로는 매우 친절하고 선량한 사람이었다. 그런 사람이 어떻게 엄청난 학살을 자행할 수 있는가에 대한 의문에서 출발해서 결론을 내린 것이 바로 악의 평범성이다. 다시 말해서 자기가 행하고 있는 일에 끊임없이 의문을 제기하지 않는 평범한 사람은 부당한 권위에도 의문을 제기하지 않고 그 권위에 동조되어 언제든지 악을 저지를 수 있는 잠재성을 지니고 있다는 것이다.

아이히만은 전범재판에서 "유대인 학살에 대한 양심의 가책을 느끼지 않았는가?"란 재판관의 물음에 "내가 양심의 가책을 느끼면 국가가 분열된다."라고 대답했다. 오사마와 그 일당들 그리고 테러리스트들도 그러했던 것은 아닐까?

건조지대에서 시작된 기독교 역시 후에 나타난 이슬람교와 마찬가지로 사하라 사막의 연장선상인 지중해세계에서 각지로 전파되었다. 두 종교 모두 건조한 사막의 땅에서 탄생한 오아시스 종교이지만, 결국 지중해 남쪽은 이슬람이, 북쪽 유럽은 기독교가 차지하게 되었다. 오아시스 종교인 기독교와 이슬람교는 조로아스터교*의 영향으로 엄격한 질서를 요구하는 종교였다.

메시아가 설파하는 오아시스 종교는 부처가 설파하는 동양의 종교와 직선적 사상과 윤회적 사상이라는 차이가 있다. 사막 환경은 삼림 환경과 논리구조 또한 다르다. 사막 환경에서는 오아시스에 이르는 길이 맞는지의 여부를 신에게 명확히 전달받아야 하므로 일신교가 어울린다. 단순한 사막에서는 예수와 마호메트와 같은 신뢰할 만한 절대자가 나타나 계시, 즉 인간이 주체가 되는 레마rhema로 길을 인도해 준다. 삭막한 황야 혹은 황량한 사막에서 며칠만 견뎌보라! 신에 의지하지 않고서는 견딜 수 없다.

이슬람교도에게 폭력적 분쟁으로 치닫는 성향이 높다는 것은 이슬람 국가들의 군사화 정도에서도 엿볼 수 있다. 미국의 정치철학자 제임스 페인James Payne에 따르면, 1980년대에 이슬람 국가들의 인구 1,000명당 군인의 수를 뜻하는 군사력 비율과 국부로 환산한 군사력비율인 군사노력지수는 다른 문명의 어느 국가보다도 크게 높았다. 그와는 대조적으로 기독교 국가들의 군사력비율과 군사노력지수는 다른 문명의 국가들보다 매우 낮았다. 이슬람 국가들의 평균 군사력비율과 평균 군사노력지수는 기독교 국가들의 약 2배에 달했다. 페인 교수는 이슬람과 전투성 사이에는 명백한 연관성이 있다고 결론지었다.

이슬람교도는 또한 국제적 위기 상황이 벌어졌을 때 폭력에 의존하는 성향이 남달리 높다. 1928~1979년간 그들은 연루된 총 142건의 분쟁 중에서 76건을 폭력으로 해결하려고 했다. 그중 25건은 폭력이 분쟁을 처리하는 거의 유일한 수단이었으며, 51건은 폭력을 다른 방법들과 병용해 사용했다. 이슬람 국가들은 폭력을 구사할 때도 아주 강도 높은 폭력을 동원했는데, 폭력이 사용된 분쟁 가운데 전면전 비율은 41%이고 38%는 대규모 충돌의 양상으로 나

---

* 예언자 조로아스터Zoroaster의 가르침에 종교적 철학적 기반을 두고 있으며, 유일신 아후라 마즈다Ahura Mazda를 믿는 고대 페르시아 종교.

타났다.

우리가 이슬람교의 일부에 대해 이해하지 못하는 점이 있는 것처럼 기독교 역시 마찬가지다. 기독교가 유럽의 종교로 뿌리를 내리면서 서양의 역사가 신과 이웃에 대한 사랑을 최고의 덕목으로 삼게 된 점은 높게 평가될 수 있다. 하지만 유대교와 이슬람교도들에게 '이단'이란 이름을 붙여 비기독교인들에게 증오와 잔혹함으로 점철된 역사를 만든 것은 반反문명이 아니었을까.

구태여 도킨스Dawkins의 2006년 『만들어진 신』을 인용하지 않더라도 지금까지 인류는 신의 이름으로 수많은 전쟁을 벌이면서 살육을 저질렀다. 사랑과 관용을 핵심적 가치로 내세우는 종교의 이름으로 또 얼마나 많은 전쟁이 계속될지 심히 우려된다. 종교를 쓰임이 아닌 존재로 여김으로써 인류의 정신적, 물질적 삶을 풍요롭게 할 수 있다는 생각을 생활 속에서 실천하면 좋을 텐데 말이다.

이른바 순교작전이라 부르는 자살테러를 저지를 때 테러리스트는 아랍어로 "الله أكبر"라 외치며 죽는다. 이는 '알라후 아크바르Allāhu Akbar'라고 읽는데, "신은 가장 크다!" 또는 "신은 가장 위대하다!"라는 뜻이다. '알라후'는 신 또는 하느님이라는 뜻의 알라의 주격이며 '아크바르'는 위대하다는 의미를 가진 형용사의 최상급 형태다. 이 표현은 무슬림들의 다양한 상황에서 사용된다. 예를 들면 그들이 소망을 이루고자 할 때, 상대를 칭찬하고 싶을 때, 전쟁 중에 극도의 충격을 받았거나 행복감을 얻었을 때 이 표현을 무의식적으로 외친다. 그들이 부르짖는 신은 이슬람교뿐만 아니라 기독교, 유대교와 같지 않은가. 설사 다르더라도 같은 지구촌에 있는 다른 종교의 신을 존중하거나 인정해야 하지 않겠는가.

오늘날에는 절대적 진리를 강조하는 근본주의 신앙에 입각해 "나만 옳고 너는 틀렸다."라며 개종 아니면 죽음을 강요하는 사회는 쇠퇴한다. 12세기 북아프리카에서 발흥해 이베리아반도를 침공한 이슬람 근본주의, 11~13세기 가톨릭 교황이 주도했던 십자군 전쟁이 그러했다. 셰익스피어는 "어리석은 자는 자신이 현명하다고 생각하지만, 현명한 자는 자신이 어리석다는 것을 안다"고 말했는데, 오사마와 그의 추종자들은 어리석었다.

만약 미국 대통령과 보좌진들이 아프가니스탄과 파키스탄, 소말리아의 지리를 이해했다면 어떤 정책을 펼쳤을지 궁금하다. 또한 오사마를 비롯한 테러리스트의 출신지를 파악했더라면, 사막의 건조기후와 산악지대의 지역성을 염두에 두었더라면 어땠을까. 이 책에서 테러리스트들 가운데 산악지대 출신이 많았음은 수차례에 걸쳐 언급한 바 있다. 미국 수뇌부와 정보기관은 그 점을 염두에 두고 대처했어야 했다. 건조기후와 산악민족의 DNA는 기후순화와 지형순화의 결과물인 경우가 허다하다. 그렇기 때문에 지리학자 데 블레이는 『분노의 지리학』을 논하면서 미국 정계에 정책을 수립함에 있어 지리학의 중요성을 피를 토하는 심정으로 강조했던 것이다.

앞서 여러 차례 언급한 것처럼 오사마는 항상 산을 끼고 활약했고 산을 바라보며 안식을 찾은 것으로 짐작된다. 그가 활동했던 파키스탄의 페샤와르와 아프가니스탄의 잘랄라바드가 그러했고, 치열한 전투를 벌였던 토라보라가 그러했다. 오사마가 최후를 맞이한 아보타바드의 은신처에서도 그는 창밖에 보이는 산을 바라보며 망중한을 즐겼을 것이다. 오사마는 바로 그곳에서 일기를 썼다. 그가 산을 접하지 못했던 곳은 유년시절의 영국과 수단의 하르툼뿐이었으며, 그가 생활했던 고국의 리야드와 지다는 고원지대였다.

높은 산을 오르다 보면 여러 갈래의 길이 있다. 신을 향해 가는 길 역시 이와 다르지 않다. 틀린 길이 아니라 서로 길이 다를 뿐이며, 길이 없는 것이 아니라 길을 모르는 것이다. 종교마다 인간이 올바르게 사는 길을 서로 다른 이름으로 부른다. 이를 기독교에서는 '복음', 유대교에서는 '율법', 이슬람교에서는

그림 8-2. 오사마가 활동한 거점의 산악 경관

『코란』, 불교에서는 '다르마Dharma', 힌두교에서는 '요가', 도교에서는 '도'라 부른다. 이런 차이가 있을 뿐이다. 오아시스 종교 중 특히 이슬람교는 세속화를 강하게 거부하는 경향이 있다. 인간은 진리에 이르는 길을 서둘러 가기 위해 본능적으로 직선을 고집하는 경향이 있다. 물론 길은 최대한 직선을 지향하지만, 굽을 수밖에 없는 운명을 갖고 생겨났다.

"우리는 테러리즘의 포로가 되어서는 안 된다." 이 말은 테러리스트들에 납치된 UA93편의 탑승객 토드 비머의 아내 리사 비머가 한 말이다. 괜히 오해를 받고 따가운 눈총을 받는 무슬림들은 스스로 테러리스트를 고발하거나 색출하는 일에 앞장서야 한다. 문명세계에서 우리는 리사 비머가 말한 것처럼 테러를 피하지 말고 당당하게 맞서야 한다. 문명세계를 지키는 것이 문명인의 의무가 아닐까. 테러리스트들에게 중동의 이슬람세계에는 왜 자유민주주의를 제대로 실행하는 나라가 없는지 묻고 싶다. 우리는 이슬람세계의 시민들에게 바람에 맞서는 깃발이 되라고 말하고 싶다. 이 세상은 결코 그들이 바라는 이슬람의 집인 '다르 알-이슬람'이 될 수 없다고. 또 한마디 첨가한다면, 당신은 테러에 관심이 없을지 모르지만, 테러리스트는 당신에게 관심을 갖고 있다는 사실을 기억해 주기 바란다.

부록

오사마 빈 라덴을 둘러싼 연대표

1906년 ?월 예멘에서 오사마 아버지 무함마드 빈 라덴 출생
1930년경 사우디아라비아로 이주
1931년 형제들과 함께 소규모 건설회사를 설립
1950년대 지다와 메디나를 연결하는 간선도로의 하청 수주
1950년 12월 무함마드 빈 라덴, 가넴과 재혼
1957년 3월 오사마 출생
1964년 11월 파이살 국왕 등극
1960년대 말 오사마의 아버지 무함마드 사망
1971년 ?월 영국 옥스퍼드대학교에서 어학연수
1973~75년 오사마, 베이루트의 주점과 나이트클럽 출몰
1974년 ?월 오사마, 나주와 가넴과 첫 결혼(자녀 11명)
1977년경 오사마의 장남 압둘라 출생
1979년 ?월 오사마, 대학 졸업 후 빈라덴 그룹 입사
1979년 12월 소련군의 아프가니스탄 침공
1983년 ?월 오사마, 하디자 샤리프와 결혼(자녀 3명)
1984년경 압둘라 유수프 아잠, 파키스탄에 입국
1984년 ?월 오사마, 파키스탄에 훈련캠프 설치
1985년 ?월 오사마, 하이리아 사바르와 결혼(자녀 1명)
1986년 ?월 오사마, 아프가니스탄에 훈련캠프 설치
1986년 오사마, 아프가니스탄의 쟈지 전투
1987년 ?월 오사마, 시함 사바르와 결혼(자녀 4명)
1989년 2월 오사마, 잘랄라바드 근처에서 저널리스트와 회견
1989년 2월 소련군 철수
1989년 11월 압둘라 유수프 아잠 암살당함
1989년 11월 알카에다 결성
1990년 8월 이라크의 쿠웨이트 침공
1990년 8월 미군의 사우디아라비아 주둔
1991년 1월 걸프 전쟁
1991년 4월 오사마, 파키스탄으로 출국
1991년 5월 종교 세력과 지식인들, 정치개혁의 청원서 제출

1991년 12월 오사마 가족과 일당, 하르툼으로 이전
1993년 2월 뉴욕 세계무역센터 폭탄테러
1993년 3월 오사마, 무자헤딘과 함께 수단으로 피신
1993년 10월 미군, 모가디슈에서 헬기 피습
1993년 12월 오사마, 서방세계 언론의 데뷔
1994년 4월 오사마, 사우디아라비아 국적 박탈
1994년 7월 오사마, 자문평의회 의장 선출
1994년 10월 탈레반 조직 탄생
1996년 5월 오사마, 파키스탄을 거쳐 아프가니스탄으로 이동
1996년 6월 코바르 미군시설 폭파
1996년 8월 오사마, 사우디아라비아 주둔 중인 미군에 대한 선전포고
1997년 2월 오사마, 영국의 채널 5 방송국 인터뷰
1997년 5월 오사마, CNN에 등장
1998년 2월 미국인 살해에 대한 종교적 견해(파트와) 발표
1998년 8월 케냐와 탄자니아에서의 미국 대사관 폭탄테러사건
2000년 ?월 오사마, 아말 알사다와 결혼(자녀 3명)
2000년 10월 예멘에서 미국 군함 콜호 폭파테러
2001년 6월 지하드단체와 합병(알카에다지하드)
2001년 9월 아프간의 영웅 마스우드, 알카에다 자폭테러로 사망
2001년 9월 9·11테러 발생
2001년 10월 미군, 아프간 공격 개시
2001년 11월 오사마, 알자지라 방송에 등장
2001년 11월 토라보라로 기지 이전
2001년 11월 카불 함락
2001년 12월 미군, 토라보라에서 오사마를 놓침
2001년 12월 오사마, 와지리스탄에 은신
2002년 1월 오사마 색출을 위한 산악부대 설치
2003년 3월 라발핀디에서 칼리드 셰이크 무함마드를 체포
2003년 3월 이라크 전쟁
2003년 8월 알-자르카위, 바그다드의 유엔사무국을 폭파
2004년 5월 알-자르카위, 한국인 김선일 살해
2004년 10월 알-자르카위, 오사마에 충성을 서약
2004년 10월 아프가니스탄 최초로 민주선거
2006년 6월 알-자르카위, 미군의 공격을 받아 살해

2007년 7월	오사마의 넷째 아들 오마르 빈 라덴, 영국 여성과 재혼
2010년 8월	CIA 요원이 아보타바드에서 이브라힘 목격
2010년 8월	이라크로부터 미군 철수
2011년 4월	오사마 여동생과 일치하는 DNA의 혈액 샘플 발견
2011년 5월	넵튠 스피어 작전으로 오사마 사망
2013년 4월	알 바그다디 조직
2019년 2월	오사마 아들 함자 빈 라덴에 현상수배
2019년 7월	함자 빈 라덴 사망
2021년 8월	아프가니스탄에서 미군 철수
2022년 7월	CIA의 대테러작전, 아프가니스탄에서 알-자와히리 사살

참고문헌

* 이 책을 집필함에 있어 빈번하게 인용되었거나 저자에게 영감을 준 문헌은 지리 및 역사서를 비롯해 호사카(保坂修司, 2011), 데 블레이(de Blij, 2005), 오언과 마우러(Owen and Maurer, 2016), 랜달(Randall, 2004), 슈어(Scheuer, 2011)의 저서와 각종 언론매체였음을 밝혀 둔다(언론매체는 생략).

남영우, 2018,『땅의 문명』, 문학사상.

남영우, 2021,『문명의 요람 퍼타일 크레슨트』, 푸른길.

남영우, 2022,『地오그래피』, 푸른길.

남영우·박선미·손승호·김걸·임은진, 2019,『아주 쓸모 있는 세계 이야기』, 푸른길.

서정민, 2009,『인간의 땅, 중동』, 중앙books.

中田考, 2002,『ビンラディンの論理』, 小学館文庫, 東京.

保坂修司, 2011,『新版オサマ·ビンラディンのと聖戰』, 朝日新聞出版社, 東京.

Atwan, A.B., 2006, *The Secret History of al Qaeda*, University of California Press, Berkeley.

Beamer, L., 2002, *Let's Roll!*, Tyndale House Publisher, Carol Stream, Illinois.

Bergen, P.,2006, *The Osama Bin Laden I Know: An Oral History of Al Qaeda's Leader*, Simon & Schuster, New York.

Burke, J., 2003, *Al-Qaeda: Casting a Shadow of Terrer*, I.B. Taurus, London.

Coll, S., 2008, *The Bin Ladens: An Arabian Family in the American Century*. Penguin, New York.

Cutter, S.L., Richardson, D.B. and Wilbanks, T.J.(eds.), 2003, *The Geographic Dimensions of Terrorism*, Routledge, New York.

de Blij, H.J., 2005, *Why Geogtaphy Matters: Three Challenges Facing America,* 유나영 역, 2007,『분노의 지리학: 공간으로 읽는 21세기 세계사』, 천지인.

de Blij, H.J. and Muller, P.O., 2007, *The World Today: Concepts and Regions in Geography*, 기근도·이종호·지리교사 모임 역, 2009,『세계지리』, 시그마프레스.

Edmund, B., 2007, *Historic Cities of the Islamic World*. Brill, Leiden.

Fury, D., 2008, *Kill Bin Laden*, St. Martin's Press, New York.

Gutman, R., 2008, *How We Missed the Story: Osama Bin Laden, the Taliban, and the Hijacking of Afghanistan,* US Institute of Peace Press, New York.

Gall, S., 2021, *Afghan Napoleon: The Life of Ahmad Shah Massoud*, Haus Publishing, London.

Gunaratana, R., 2002, *Inside al-Qaeda: Global Network of Terror*, Columbia University Press, New York.

Huntington, S.P., 1996, *The Clash of Civiizations and the Remaking of the World Order*, 이희재 역, 1997, 『문명의 충돌』, 김영사.

Korva, C., 2020, UCLA Geographers Tried To Calculate Bin Laden's Whereabouts In 2009, *NPR*, Retrieved 2020-03-15.

Lahoud, N., 2022, *The Bin Laden Papers: How the Abbottabad Raid Revealed the Truth about al-Qaeda, Its Leader and His Family*, Yale University Press, New York.

Marshall, T., 2021, *The Power of Geography*, 김미선 역, 2022, 『지리의 힘2』, 사이.

Miller, G., 2011, CIA flew stealth drones into Pakistan to monitor bin Laden house, *The Washington Post*, May 17.

Murphy, A.B., 2018, *Geography: why it matters*, 김이재 역, 2022, 『지리학이 중요하다』, 김영사.

Najwa bin Laden, Omar bin Laden,and Sasson, J., 2010, *Growing Up bin Laden: Osama's Wife and Son Take Us Inside Their Secret World*, St. Martin's Griffin, New York.

O'neill, R., 20017, *The Operator: Firing the Shots That Killed Osama Bin Laden and My Years as a Seal Team Warrior*, New York.

Owen, M. and Maurer, K., 2016, *No Easy Day: The Autobiography of a Navy Seal, Dutton*, New York.

Prévot, V., 1981, *A quoi sert la géographie?* Le Centurion, Paris.

Randall, J., 2004, *Osama: The Making of a Terrorist*, Alfred A. Knopf, New York.

Rowntree, L., Martin, L. Price, M. and Wyckoff, W., 2011, *Globalization and Diversity: Geography of a Changing World*, 안재섭·김희순·신정엽·이승철·이영아·정희선·조창현 역, 2012, 『세계지리: 세계화와 다양성』, 시그마프레스.

Rushdie, S., 1988, *The Satanic Verses*, 김진준 역, 2009, 『악마의 시』, 문학세계사.

Sageman, M., 2004, *Understanding Terror Networks*, University of Pennsylvania Press, Philadelphia.

Sara, R., 2011, Geographers Had Predicted Osama's Possible Whereabouts, *Science Magazine*, Retrieved 2020-03-15.

Scheuer, M., 2011, *Osama Bin Laden*, Oxford University Press, London.

Suzanne, J.M., 2004, *Osama Bin Laden*, Rosen Publishing Group, New York.

오사마 빈 라덴의 지리
그가 산으로 간 까닭은?

초판 1쇄 발행 2023년 5월 3일

지은이 남영우
펴낸이 김선기
펴낸곳 (주)푸른길
출판등록 1996년 4월 12일 제16-1292호
주소 (08377) 서울시 구로구 디지털로 33길 48 대륭포스트타워 7차 1008호
전화 02-523-2907, 6942-9570~2
팩스 02-523-2951
이메일 purungilbook@naver.com
홈페이지 www.purungil.co.kr

ISBN 978-89-6291-016-2 03980